Günter Hampel

Fleischrinderzucht- und Mutterkuhhaltung

Günter Hampel

Fleischrinderzucht- und Mutterkuhhaltung

4., neubearbeitete Auflage
28 Farbfotos
117 Schwarzweißfotos und Zeichnungen
123 Tabellen

Ulmer

Umschlagfoto: blickwinkel/I. Van Haan

Dr. Günter Hampel, Jahrgang 1941, war von 1978–1990 Zuchtleiter des Verbandes für Fleischrinderzucht und -Haltung in Bayern und danach Abteilungsleiter am Amt für Landwirtschaft und Ernährung Bayreuth sowie Fachlehrer an der Bayreuther Technikerschule für Agrarwirtschaft. Von 1999 bis 2006 leitete er das Landwirtschaftsamt Kronach/Kulmbach bzw. Amt für Landwirtschaft und Forsten Kulmbach.

Bibliografische Information der Deutschen Bibliothek
Die Deutsche Bibliothek verzeichnet diese Publikation in der Deutschen Nationalbibliografie; detaillierte bibliografische Daten sind im Internet über http://dnb.ddb.de abrufbar.

Wollgrasweg 41, 70599 Stuttgart (Hohenheim)
E-Mail: info@ulmer.de
Internet: www.ulmer.de
Lektorat: Werner Baumeister
Herstellung: Silke Reuter, Thomas Eisele
Satz: Typomedia GmbH, Ostfildern
Druck und Bindung: Friedrich Pustet, Regensburg
Printed in Germany

ISBN 978-3-8001-5887-4

Inhaltsverzeichnis

Vorwort

Aus bescheidenen Anfängen nach Ende des 2. Weltkrieges heraus hat die Mutterkuhhaltung in den letzten Jahren in Deutschland, aber auch in Österreich und der Schweiz, einen enormen Aufschwung erfahren.

Vor allem Nebenerwerbslandwirte und Hobbyzüchter wenden sich vermehrt der naturnahen Haltung spezieller Fleischrinderrassen zu. Als extensives Produktionsverfahren stellt die Mutterkuhhaltung geringe Ansprüche bezüglich Arbeitsaufwand, Gebäudeausstattung und Ertragsfähigkeit der Grünlandflächen. Um jedoch Erfolg und letztlich viel Freude an dieser wohl schönsten Form der Rinderhaltung zu haben, müssen die Tiere bedarfsgerecht versorgt und gewissenhaft betreut werden. Dies setzt fundierte produktionstechnische Kenntnisse voraus.

Sofern die Mutterkuhhaltung als landwirtschaftlicher Betriebszweig aufgebaut wird, kommt der Vermarktung mindestens die gleiche Bedeutung zu wie einer ausgefeilten Produktionstechnik. Entscheidend ist heute nicht mehr, das Erzeugte zu verkaufen, sondern das zu produzieren, was sich am jeweiligen Standort am günstigsten absetzen lässt. Dies gilt es bei der Wahl des Produktionsschwerpunktes und der geeigneten Rasse zu beachten.

Das vorliegende Buch stellt den Versuch dar, aus der Sicht der Landwirtschaftsberatung die Bereiche Produktionstechnik und Vermarktung in leicht verständlicher Sprache darzustellen. Schwerpunkte bilden u. a. der Einstieg in die Herdbuchzucht und der Zuchttierabsatz sowie die Chancen und Grenzen der Direktvermarktung von selbsterzeugtem Qualitätsrindfleisch.

Das Buch wendet sich jedoch nicht nur an Landwirte im Haupt- und Nebenerwerb, sondern auch an Hobbyzüchter und -halter, Landwirtschaftsberater, Fachlehrer sowie Studierende an Fachhochschulen und Universitäten.

An dieser Stelle gilt mein besonderer Dank Herrn Dr. med. vet. Volker Daum, Fachtierarzt für Aufzuchtkrankheiten beim Tiergesundheitsdienst Bayern e. V., Geschäftsstelle Bayreuth, für die fachliche Beratung und Durchsicht des Kapitels über Krankheitsprophylaxe und -behandlung bei Kühen und Kälbern, sowie den Kollegen am Amt für Landwirtschaft und Ernährung Bayreuth für Ratschläge und Anregungen bei der Behandlung spezieller Fragen des Futterbaus und der Betriebswirtschaft. Herzlich bedanken möchte ich mich auch bei Frau Marga Bock für die bereitwillige Übernahme der umfangreichen Schreibarbeiten und nicht zuletzt bei meiner Familie für die stets gezeigte Geduld und Toleranz.

Bayreuth, im Frühjahr 1994
Günter Hampel

Vorwort zur vierten Auflage

Aufgrund teilweise gravierender Veränderungen auf dem Gebiet der Fleischrinderzucht und Mutterkuhhaltung erfolgte in den Jahren 2004/05 eine umfassende Überarbeitung des vorliegenden Fachbuchs. Insbesondere die Neuregelung der Direktzahlungen im Rahmen der EU-Agrarreform, die Umstellung der einzelnen Förderungsmaßnahmen auf die Betriebsprämie und deren Auswirkungen auf die Wirtschaftlichkeit der einzelnen Produktionsverfahren einschließlich der Folgen der BSE-Krise für die Marktentwicklung bei Zucht-, Nutz- und Schlachtrindern machten eine Neuauflage erforderlich.

Im Rahmen der vierten Auflage galt es, Veränderungen im Zuchtziel einzelner Fleischrinderrassen, Neuerungen bei Zuchtwertschätzung, Erweiterung des Rassespektrums sowie neue und geänderte Rechtsvorschriften der EU sowie nationale Verordnungen zum Schutz der Verbraucher und der Tierbestände zu berücksichtigen.

Danken möchte ich an dieser Stelle meinen Kolleginnen und Kollegen am Amt für Landwirtschaft und Forsten Kulmbach sowie den benachbarten Ämtern, insbesondere Frau Anja Taubmann, den Herren Friedrich Asen, Ernst Baierlein, Klaus Schiffer-Weigand sowie vom Fleischrinderzuchtverband Bayern den Herren Markus Schricker und Manfred Riedel für aktuelle Informationen und wertvolle Anregungen.

Bayreuth, im Herbst 2009
Günter Hampel

Fleischrinderhaltung – ein urwüchsiges Verfahren der Rindfleischerzeugung

Bei der Fleischrinderhaltung werden die Kühe weder gemolken noch Kuh und Kalb, wie sonst üblich, unmittelbar nach der Geburt getrennt. Jede Kuh säugt ihr Kalb meist zehn bis elf Monate lang bis kurz vor der Geburt des nächsten Jungtieres. Dieses Verfahren wird als Mutterkuhhaltung bezeichnet. Im Gegensatz dazu steht die Ammenkuhhaltung. Hierbei werden je Kuh mehrere Kälber gleichzeitig oder nacheinander aufgezogen. Die Ammenkuhhaltung hat jedoch hierzulande keine Bedeutung.

In der Fleischrinderhaltung nimmt ein Kalb während der Aufzuchtperiode große Mengen an Muttermilch auf. Als Zusatzfutter stehen in den Sommermonaten ausschließlich Weidegras und im Winter „Grünfutterkonserven", vorwiegend Heu und Silage, zur Verfügung. Dieses naturnahe Aufzuchtverfahren gewährleistet eine ungestörte Entwicklung des Kalbes. Es ist außerdem äußerst reizvoll, die Tiere im „Familienverband" heranwachsen zu sehen.

Naturnahe, artgerechte Haltung

Ähnlich wie seine Vorfahren, die als Wildrinder Steppen und Savannen bevölkerten, benötigt auch das heutige Hausrind möglichst viel Bewegungsfreiheit und schätzt besonders den Weidegang. Diesem Bedürfnis wird in der Fleischrinderhaltung voll Rechnung getragen. Von Anfang Mai bis Ende Oktober laufen die Kühe mit ihren Kälbern auf der Weide. Tränkwasser und schattenspendende Bäume stehen dabei zur Verfügung. Während der Wintermonate, in der Hauptkalbezeit, werden die Tiere in geräumigen, luftigen Laufställen gehalten.

Mutterkuhhaltung – eine überlegenswerte Alternative.

Tab. 1a. Anteil der Mutterkühe am Gesamtkuhbestand in der EG (2001)

	Rinderbestand insgesamt in 1.000	Kühe insgesamt in 1.000	Milchkühe in 1.000	Mutterkühe (sonstige Kühe, 2 Jahre und älter) in 1.000	Anteil am Gesamtkuhbestand
Bundesrepublik Deutschland	14.227	5.269	4.475	794	15,1 %
Frankreich	20.281	8.395	4.195	4.200	50,0 %
Italien	7.395	2.825	2.195	630	22,3 %
Niederlande	3.842	1.636	1.551	85	5,2 %
Belgien	2.908	1.145	611	534	46,6 %
Luxemburg	198	76	44	32	42,1 %
Großbritannien	10.161	3.876	2.203	1.673	43,2 %
Republik Irland	6.516	2.358	1.233	1.125	47,7 %
Dänemark	1.840	751	628	123	16,4 %
Griechenland	585	267	173	94	35,2 %
Portugal	1.404	689	338	351	50,9 %
Spanien	6.272	3.018	1.159	1.859	61,6 %
Finnland	1.019	380	352	28	7,4 %
Schweden	1.617	593	425	158	27,1 %
Österreich	2.118	856	598	258	30,1 %

Diese sind vielfach mit Stroh eingestreut und nach einer Seite offen, meist nach Süden oder Osten.

Durch diese „Offenstallhaltung"* und den Weidegang sind die Tiere robust und abgehärtet. Unter bestimmten Voraussetzungen ist bei Fleischrindern auch eine ganzjährige Freilandhaltung möglich.

* Haltung in Außenklimaställen

Die frühzeitige und reichliche Muttermilchaufnahme der Kälber stellt einen idealen Schutz gegen Infektionskrankheiten dar. Daher gibt es bei Fleischrindern wenig Gesundheitsprobleme. In der Mutterkuhhaltung haben sich eine Vielzahl verschiedener Rinderrassen bewährt. Neben speziellen Mastrassen finden sich hier ebenso Zweinutzungsrassen sowie deren Kreuzungen. Sehr beliebt sind auch die verschiedenen Robustrinderrassen wie Galloways oder Schottische Hochlandrinder, die sich besonders für die Haltung durch Nebenerwerbslandwirte oder engagierte Hobbytierhalter eignen.

Weltweit stark verbreitet

Fleischrinder grasen nicht nur auf ausgedehnten Weideflächen im Westen der USA, in Kanada und weiten Teilen Südamerikas. Traditionelle Zentren der Rindfleischproduktion liegen auch in Australien, Südafrika sowie einigen westeuropäischen Ländern. In diesen Gebieten hat die Mutterkuhhaltung seit jeher ihre stärkste Verbreitung gefunden. Weltweit dürften wesentlich mehr Kühe ausschließlich zur Kälberaufzucht und Rindfleischproduktion als zur reinen Milcherzeugung gehalten werden.

In der EU gab es 2003 annähernd 12,5 Millionen Mutterkühe bzw. Kühe zur Fleischnutzung. Dies entspricht einem Anteil von etwa 33,5 % des Gesamtkuhbestandes.

Schwerpunkte der Mutterkuhhaltung im EU-Raum finden sich in erster Linie in Frankreich, Großbritannien, Spanien und Irland.

Über den Umfang der Fleischrinderhaltung in den einzelnen Ländern der EU sowie den Anteil der Mutterkühe am gesamten Kuhbestand informieren die Tabellen 1 a und b.

Während in einigen europäischen Nachbarländern der Anteil der Mutterkühe am Gesamtkuhbestand zwischen 40 bis über 60 % liegt, belegt die Bundesrepublik Deutschland mit rd. 15 % diesbezüglich nur einen hinteren Tabellenplatz. Dies ist vor allem auf die vorherrschende klein- bis mittelbäuerliche Betriebsstruktur in den alten Bundesländern sowie die Notwendigkeit einer intensiven Landbewirtschaftung in den Haupterwerbsbetrieben zurückzuführen.

Aufwärtsentwicklung auch in Deutschland

Mit der Haltung spezieller Fleischrinderrassen wurde in der Bundesrepublik Deutschland erst nach 1950 in nennenswertem Umfang begonnen.

In den alten Bundesländern waren es zunächst einzelne Gutsbetriebe, vorwiegend in den Ackerbaulagen, die die Mutterkuhhaltung als selbstergänzende Form der Rindermast durchführten. Auch größere Grünlandbetriebe, in denen die Milchviehhaltung aufgrund steigender Melkerlöhne unrentabel wurde, stellten auf Fleischrinderhaltung mit Absetzerverkauf um. Mit dem sich beschleunigenden Strukturwandel in der Landwirtschaft fand die Mutterkuhhaltung verstärkt Eingang in Nebenerwerbs- und Hobbybetrieben. Dieses Produktionsverfahren führte jedoch im Hinblick auf Umfang und Bedeutung bis etwa 1970 ein Schattendasein. Eine stärkere Aufwärtsentwicklung setzte erst ab 1984 nach Einführung der Milchquotenregelung ein. Immer mehr Kleinbetriebe gaben seitdem die Milchviehhaltung auf. Auf frei gewordenen „Kuhfutterflächen“ weiden nun vielfach Fleischrinder. Über die Entwicklung der Mutterkuhhaltung im gesamten Bundesgebiet und in den einzelnen Ländern gibt Tabelle 2 Aufschluss. Schwerpunkte der Fleischrinderhaltung finden sich heute vor allem in Niedersachsen, Nordrhein-Westfalen und Hessen. Doch auch in Süddeutschland kam es in den letzten zwei Jahrzehnten zu einer starken Aufwärtsentwicklung. Auf wachsendes Interesse

Tab. 1b. Rinder-, Milchkuh und Mutterkuhbestand in den 10 EU-Beitrittsländern

Land	Rinder	Kühe insgesamt	Milchkühe	sonst. Kühe	Anteil Mutterkühe am Gesamtkuhbestand (in %)
Polen	5.421.000	2.967.200	2.608.400	358.800	12,1 %
Tschech. Republik	1.511.000	602.000	495.000	107.000	17,8 %
Ungarn	770.000	362.000	338.000	24.000	6,6 %
Slowak. Republik	607.800	259.900	230.200	29.700	11,4 %
Slowenien	473.200	195.000	140.000	55.000	28,2 %
Litauen	779.100	447.600	443.300	4.300	0,9 %
Lettland	388.100	207.300	204.600	2.700	1,3 %
Estland	253.000	114.500	112.900	1.600	1,4 %
Malta	18.800	–	8.000	–	–
Zypern	58.100	–	26.200	–	–
gesamt	10.280.100	2.484.500	4.606.200	583.100	∅ 11,2 %

stieß die Mutterkuhhaltung zudem in den neuen Bundesländern. Der rasante Aufschwung der Fleischrinderhaltung in Deutschland ab 1980 wurde jedoch nach Einführung nationaler Kontingente für Mutterkuhprämien im Jahr 2000 und z. T. auch durch die BSE-Krise stark gebremst.

Mutterkühe im Dienst der Landschaftspflege

Bevorzugte Standorte der Mutterkuhhaltung sind vor allem weniger ertragreiche Grünlandflächen, überschwemmungsgefährdete Auwiesen sowie steile Hanglagen, die maschinell nicht oder nur schwer zu bearbeiten sind. Zur Nutzung so genannter Grenzertragsböden in rauen Gebirgs- und Mittelgebirgslagen, vor allem um die Landschaft offen zu halten und deren Attraktivität für den Tourismus zu bewahren, werden heute spezielle, besonders robuste und anspruchslose Fleischrinderrassen verwendet.

Auf solchen Flächen haben sich Robustrinder als Alternative zur Schafhaltung ausgezeichnet bewährt, die Beweidung erfolgt im Hinblick auf eine schützenswerte Flora besonders schonend, der Arbeitsaufwand hält sich in Grenzen.

In Zukunft müssen immer mehr Brachflächen und Landschaftsschutzgebiete vor Verbuschung bewahrt und gepflegt werden. Eine Beweidung durch Rinder stellt dabei im Vergleich zur Mahd einen natürlichen, kostengünstigen und schonenden Weg dar, die jeweilige Flora und Fauna zu erhalten und damit auch bedrohten Pflanzen- und Tierarten einen entsprechenden Lebensraum zu bewahren. Es gibt bereits einige spezielle Landschaftspflegeprogramme mit Fleischrindern, die von einzelnen Landkreisen aufgelegt wurden und finanziell gefördert werden.

Die Mutterkuhhaltung stellt eine betont umweltschonende Form der Landbewirt-

Tab. 2. Mutterkuhbestand in der Bundesrepublik Deutschland

Bundesland	1990 Halter	Mutterkühe	2003 Halter	Mutterkühe
Baden-Württemberg		21.222		62.500
Bayern		18.935		72.600
Brandenburg		11.273		92.700
Hessen		14.680		41.900
Mecklenburg-Vorpommern		9.499		68.000
Niedersachsen		29.836		68.200
Nordrhein-Westfalen		34.112		65.500
Rheinland-Pfalz		22.665		47.300
Saarland		4.057		9.000
Sachsen		10.796		35.700
Sachsen-Anhalt		5.168		25.100
Schleswig-Holstein		19.386		40.400
Thüringen		7.015		36.200
Stadtstaaten		–		2.200
insgesamt		209.566	45.600	651.400
alte Bundesländer	25.197	165.800	37.700	395.100
neue Bundesländer einschl. Berlin-Ost	–	43.800	7.900	256.300

Naturnahe Aufzucht der Jungtiere. Die Kälber bleiben bis zum Ende der Säugeperiode bei ihren Müttern. Mutterkuhhaltung mit der Rasse Charolais: Qualitätsrindfleischproduktion in Verbindung mit Landschaftspflege.

schaftung dar. Auf den Futterflächen wird in der Regel nur wenig Handelsdünger bzw. vielfach nur Stallmist und Jauche ausgebracht. Die hier übliche extensive Grünlandnutzung wirkt sich ökologisch vorteilhaft aus. Letztlich vermag die Vielfalt der verwendeten Fleischrinderrassen zu einer Belebung und Bereicherung der heimischen Landschaft beizutragen. Die Muttekuhhaltung erfüllt in idealer Weise die politischen und gesellschaftlichen Anforderungen, die an eine umweltschonende, nachhaltige und tierschutzgerechte Landbewirtschaftung gestellt werden.

Rindfleisch in Spitzenqualität

Das im Rahmen der Mutterkuhhaltung erzeugte Fleisch zeichnet sich durch Zartheit, Saftigkeit und besonderen Wohlgeschmack aus. Der hohe Genusswert ist einerseits bedingt durch jahrzehntelange Zuchtauslese, naturnahe Haltung und Fütterung sowie den optimalen Schlachtzeitpunkt. Zum anderen ist die besondere Fleischqualität das Ergebnis einer, vor allem von Direktvermarktern und Spezialitätenmetzgern sorgfältig durchgeführten Fleischreifung.

Fleischrinderhaltung – Hobby, Zusatzeinkommen oder Hauptbetriebszweig?

Beim überwiegenden Teil der Mutterkuhhaltung im Bundesgebiet handelt es sich um Nebenerwerbs- und Hobbybetriebe. Der geringe Arbeitszeitbedarf in der Fleischrinderhaltung lässt sich gut mit einer Hauptbeschäftigung außerhalb der Landwirtschaft in Einklang bringen. Ein großer Teil der Arbeiten ist nicht termingebunden und kann in der Freizeit erledigt werden.

Nach wie vor ist die Fleischrinderhaltung aber auch in Haupterwerbsbetrieben verbreitet. In Ackerbaubetrieben dient sie zur Verwertung von Restgrünland oder Zusatzfuttermitteln, wie Schlempe, Grassamenstroh oder Zuckerrübenblatt. In Grünlandbetrieben lassen sich Futterflächen, die durch Aufgabe der Milchviehhaltung oder im Zuge der Milchquotenregelung frei geworden sind, zweckmäßig nutzen. Andererseits können Milchviehbetriebe mit der Mutterkuhhaltung als zweitem Standbein ein entsprechendes Zusatzeinkommen erwirtschaften.

Auf diese Punkte ist zu achten

Unabhängig davon, ob die Mutterkuhhaltung als eigenständiger Betriebszweig im landwirtschaftlichen Haupterwerb, als tragende Säule im Nebenerwerbsbetrieb oder in Form der Hobbyhaltung durchgeführt wird, sollten folgende Voraussetzungen gegeben sein:

- Zusammenhängende Grünlandflächen, etwa 0,3 ha je Mutterkuh mit Kalb, um eine problemlose Weidehaltung vom Frühjahr bis zum Spätherbst durchführen zu können.
- Ein trockener, luftiger, aber zugfreier Winterstall bzw. ein geeigneter Unterstand bei der Haltung von Robustrindern.
- Freie Arbeitskapazität bzw. im Hobbybetrieb genügend Freizeit zur Tierbetreuung.

Trotz der bescheidenen Ansprüche, die die Mutterkuhhaltung im Hinblick auf Ertragsfähigkeit der Grünlandflächen, Gebäudeausstattung und Arbeitszeitbedarf stellt – „einfach so nebenher“ laufen sollte sie nicht.

Keinesfalls darf die Herde sich selbst überlassen bleiben. Täglich muss – gegebenenfalls durch einen vom Tierbesitzer beauftragten Bekannten oder Nachbarn – die Herde auf Vollständigkeit kontrolliert und überprüft werden, ob genügend Futter sowie Wasser zur Verfügung stehen und ob die Zäunung intakt ist. Ein höherer Beobachtungsaufwand im Abkalbezeitraum sowie bei den Kälbern in den ersten Lebenswochen macht sich bezahlt.

Ferner gilt: Je mehr sich der Tierbesitzer mit seiner Herde beschäftigt, desto zutraulicher werden die einzelnen Tiere und umso mehr Freude an dieser naturnahen Form der Rinderhaltung wird sich einstellen.

Betriebswirtschaftliche Grundsätze

Bei den Verdienstmöglichkeiten in der Mutterkuhhaltung zeigt sich eine weite Spanne. Sie reicht vom Hobby, das sich selbst trägt, bis zum Hauptbetriebszweig, aus dem der überwiegende Teil des Familieneinkommens erwirtschaftet wird. Neben der Herdengröße, dem gewählten Produktionsverfahren und den entsprechenden Absatzwegen sind hier niedrige Festkosten entscheidend. Unter diesem Gesichtspunkt muss vor allem der erforderliche Stallraum kostengünstig erstellt werden. Ferner gilt es, mit geringen Maschinenkosten auszukommen. Eine Reihe von Arbeiten lässt sich über den Maschinenring günstiger erledigen als im Rahmen der Eigenmechanisierung. Entscheidende Faktoren sind letztlich fundierte produktionstechnische Kenntnisse, z. B. im Hinblick auf Tierbeobachtung, Herdenüberwachung, Grünlandbewirtschaftung und Futterkonservierung.

Erst planen, dann produzieren

Futtergrundlage, Stallverhältnisse und Betriebstyp bestimmen nicht nur die Herdengröße in der Mutterkuhhaltung. Zusammen mit den Standortgegebenheiten sind sie ausschlaggebend für die Produktions- und Absatzmöglichkeiten des Betriebes. Daran sollte sich in erster Linie die Wahl der geeigneten Rasse und die Anwendung eines bestimmten Zuchtverfahrens orientieren.

Produktions- und Absatzmöglichkeiten

Dabei kommen folgende Alternativen in Betracht:

❍ Erzeugung von Jungrindern, auch Absetzer oder Fresser genannt, die im Alter von etwa zehn Monaten an Rindermastbetriebe verkauft werden. Dieses Verfahren ist vor allem in reinen Grünlandbetrieben anzustreben, die im

Tab. 3. In der Bundesrepublik Deutschland verbreitete Fleischrinderrassen (geordnet nach Futteransprüchen)

Rasse	Futteranspruch	Produktionsverfahren[1]	Erstkalbealter (Monate)	Mutterkühe Widerristhöhe (cm)	Mutterkühe Gewicht (kg)	Gewicht ca. 10 Monate alter Absetzer männlich	Gewicht ca. 10 Monate alter Absetzer weiblich
Blonde d'Aquitaine	hoch	Produktion von Absetzern und intensive Ausmast oder Verkauf in Ackerbauregionen	33–36	145–155	900–1100	390–410	330–360
Charolais	hoch		30–34	140–150	800–900	380–410	330–360
Uckermärker	hoch		24–32	ca. 140	750–850	360–400	320–350
Fleckvieh	mittel bis hoch		24–30	ca. 145	700–850	360–400	320–350
Gelbvieh			24–30	ca. 145	750–850	350–390	320–340
Limousin			30–36	ca. 140	ca. 700	340–380	290–320
Salers	mittel	Erzeugung von Babybeef und ausgemästeten Tieren	ca. 35	ca. 147	560–700	bis 350	bis 310
Angus			24–27	125–140	600–700	320–380	290–330
Shorthorn			ca. 27	ca. 136	550–700	bis 310	bis 260
Hereford			–	ca. 130	600–750	bis 330	bis 300
Anbrac			ca. 28	ca. 130	675–750	bis 350	bis 320
Rotes Höhenvieh			ca. 27	130–140	500–700	330–350	300–320
Welsh Black	mittel bis gering	Neben Zuchtviehverkauf extensive Ausmast; überwiegend Hobbyhaltung auf Grenzertragsböden	30–36	ca. 132	650–800	300–330	260–290
Luing			30–36	ca. 127	550–650	250–300	230–270
Galloway	gering		36–42	ca. 120	550–600	230–270	200–230
Highland Cattle			36–48	110–120	450–650	180–220	150–170

[1] Zuchtviehverkauf ist bei sämtlichen Rassen möglich.

Weitere Rassen: Weiß-blaue Belgier, Chianina, Glanrinder, Piemonteser, vor allem für Kreuzungsprogramme, sowie Bison und Zwergzebu im Rahmen der Hobbyhaltung.

Tab. 4. Futterflächenbedarf je Mutterkuh einschließlich Kalb und „Deckbullenanteil“ [1]		
Robustrinder und mittelschwere Rassen		0,8 ha
schwere Rassen bis		1,2 ha
Stallraumbedarf		
Der Platzbedarf liegt bei mindestens	6–7 m²	je Mutterkuh
	1,2–1,5 m²	je Kalb im sog. Kälberschlupf bzw. Kälberabteil

[1] Im Folgenden als Mutterkuheinheit bezeichnet.

Haupt- oder Nebenerwerb bewirtschaftet werden. Großrahmige Rassen, die eine Ausmast auf hohe Endgewichte ermöglichen, werden dabei bevorzugt.

- Ausmast aller nicht zur Bestandsergänzung benötigten Absetzrinder bzw. Jungtiere. Die Möglichkeit der Ausmast besteht in erster Linie in Ackerbaubetrieben. Der Absatz schlachtreifer Tiere erfolgt über Handel, Genossenschaften, spezielle Metzgereibetriebe oder im Zuge der Direktvermarktung. Bei dieser sich „selbstergänzenden“ Form der Rindermast ergeben sich die gleichen Anforderungen an das Tiermaterial wie beim Verkauf von Absetzrindern. Neben der Reinzucht sind auch Gebrauchskreuzungen möglich.
- Direktvermarktung von etwa zehn Monate alten Milchmastrindern, deren Fleisch auch als Baby-beef oder Naturbeef bezeichnet wird, an Endverbraucher. Voraussetzung ist ein stadtnaher Standort mit entsprechendem Käuferpotential oder eine entsprechende Lage in einem Fremdenverkehrsgebiet. Dieses finanziell lukrative Verfahren kommt für Haupterwerbsbetriebe mit freier Arbeitskapazität ebenso in Betracht wie für Nebenerwerbs- und Hobbybetriebe. Grundsätzlich sind bei entsprechender Fleischreifung sämtliche Rassen verwendbar. Bevorzugt werden hierbei jedoch mittelschwere, frühreife Rassen.
- Produktion von Zuchtvieh. Diese Möglichkeit ist bei sämtlichen Betriebstypen und allen für den jeweiligen Standort im Hinblick auf Klima und Futtergrundlage geeigneten Rassen gegeben.
- Kombination verschiedener Verfahren. In den Mutterkuhhaltungsbetrieben sind meist verschiedene Kombinationen der genannten Möglichkeiten anzutreffen.

Rassenübersicht

Einen Überblick über die in Deutschland verbreiteten Fleischrinderrassen sowie deren Eignung für die unterschiedlichen Standorte und Produktionsverfahren gibt Tabelle 3.

Als Faustregel für die Wahl der geeigneten Rasse gilt:
Je besser der Grünlandstandort im Hinblick auf den Nährstoffertrag und je intensiver die Tierbetreuung ist, desto großrahmiger kann die Rasse sein.

Umgekehrt bedeutet dies: Je schwieriger der Standort und je geringer die Arbeitskapazität, desto kleinrahmiger und robuster sollte die gewählte Rasse ausfallen.

Faustzahlen für die Planung

Für die Herdengröße sind neben der Flächenausstattung des Betriebes auch die Stallverhältnisse und die für die Mutterkuhhaltung verfügbare Arbeitszeit entscheidend. Folgende Faustzahlen können für die Planung zugrundegelegt werden.

Für die genaue Berechnung des Flächenbedarfs sind die Ertragsverhältnisse des Grünlandes, der beabsichtigte Düngeraufwand sowie evtl. vorhandenes Zusatzfutter aus dem Ackerbau oder einer

Brennerei, wie Rübenblatt, Zwischenfrüchte oder Schlempe zu berücksichtigen. Aus arbeitswirtschaftlichen Gründen ist während der Sommermonate Weidehaltung anzustreben. Von der o.a. Gesamtfläche sollten 0,3 ha pro Mutterkuh und Kalb möglichst als zusammenhängende Weidefläche zur Verfügung stehen.

Die Ansprüche an das Stallgebäude während der Wintermonate sind selbst bei Intensiv- und mittelschweren Rassen bescheiden.

Für die Haltung von Robustrindern reicht in der Regel ein Unterstand in der kalten Jahreszeit aus, der in erster Linie das Winterfutter bzw. den Fressplatzbereich schützen soll. Werden während der Wintermonate Kälber geboren, muss hierfür ein eingestreutes, trockenes und zugfreies Abteil eingerichtet werden. Mit der für genehmigungsfreie Bauten im Außenbereich (s. Seite 195) zulässigen Grundfläche von z.B. 100 m² ist in der Regel auszukommen.

Tab. 5. Arbeitszeitbedarf je Mutterkuheinheit bei unterschiedlichen Herdengrößen

Mutterkuheinheiten	Arbeitsstunden/Jahr
bis 10	35
10–20	30
20–30	28
über 30	25

Bezüglich des Arbeitszeitbedarfes je Mutterkuheinheit ist für Tierbetreuung, Zäunung, Weidepflege, Winterfutterbereitung, Einstreuen und Mistausbringung je nach Herdengröße gelten die Werte aus Tabelle 5.

Die Rassen

Derzeit werden in Deutschland gut zwei Dutzend Rassen in den 12 regionalen Fleischrinderzuchtverbänden herdbuchmäßig betreut. Neben diesen staatlich anerkannten Züchtervereinigungen gibt es noch 20 Bundesrasseverbände, die sich in erster Linie mit der Festlegung des jeweiligen Zuchtziels sowie rassespezifischer Werbung z.B. bei überregionalen Tierschauen und landwirtschaftlichen Ausstellungen befassen. Die stärkste Verbreitung haben Charolaisrinder bei den Intensivmastrassen, Fleckvieh, Limousin und Angus bei den mittelschweren Rassen sowie Galloway und Highland Cattle bei den Robustrindern gefunden.

Das Rassenspektrum weist mittlerweile auch in Deutschland eine beachtliche Vielfalt auf. Neben bekannten und z.T. seit Jahrzehnten hierzulande gehaltenen Rassen umfasst es z.B. Weißblaue Belgier, ebenso wie das Dexter-Rind und reicht über Brahman und Zwergzebu bis hin zu Wildrindern wie Wisent und Bison.

Da der Kreuzungszucht in der Mutterkuhhaltung eine wesentlich größere Bedeutung zukommt als in der Milchviehhaltung, sind genaue Angaben über die Verbreitung der einzelnen Rassen in der Bundesrepublik Deutschland einschließlich der neuen Bundesländer problematisch. In den rund 6400 Mitgliedsbetrieben der deutschen Fleischrinderzuchtverbände ergab sich 2003 auf der Basis eingetragener Herdbuchtiere die in Tabelle 7 aufgeführte Rassenverteilung.

Beim Vergleich der einzelnen Fleischrinderrassen und bei der Beurteilung der Eignung für die Mutterkuhhaltung ist zu beachten, dass die Wirtschaftlichkeit dieser

Tab. 6. Zucht- und Haltungsbetriebe sowie eingetragene Herdbuchtiere der Fleischrinder-Landesverbände in der Bundesrepublik Deutschland, 2003

Bundesland	Zucht- und Haltungsbetriebe insgesamt	Herdbuchbetriebe	Haltungsbetriebe	Herdbuch tiere insgesamt
Baden-Württemberg	540	221	319	3.425
Bayern	614	412	202	5.752
Berlin-Brandenburg	159	107	52	4.481
Hessen	722	408	314	4.548
Mecklenburg-Vorpommern	382	284	98	3.394
Niedersachsen	1.205	837	368	6.980
Nordrhein-Westfalen, Rheinland-Pfalz und Saarland	1.456	960	496	10.581
Sachsen	268	268	0	3.835
Sachsen-Anhalt	275	221	54	4.474
Schleswig-Holstein	463	442	21	3.549
Thüringen	197	197	0	5.582
Insgesamt	6.281	4.357	1.924	62.443

Quelle: Bundesverband Deutscher Fleischrinderzüchter u. -halter e.V. Jahresbericht 2003 (verändert)

Produktionsform nicht allein von der Mast- und Schlachtleistung des jeweiligen Tiermaterials, sondern in erheblichem Maße auch von der Aufzuchtquote der Herde abhängt. Voraussetzung hierfür ist neben der Fruchtbarkeit auch die Leichtkalbigkeit. Ferner müssen beim angegebenen Leistungsvermögen der einzelnen Rassen auch die jeweiligen Futteransprüche und das Futterangebot berücksichtigt werden.

Um den unterschiedlichen Ansprüchen gerecht zu werden, die einerseits an die Mutterkuh (geringer Erhaltungsbedarf, Frühreife, Fruchtbarkeit) und andererseits an die von ihr produzierten Nachkommen (hohe Tageszunahme, hohe Endgewichte) gestellt werden, bietet sich die Durchführung von Gebrauchskreuzungen an. Dabei werden z. B. rahmige und milchbetonte Zweinutzungskühe mit Bullen einer entsprechenden Fleischrasse mit starker Ausprägung der wertvollen Teilstücke angepaart. Zudem ist es auch bei diesen sog. Einfachkreuzungen möglich, Heterosiseffekte auszunutzen, die in erster Linie Eigenschaften mit geringem Erblichkeitsgrad, wie Fruchtbarkeit und Vitalität der Kälber, günstig beeinflussen. Vereinzelt wird in der Fleischrinderzucht auch die Dreirassenkreuzung durchgeführt. Dabei wird z. B. eine milchbetonte Zweinutzungsrasse mit einem Bullen der Extensivrassen belegt, um in der ersten Kreuzungsgeneration besonders robuste, anspruchslose aber milchreiche Muttertiere zu erhalten. Diese werden dann mit einem großrahmigen fleischbetonten Bullen belegt.

Die männlichen und weiblichen Nachkommen aus dieser zweiten Kreuzungsstufe werden als Endprodukte zur Mast aufgestellt. Die Durchführung einer solchen Dreirassenkreuzung erfordert jedoch einen hohen Organisationsaufwand.

Tab. 7. Anzahl Herdbuchtiere nach Rassen sowie Zucht- und Haltungsbetriebe 2008

Rasse	HB-Tiere insges.	% aller HB-Tiere	Zucht- u. Haltungsbetriebe
Limousin	12.009	18,7	893
Fleckvieh	11.655	18,1	514
Charolais	10.107	15,7	801
Angus	9.180	14,3	705
Galloway	4.964	7,7	878
Highland C.	3.469	5,4	689
Uckermärker	3.013	4,7	57
Hereford	1.888	2,9	122
Blonde d'A	1.833	2,9	195
Salers	1.005	1,6	58
Rotes Höhenvieh	987	1,5	199
Aubrac	788	1,3	47
Welsh Black	640	1,0	98
Pinzgauer	472	0,7	46
Gelbvieh	413	0,6	46
Dexter	377	0,6	96
Zwergzebu	374	0,6	45
Shorthorn	345	0,5	39
Piemonteser	284	0,4	36
Glaurind	174	0,3	58
Hinterwälder	127	0,2	23
Luing	61	0,1	23
Sonstige[1]	131	0,2	715
Insgesamt	64.296	100 %	6.393

Quelle: Bundesverband Deutscher Fleischrinderzüchter u. -halter (BDF), 2008

[1] Sonstige HB-Tiere: Braham (4), Chianina (2), Fjällrind (12), Grauvieh (4), Lakenfelder (6), Maine-Anjon (15), Pustertaler (57), Vogesenrind (6), Vorderwälder (4), Wagyu (5), Weißblaue Belgier (16)

Intensivmastrassen

Hierzu zählen neben Charolais, Blonde d'Aquitaine und Weiß-blauen Belgiern auch die italienischen Rassen Chianina, Romagnola und Marchigiana. Mit einer Widerristhöhe von 160 bis 170 cm und einem Gewicht von bis zu 1200 kg (Bullen) gehören die Chianina zu den weltweit größten und schwersten Rinderrassen. Die Verbreitung ist weitgehend auf Italien beschränkt.

Blonde d'Aquitaine

Im Hinblick auf die Zuchtgeschichte handelt es sich bei diesen großrahmigen, schweren Rindern um eine vergleichsweise junge Intensivmastrasse. Sie ist aus drei Blondviehrassen in Südwestfrankreich, im Gebiet zwischen Bordeaux und Toulouse hervorgegangen, die 1962 zu einem gemeinsamen Herdbuch zusammengeschlossen und züchterisch weitgehend konsolidiert wurden.

Charakteristisch für Blonde d'Aquitaine ist ein einfarbig hellgelbes bis weizenfarbenes, kurzes Haarkleid mit Aufhellungen im Bereich der Augen, Flotzmaul, Schenkelinnenseiten und Unterbauch. Dabei treten hellere und dunklere Farbvarianten auf. Im Rahmen des Zuchtprogramms wird zwischenzeitlich auch auf Hornlosigkeit selektiert.

Tab. 8. Leistungsdaten der Rasse Blonde d'Aquitaine

ausgewachsene Bullen	Widerristhöhe	150 (bis 165) cm
	Gewicht	1200 (bis 1500) kg
ausgewachsene Kühe	Widerristhöhe	145 (bis 155) cm
	Gewicht	850 (bis 1100) kg
Absetzer	tägl. Zunahmen	1000 bis 1100 g
Erstkalbalter		32–33 Monate
Geburtsgewicht Kälber	männlich	46 kg
	weiblich	41 kg
Schwergeburtenrate		5 %

Nach 8 Monaten Säugezeit erreichen die Kälber auf der Weide Durchschnittsgewichte von etwa 300 kg. Bei der in Frankreich üblichen Form der Jungrindermast erreichen Blonde d'Aquitaine-Bullen im Alter von 14 bis 15 Monaten Gewichte von 500 bis 750 kg.

Hohe Fleischleistung kombiniert mit günstigem Abkalbeverhalten

Die Rasse weist eine für die Fleischrinderhaltung günstige Merkmalskombination von Großrahmigkeit und Fleischfülle mit Milchreichtum der Kühe und weitgehend problemlosen Abkalbungen auf. Die langen schmalen Kälber fallen meist leicht, entwickeln sich rasch und erbringen hohe Absetzgewichte. Rassetypisch ist die lange Mittelhand, eine gut ausgeprägte Bemuskelung in Keule, Rücken und Schulter sowie die Feinknochigkeit, die zu einer günstigen Schlachtausbeute führt. Das Fleisch ist zart und feinfaserig, da es rassetypisch einen geringen Bindegewebsanteil aufweist.

Hinsichtlich der Standortansprüche und Eignung für die verschiedenen Produktionsrichtungen bestehen kaum Unterschiede zur Rasse Charolais.

Aufgrund der o. a. Vorzüge ist die Rasse zwischenzeitlich in Frankreich stark verbreitet. Die Population umfasst dort etwa 260.000 reinrassige Rinder. Zuchtverbände gibt es weiterhin in Großbritannien und Irland sowie in Deutschland als sog. Bundesrasseverband.

In der Bundesrepublik liegen die Schwerpunkte der Herdbuchzucht derzeit in Nordrhein-Westfalen. Verstärkte Bedeutung kommt der Rasse auch im Rahmen von Gebrauchskreuzungen in Milchviehherden zu. Großer Beliebtheit erfreut sich die Anpaarung von Blonde d'Aquitaine Bullen an Kühe der Rasse Braunvieh in Bayern und Baden-Württemberg zur Erzeugung gut mastfähiger Nutztiere bei weitgehend problemloser Abkalbung. Auch Gebrauchskreuzungen mit Fleckvieh brachten diesbezüglich günstige und vielversprechende Ergebnisse.

Charolais

Die schwere, großrahmige Blondviehrasse stammt aus Frankreich. Im Verlauf der langen Zuchtgeschichte steht seit 1920 ausschließlich die Fleischleistung im Vordergrund. Die Intensivmastrasse wurde seither zu einem wichtigen Exportartikel für das Ursprungsland und erfreut sich weltweit großer Beliebtheit. In Deutschland stellt Charolais seit einigen Jahren die am stärksten verbreitete Fleischrinderrasse dar.

Hervorragend ausgebildete Schlachtkörper

Gezüchtet wird ein einfarbig weißes bis cremefarbiges Rind mit rosa Flotzmaul, wachsgelben, an den Spitzen dunkel pigmentierten Hörnern und hellen Klauen. Die besonderen Vorzüge der Rasse liegen in der hervorragend ausgeprägten Bemuskelung in Keule, Rückenpartie und Schulter. Charolaisrinder zeichnen sich durch viel Wuchs, eine lange Mittelhand sowie ein kräftiges Fundament aus. Als vorteilhaft erweist sich der ruhige, gutartige Charakter sowie die Anpassungsfähigkeit der Rasse an unterschiedliche Klimaverhältnisse.

Hohes Leistungspotential

Hervorzuheben sind die hohen täglichen Zunahmen bei günstiger Futterverwertung. Masttiere erreichen bei starkem Wachstumsvermögen die Schlachtreife relativ spät. Jungbullen können daher bei geringerem Fettansatz auf Endgewichte von 700 kg und darüber gemästet werden. Dabei wird eine hohe Schlachtausbeute erreicht. Für die in der Regel hervorragend ausgeformten fleischreichen und gleichzeitig fettarmen Schlachtkörper lassen sich meist Spitzennotierungen erzielen.

Probleme beim Abkalben?

Nachteilig kann sich die rassetypisch starke Bemuskelung der Kälber in Keule, Lende und Schulter auf den Geburtsverlauf auswirken. Dies gilt auch für andere Intensivmastrassen. Großrahmigkeit und stark ausgeprägte Fleischfülle stehen biologisch in einem Gegensatz zur Leichtkalbigkeit. Das zeigt sich besonders bei Erstlingen, aber auch bei körperlich noch nicht voll ausgereiften Tieren. Daher können diese konträren Merkmale nur selten im Erbgut ein und desselben Tieres verankert werden. Das Problem lässt sich jedoch durch entsprechende Zuchtwahl lösen. Die „genetische Bandbreite" der Rasse Charolais erweist sich hier als hilfreich. Auf Ausstellungen und in Eliteherden sind meist überwiegend betont rahmige, massige Kühe mit Gewichten über 1000 kg anzutreffen. Daneben wird ein Wirtschaftstyp mit 700 bis 800 kg schweren Kühen gezüchtet. Entsprechend differenziert ist das Angebot an Zucht- und Besamungsbullen zu betrachten.

Im Ursprungsland Frankreich werden seit langem umfangreiche Leistungsprüfungen u. a. auf das Merkmal „Geburtsverlauf" durchgeführt. Daher sind bei Bullen, vor allem wenn sie im Rahmen der künstlichen Besamung eingesetzt werden, Angaben über die jeweiligen Vererbungstendenzen zu erhalten. Es wird unterschieden zwischen Vatertieren zur Verbesserung von Rahmen und Fleischfülle, die in der Regel nicht für Kalbinnen bzw. Kühe zum zweiten Kalb verwendet werden sollten, und Stieren mit weitgehend problemlosen Geburten auch bei Erstlingen.

Die Nachkommen aus den letztgenannten Paarungen weisen in der Regel hinsichtlich Wuchs und Bemuskelung mittleres Kaliber auf. Für diese Tiere bietet sich, sobald sie körperlich voll ausgereift sind, eine entsprechende Ausgleichspaarung hinsichtlich Rahmen und Fleischfülle an.

Tab. 9. Leistungsdaten der Rasse Charolais

ausgewachsene Bullen		Gewicht	1200–1300 kg
		Widerristhöhe	145–155 cm
ausgewachsene Kühe		Gewicht	800–900 kg
		Widerristhöhe	135–145 cm
Absetzer	männlich	tägl. Zunahmen	1150–1300 g
	weiblich	tägl. Zunahmen	1000–1100 g
Erstkalbealter			34 Monate
Geburtsgewicht Kälber		männlich	44 kg
		weiblich	40 kg
Geburtshilfe		bei Erstlingen	bis 18,5 %
		bei Kühen	bis 6,6 %

Auf korrektes Fundament achten

Neben dem Geburtsverlauf bei Erstlingen treten aufgrund des raschen Wachstumsvermögens gelegentlich Fundamentprobleme bzw. Schwächen im Beinwerk auf. In Deutschland gelten in Anbetracht der in Rindermastbetrieben vorherrschenden Haltungsbedingungen Spreizklaue, nachgebende Fesselung, steilgestelltes Hinterbein und starke Winkelung als Formfehler. Ideal sind Charolaistiere für die Ausmast in Ackerbaugebieten. Entsprechend dem Leistungsvermögen sind die Futteransprüche, vor allem die Anforderungen an die Nährstoffkonzentration, vergleichsweise hoch.

Bei den Weiden sollte es sich um ertragsreiche Grünlandflächen handeln. Steile Hanglagen sind wegen der Gefahr der Bodenerosion infolge von Trittschäden nicht geeignet.

Bevorzugtes Produktionsziel in Charolaisbetrieben ist die Erzeugung von Anstellern zum Verkauf. Meist werden jedoch die anfallenden Jungtiere in Ackerbaubetrieben auf Silomaisbasis im eigenen Betrieb ausgemästet.

Neben der Reinzucht ist in Haltungsbetrieben auch die Gebrauchskreuzung stark verbreitet. Charolaisbullen werden auch zunehmend in reinen Milchviehbetrieben zur Erzeugung gut mastfähiger Nachkommen auf leistungsschwächere Kühe eingesetzt. Bevorzugt wird dabei die Anpaarung mit Kühen der Rasse Schwarzbunte bzw. Holstein-Friesian. In der Bundesrepublik liegen die Schwerpunkte der Charolaiszucht in Niedersachsen und Nordrhein-Westfalen, gefolgt von Schleswig Holstein und Hessen. Eine steigende Zahl von Zuchtbetrieben ist auch in Baden-Württemberg und den neuen Bundesländern zu verzeichnen.

Uckermärker

Die Rasse entstand in Ostdeutschland aus der Kreuzung fleischbebauter Fleckviehkühe mit Charolaisbullen. Hauptverbreitungsgebiet ist Brandenburg sowie Mecklenburg-Vorpommern.

In das seit 1974 bestehende Herdbuch waren im Jahr 2002 rund 2000 Zuchttiere eingetragen.

Bei den Uckermärkern handelt es sich um großrahmige, voll bemuskelte und behornte Tiere.

An die Haarfarbe werden keine besonderen Ansprüche gestellt. Neben einfarbig weißen und cremefarbenen Tieren gibt es gescheckte Varianten. Entscheidende Selektionsmerkmale sind hohe tägliche Zunahmen, Leichtkalbigkeit, gute Muttereigenschaften sowie eine hohe Aufzuchtleistung. Die Rasse eignet sich zur Fressererzeugung und Ausmast auf hohe Endgewichte in Reinzucht sowie für Gebrauchskreuzungen mit Milchrindern.

Tab. 10. Leistungsdaten der Rasse Uckermärker[1]:

ausgewachsene Bullen	Widerristhöhe	um 150 cm
	Gewicht	1150–1300 kg (1200)
ausgewachsene Kühe	Widerristhöhe	um 140 cm
	Gewicht	750–850 kg
Geburtsgewicht der Kälber	männlich	45 kg
	weiblich	40 kg
210-Tage Gewicht	männlich	308 kg
	weiblich	248 kg
365-Tage-Gewicht	männlich	511 kg
	weiblich	402 kg
tägl. Zunahme Jungbullen		1300 g
Erstkalbealter		Ähnlich
Schwergeburten		wie bei
Kälbersterblichkeit (Totgeburten)		Fleckvieh!

[1] lt. Rinderzuchtverband Berlin-Brandenburg e.G., Mielestr. 2, D-1452 Werder/Havel

Weißblaue Belgier

Bei dieser in Belgien stark verbreiteten Rinderrasse wird zwischen dem Fleischtyp und dem Zweinutzungstyp unterschieden. Tiere des Fleischtyps, dem die Mehrzahl der Zuchttiere angehören, sind mittel- bis großrahmig und zeichnen sich durch extreme Fleischfülle vor allem in der Hinterhand, aber auch in Rücken und Schulterpartie aus.

Neben der weißblauen Farbvariante kommen auch weiße und schwarz-weiß gefleckte Tiere vor. Die Rasse gilt als besonders ruhig im Temperament und robust.

Hohe Schwergeburtenrate

Die Erbanlage für Doppellender ist in der Population stark verbreitet. Wegen der extremen Bemuskelung liegt die Schwergeburtenrate überproportional hoch. Problematisch ist vor allem der starke Anteil an Kaiserschnitten und die daraus entstehenden Mehrkosten.

Tab. 11. Leistungsdaten der Rasse Weißblaue Belgier

ausgewachsene Bullen	Widerristhöhe	145–150 cm
	Gewicht	1100–1200 kg
ausgewachsene Kühe	Widerristhöhe	133–138 cm
	Gewicht	700–800 kg
Erstkalbealter		32 Monate
Geburtsgewicht Kälber	männlich	48 kg
	weiblich	44 kg
Geburten mittels Kaiserschnitt		
	Erstlinge (Reinzucht)	ca. 48 %
	Kühe (Reinzucht)	ca. 22 %

Interessant für Gebrauchskreuzungen

Weißblaue Belgier sind in einigen westeuropäischen Ländern sowie in Nordamerika verbreitet. Aufgrund der gegenüber dem Ursprungsland gänzlich anders gelagerten Markt- und Rentabilitätsverhältnisse gibt es im Bundesgebiet nur wenige Reinzuchtherden. Voraussetzung für eine weitere Verbreitung der Rasse wären entsprechende Absatzgarantien und Preiszuschläge der abnehmenden Hand sowie ein verstärkter Einsatz im Rahmen von Gebrauchskreuzungen zur Verbesserung von Fleischfülle und Schlachtausbeute. Anpaarungsversuche mit körperlich ausgereiften Kühen der Zweinutzungsrassen führten im Hinblick auf den Geburtsverlauf zu günstigen Ergebnissen.

Zweinutzungsrassen

Von Fleckvieh, Gelbvieh sowie Pinzgauern als Fleischrinderrassen zu sprechen, ist im Bundesgebiet z. T. noch ungewohnt. Von diesen Rassen ist meist nur bekannt, dass sie in klein- und mittelbäuerlichen Betrieben Süddeutschlands zur Milcherzeugung gehalten werden. Aufgrund der stark ausgeprägten Fleischkomponente sind die Kälber zwischenzeitlich für die Rindermast begehrt und haben einen deutlichen Wertzuwachs erfahren.

Die Kühe der Zweinutzungsrassen sind ausgezeichnete Mütter. Dank ihres Milchreichtums und einer zehn Monate anhaltenden Laktation werden bei den Kälbern auch ohne zusätzliche Kraftfuttergaben und selbst auf ungünstigen Standorten hohe Absetzgewichte erreicht. Die Absetzer zeichnen sich durch Frohwüchsigkeit, viel Rahmen sowie gute Bemuskelung in den wertvollen Fleischpartien aus und ermöglichen eine Ausmast auf hohe Endgewichte ohne stärkere Verfettung.

Auch im Bundesgebiet haben sich Fleckvieh, Gelbvieh und Pinzgauer als Fleischrinderrassen bewährt. Nicht nur im süddeutschen Herkunftsgebiet werden in einer Reihe von Mutterkuhbetrieben mit diesen Rassen Fresser zum Verkauf produziert, meist aber die anfallenden Absetzer im eigenen Betrieb ausgemästet. Die Zweinutzungsrassen bringen in der Mutterkuhhaltung folgende Vorteile:

- Für die Fleischrinderhaltung geeignetes Tiermaterial steht in großer Auswahl und vergleichsweise preisgünstig zur Verfügung.
- Bei allen drei Rassen sind umfangreiche Prüfungsergebnisse über die für die Mutterkuhhaltung wichtigen Leistungsmerkmale vorhanden.
  Im Rahmen der Besamung und des Bullenprüfprogramms liegen zuverlässige Informationen vor über Geburtsverlauf, Anteil Totgeburten, Fruchtbarkeit, Milchmenge und Milchinhaltsstoffe, tägliche Zunahmen, Fett- und Knochenanteil, Ausschlachtungsprozente sowie Anteil wertvoller Teilstücke.
- Unter diesem Aspekt stehen hier Bullen aus sicher belegten, leichtkalbigen Linien zur Verfügung.
- Die drei Rassen erbringen infolge der einmalig günstigen Kombination von hoher Milch- und Fleischleistung Absetzgewichte sowie Mast- und Ausschlachtungsergebnisse, die sehr nahe an die der Intensivmastrassen Charolais und Blonde d'Aquitaine heranreichen und die Rasse Limousin z. T. übertreffen.
- Absetzer der Zweinutzungsrassen weisen in der Regel ein korrektes, robustes Fundament auf, sodass sie problemlos

auf Spaltenboden ausgemästet werden können.

Kaum Umstellungsprobleme
Mitunter werden Bedenken geäußert, Tiere der Zweinutzungsrasen, die bisher gemolken wurden, auf die Mutterkuhhaltung umzustellen. Die Erfahrungen von Betrieben lassen sich wie folgt zusammenfassen:

- Trotz aller züchterischen Fortschritte bezüglich hoher Milch- und Fleischleistung, ist den Kühen dieser Rassen der natürliche Mutterinstinkt erhalten geblieben. Der Anteil an Mutterkühen, die sich unzureichend um ihr Kalb kümmern bzw. es nicht saugen lassen wollen, ist gering und nicht höher als bei den Spezialmastrassen. Immerhin geht ein nicht unbeträchtlicher Teil des Mutterkuhbestandes bei der Rasse Angus im Bundesgebiet auf Fleckvieh und Gelbvieh als Mutterlinie zurück.
- Bezüglich der Vitalität der Kälber gibt es selten Schwierigkeiten. Wird bei den Deckbullen darauf geachtet, dass diese aus leichtkalbigen Linien stammen, so sind die daraus hervorgehenden Kälber rasch auf den Beinen und suchen das Euter der Mutter.
- Euterproblemen, insbesondere Euterentzündungen bei milchreichen Tieren kommt wie allgemein in der Mutterkuhhaltung auch bei Fleckvieh und Gelbvieh wenig Bedeutung zu. Es wird jeweils nur soviel Milch im Euter nachgebildet, wie vom Kalb entzogen wird. Gelegentlich sind in der Mutterkuhhaltung Tiere mit ungleichmäßig angesäugten Eutern oder einem verödeten Viertel zu beobachten. Dies bleibt jedoch in der Regel ohne Auswirkungen auf das Absetzgewicht und damit auf die Wirtschaftlichkeit der Mutterkuhhaltung.

Fleckvieh

Aus der Verdrängungskreuzung einheimischer Landschläge mit Schweizer Simmentalern im 19. Jahrhundert hervorgegangen, stellt das Deutsche Fleckvieh eine Zweinutzungsrasse mit hoher Milchleistung und ausgeprägter Fleischkomponente dar. Als reines Fleischrind genießt es in Übersee, vor allem in den USA und in Südafrika, aber auch in einigen europäischen Nachbarländern, wie z. B. in Großbritannien, einen ausgezeichneten Ruf. Durch entsprechende Selektion züchterisch weiterentwickelt, konkurriert Fleckvieh dort erfolgreich mit einer Reihe von Spezialmastrassen, insbesondere Charolais, Limousin, Blonde d'Aquitaine und Piemontesern.

Zuchtviehexporte erfolgten in mehr als 50 Länder. Weltweit werden schätzungsweise 38 Millionen Fleckviehtiere gehalten, davon etwa zwei Drittel ausschließlich zur Rindfleischproduktion sowohl in Reinzucht als auch in Form von Gebrauchskreuzungen. In der Bundesrepublik findet Fleckvieh etwa seit 1960 Verwendung in der Mutterkuhhaltung.

Tab. 12. Leistungsdaten der Rasse Fleckvieh

ausgewachsene Bullen		Gewicht	1100–1300 kg
		Widerristhöhe	145–157 cm
ausgewachsene Kühe		Gewicht	700–850 kg
		Widerristhöhe	135–145 cm
Erstkalbealter			24–28 Monate
Geburtsgewicht der Kälber		männlich	41 kg
		weiblich	39 kg
Kälberverluste von der Geburt bis zum Absetzen			3–7 %
Absetzer	männlich	tägl. Zunahmen	1100–1200 g
	weiblich	tägl. Zunahme	950–1000 g
Geburtshilfe		bei Erstlingen.	4 %
		bei Kühen	2 %
		(2 und mehr Kälber)	
optimales Mastendgewicht		Bullen	630–650 kg
		Kalbinnen	520–550 kg
Ergebnisse der Nachkommenprüfung 2003 (Bullen)			
tägliche Zunahmen seit Geburt			1258 g
Gewicht 450. Tag			607 kg
Schlachtausbeute			59,2 %
Fleischanteil			68,9 %

Markenzeichen weißer Kopf

Das gescheckte Haarkleid weist beim Fleckvieh verschiedene Farbabstufungen vom dunklen Rotbraun bis zum hellen Gelb auf weißem Grund auf. Neben Plattenschecken finden sich kleinfleckig gezeichnete Tiere. Ein Rassekennzeichen bildet der weiße Kopf, der dominant vererbt wird, mit hellem unpigmentiertem Flotzmaul. Weiß sind ferner Unterbauch, Beine und Schwanzquaste. Bei den Bullen sind häufig gelockte Haare an Stirn, Hals und Schulterpartie zu finden. Charakteristisch ist der ausgeprägte Triel an der Halsunterseite. Die Hörner sind hell, mit leicht nach außen und oben gebogenen Spitzen.

Angestrebt werden beim Fleckvieh rahmige, frohwüchsige Tiere mit viel Brust, tief reichender Flanke und robustem Fundament. Die Bemuskelung soll in allen wertvollen Fleischpartien sehr gut ausgebildet sein.

Neben der Veranlagung für hohe Milchleistungen von 7000 kg mit 3,9 % Fett und 3,7 % Gesamteiweiß werden bezüglich der Fleischleistung der Jungbullen je nach Mastintensität tägliche Zunahmen von 1100 bis 1300 g sowie ein hervorragender Schlachtkörperwert erreicht.

Das lang anhaltende Fleischwachstum sowie die spät einsetzende Fetteinlagerung ermöglichen hohe Mastendgewichte bei günstiger Ausschlachtung.

Milchreichtum der Kühe bringt hohe Absetzgewichte

Hierin liegt ein entscheidender Vorteil des Fleckviehs. Dank hoher Milchleistungen der Kühe und einer lang anhaltenden Laktation werden bei den Jungtieren auch ohne zusätzliche Kraftfuttergaben selbst auf weniger ertragreichen Weiden hohe Absetzgewichte erzielt. Die Tiere sind auch schwerer als herkömmlich aufgezogene gleichen Alters und verfügen dadurch über einen entsprechenden Vorsprung in der anschließenden Mast. Der natürliche Mutterinstinkt des Fleckviehs blieb erhalten und auch im Hinblick auf die Vitalität der Kälber gibt es nicht mehr Probleme als bei den anderen schweren Rassen.

Zur Ausmast auf Silomaisbasis besonders geeignet

Fleckvieh wird in der Mutterkuhhaltung sowohl zur Reinzucht als auch zu Kreuzungszwecken verwendet. Reinrassige Fleckviehtiere sind vor allem für Futterbaubetriebe mit der Möglichkeit zur Ausmast der anfallenden Absetzer auf Silomaisbasis prädestiniert. Aufgrund des robusten Fundaments bereitet die Haltung der Masttiere auf Spaltenboden kaum Probleme. Neben der Ausmast im eigenen Betrieb bietet sich die Erzeugung von Fressern zum Verkauf an.

Bullenmastbetriebe bevorzugen z. T. Ansteller aus der Mutterkuhhaltung, da diese gesundheitlich robust aufgezogen sind und aus dem gleichen Bestand stammen. Voraussetzung für ein günstiges Aufzuchtergebnis, vor allem bei Färsen, ist die Verwendung von Leichtkalbebullen. In der Fleckviehzucht steht eine Reihe entsprechend geprüfter Vatertiere zur Verfügung, die kleine, aber frohwüchsige Kälber bringen. Für Betriebe, die die Baby-beef-Produktion anstreben, bietet Fleckvieh als Mutterlinie die Ausgangsbasis für die Einkreuzung angusblütiger Bullen. Letztlich findet Fleckvieh auch als Vaterrasse für Gebrauchskreuzungen in Milchviehherden eine wachsende Zahl von Anhängern.

Genetisch hornlose Tiere

Die langjährigen Bemühungen, genetisch hornlose Fleckviehtiere zu züchten, waren erfolgreich. Jungbullen sowie Sperma von reinerbig hornlosen Tieren stehen zur Verfügung. Genetisch hornlose Tiere zeichnen sich in besonderem Maße durch Friedfertigkeit sowie ruhigen Charakter aus. Bei den Nachkommen entfällt die Arbeit des Enthornens.

Gelbvieh

Unter der Bezeichnung Deutsches Gelbvieh wurden verschiedene einfarbig gelbe Rinderschläge wie Glan-Donnersberger-, Limpurger-, Lahn- und Frankenvieh zusammengefasst. Da das Glanvieh sowie das Limpurgerrind von anderen Rassen verdrängt wurden, geht die heutige Population fast ausschließlich auf das frühere Frankenvieh zurück.

Das Zuchtziel war bis nach dem 2. Weltkrieg neben der Milchleistung stark auf Arbeits- und Fleischleistung ausgerichtet. Da Gelbvieh als besonders marschtüchtig gilt und sich aufgrund der Pigmentierung als weitgehend widerstandsfähig gegen starke Sonneneinstrahlung erwies, fand es nach 1945 rasch Eingang in die Fleischrinderzucht, vor allem in Übersee.

Gut bemuskelt mit auffallend langer Mittelhand

Charakteristisch für diese Rasse ist das einfarbig gelbe Haarkleid mit hellem Flotzmaul. Die Farbe variiert von hellgelb bis rotbraun. Das Gelbvieh ist großwüchsig mit kräftigem Knochenbau und zeichnet sich durch eine auffallend lange Mittelhand, ausgeprägte Fleischpartien in Keule, Rücken und Schulter sowie durch eine besonders harte, widerstandsfähige Klaue aus.

Hohes Leistungsniveau

Im Zuchtziel werden beim Gelbvieh Milch- und Fleischleistung gleichmäßig betont. Die angestrebte Milchleistung von 6000 kg mit 3,90 % Fett und 3,70 % Gesamteiweiß gewährleistet hohe Absetzgewichte in der Mutterkuhhaltung.

Gelbvieh wird in der Mutterkuhhaltung wegen seiner hervorragenden Mast- und Schlachtleistung geschätzt. Bei den Absetzern werden hohe Tageszunahmen erreicht und Masttiere zeichnen sich durch ein lang anhaltendes Fleischwachstum aus. Besonders geschätzt ist die Rasse in den USA, in Kanada, Australien und Südafrika.

Hochwertige Schlachtkörper

In der Bullenmast mit Maissilage werden tägliche Zunahmen von 1250 g bei Endgewichten zwischen 650 bis 700 kg erreicht. Gelbvieh zeichnet sich durch ein feinfaseriges, gut marmoriertes, wohlschmeckendes Fleisch aus. Die Rasse findet vor allem auch in Kreuzungszuchtprogrammen Verwendung.

Tab. 13. Leistungsdaten der Rasse Gelbvieh

ausgewachsene Bullen	Gewicht	1100–1350 kg
	Widerristhöhe	145–155 cm
ausgewachsene Kühe	Gewicht	700–850 kg
	Widerristhöhe	130–150 cm
tägliche Zunahme Absetzer	männlich	1100–1200 g
	weiblich	950–1000 g
Erstkalbealter		24–28 Monate
Geburtsgewicht Kälber	männlich	42 kg
	weiblich	38 kg
Geburtshilfe	bei Erstlingen	3 %
	Bei Kühen	7 %
Schlachtausbeute (Bullen):		59,9 %

Durch Gelbvieheinkreuzung lässt sich die Milchleistung spezialisierter Fleischrinderrassen steigern. Gelbvieh eignet sich zudem zur Verbesserung der Fleischleistung milchbetonter Rassen. Großer Beliebtheit erfreuen sich vor allem Kreuzungen von Holstein-Friesian-Kühen mit Gelbviehbullen. Die F_1-Tiere sind einfarbig schwarz und zeigen meist eine hervorragende Entwicklung und Bemuskelung. Aufgrund höherer Schlachtköpergewichte und besserer Klassifizierungsergebnisse werden mit diesen Kreuzungstieren deutliche Mehrerlöse erzielt.

Durch die Auswahl geeigneter Bullen lässt sich auch beim Gelbvieh ein weitgehend problemloser Geburtsverlauf in der Mutterkuhhaltung erreichen. Aufgrund der hohen Besamungsdichte stehen im Gelbzuchtgebiet genaue Informationen über Geburtsverlauf und Kälberverluste zur Verfügung. Zu berücksichtigen ist dabei, dass diese Ergebnisse fast ausschließlich bei ganzjähriger Stallhaltung zustande kommen.

Frohwüchsigkeit, Gutartigkeit, problemloser Umgang und korrektes Fundament sind weitere Pluspunkte, die für Gelbvieh als eine für die Mutterkuhhaltung gut geeignete Rasse sprechen.

Pinzgauer

Benannt ist die Rasse nach dem österreichischen Pinzgau in den Salzburger Alpen. Wahrscheinlich bereits im 17. Jahrhundert durch Kreuzung verschiedener Rassen und Landschläge entstanden, erfolgt die organisierte Zucht des Pinzgauer Rindes seit 1896.

Das Hauptverbreitungsgebiet liegt nach wie vor im Salzburger Land mit einer Zuchtinsel in Norditalien. In der Bundesrepublik wird die Rasse mit derzeit etwa 1400 Tieren in Südostbayern, vor allem im Gebiet um Traunstein und im Berchtesgadener Land gehalten.

Leichtkalbigkeit in Verbindung mit guter Fleischleistung

Charakteristisch sind die kastanienbraune Grundfarbe mit Rücken- und Bauchblesse sowie weiße Streifen an Unterarm und Unterschenkel. Die Hörner weisen schwarze Spitzen auf. Das Flotzmaul ist unpigmentiert. Die mittel- bis großrahmigen, gut bemuskelten Tiere zeichnen sich durch mittlere Milch-, aber hohe Fleischleistung aus. Hervorzuheben sind die Merkmale Leichkalbigkeit, gute Muttereigenschaften, ruhiges Temperament, korrektes, trockenes Fundament sowie harte Klauen.

Aufgrund ihrer Anpassungsfähigkeit und Robustheit bewährt sich die Rasse Pinzgauer auch bei gänzjähriger Freilandhaltung.

Tab. 14. Leistungsdaten der Rasse Pinzgauer

Zuchtziel	Bullen	Kühe
Widerristhöhe	148–155 cm	138–143 cm
Gewicht	1100–1200 kg	650–750 kg
Leistungsergebnisse	männl. Kälber	weibl. Kälber
Geburtsgewicht	40 kg	36 kg
tägliche Zunahme beim Absetzen	bis 1200 g	bis 1000 g
Geburtsverlauf meist problemlos		
Ergebnisse der Nachkommenschaftsprüfung (Bullen)		
tägl. Zunahme 112. bis 500. Tag:	1189 g	
Ø Schlachtausbeute	58,3 %	

Nicht nur für raue Gebirgsgegenden geeignet

Die leistungsfähige Zweinutzungsrasse eignet sich sowohl für raue Gebirgsgegenden als auch für gute Futterbaustandorte zur Erzeugung von schnellwüchsigen Kälbern und Einstellrindern. Milchreichtum der Kühe und entsprechendes Wachstumsvermögen der Kälber führen zu hohen Absetzgewichten und günstigen Verkaufserlösen.

Die Einstellrinder weisen eine gute Masteignung im Stall und auf der Weide auf. Die besondere Fleischqualität des Pinzgauer Rindes resultiert aus einer zarten Marmorierung sowie einer feinen Fleischfaser. Baby-beef von Pinzgauer Rindern gilt als Delikatesse. Sie sind zur Reinzucht und Kreuzung in der Fleischrinderzucht u. a. in Übersee geschätzt.

Bekannten Fleischrinderrassen ebenbürtig

Bei den Pinzgauern handelt es sich um eine Zweinutzungsrasse von regionaler Bedeutung. Im Hinblick auf die Milchnutzung hat die Rasse an Wettbewerbsfähigkeit verloren. In ihrer Eignung für die Mutterkuhhaltung sind die Pinzgauer anderen mittelschweren Fleischrinderrassen weitgehend ebenbürtig.

Mittelschwere Rassen

Limousin

Ihren Ursprung hat diese weit verbreitete Blondviehrasse in den weniger ertragreichen Mittelgebirgslagen Südwestfrankreichs im Gebiet um Limoges und Brive. Ein entsprechendes Zuchtbuch besteht seit 1886.

Charakteristisch sind das rotgelbe Haarkleid mit Aufhellungen im Bereich der Augen, des Flotzmauls und der Schenkelinnenseiten sowie ein relativ kleiner Kopf mit hellen Hörnern und rosafarbenen Schleimhäuten. Hornspitzen und Klauen weisen eine braune Pigmentierung auf. Limousinrinder sind gut mittelrahmig mit langer Mittelhand.

Hoher Magerfleischanteil bei günstiger Schlachtausbeute

Die besonderen Vorzüge der mittelschweren Rasse liegen in der stark ausgeprägten Keulenbemuskelung, dem feinen Knochenbau sowie weitgehend problemlosen Abkalbungen.

Nach französischen Angaben war bei 92 % der Geburten keinerlei Hilfe notwendig. Die Schwergeburtenrate bei Erstlingen lag unter 5 %.

Limousinrinder sind robust und anpassungsfähig. Sie eignen sich auch zur Nutzung von weniger ertragreichen Futterflächen. In Frankreich werden sie in Mittelgebirgsregionen teilweise ganzjährig im Feien gehalten, wie z. B. im Gebiet um Aubusson, wo einzelne Herden noch in Höhen von etwa 1000 m anzutreffen sind.

Hinzuweisen ist auf das mitunter lebhafte Temperament dieser Rasse.

Die in der Reinzucht anfallenden männlichen Absetzer eignen sich zur Ausmast auf Endgewichte von etwa 650 kg. Bei einem günstigen Verhältnis von Muskelfleisch und Knochenanteil liegt die Schlachtausbeute z. T. über 60 %. Die Schlachtkörper weisen eine leichte Marmorierung bei wenig Auflage- und Nierenfett auf. Das Fleisch ist zart und geschmacksintensiv.

Auch in Deutschland auf Expansionskurs

Über das Ursprungsgebiet hinaus ist die Rasse in ganz Frankreich stark verbreitet. Dort bildet sie mit rd. 600.000 Mutterkühen nach Charolais den zweitgrößten Rasseblock. Weltweit haben Limousin in den Zentren der Rindfleischproduktion Eingang gefunden. Neben der Reinzucht kommt hier der Gebrauchskreuzung große Bedeutung zu. In der Bundesrepublik seit 1975 heimisch, liegt der Schwerpunkt der Limousinzucht in Nordrhein-Westfalen. Auf zunehmendes Interesse stößt die Rasse auch in Niedersachsen, Schleswig-Holstein und Hessen. Mit 10.685 eingetragenen Herdbuchtieren waren Limousin in 2006 die am stärksten verbreitete Fleischrinderrasse in Deutschland.

Tab. 15. Leistungsdaten der Rasse Limousin

ausgewachsene Bullen		Gewicht	1000–1200 kg
		Widerristhöhe	137–150 cm
ausgewachsene Kühe		Gewicht	650–800 kg
		Widerristhöhe	132–143 kg
Absetzer	männlich	tägl. Zunahme	1000–1200 g
	weiblich	tägl. Zunahme	800–1000g
Erstkalbealter			36 Monate
Geburtsgewicht der Kälber		männlich	39 kg
		weiblich	36 kg

Angus

Mit dem Aufbau größerer Mutterkuhherden in Deutschland wurden ab 1950 vermehrt Gebrauchskreuzungen zwischen Aberdeen Angus Bullen und Kühen der heimischen Zweinutzungsrassen durchgeführt.

Aus Schottland importierte reinrassige Angusrinder brachten für die Mutterkuhhaltung eine Reihe von Vorteilen, wie Leichtkalbigkeit, genetische Hornlosigkeit, Gutartigkeit sowie eine besondere, weltweit geschätzte Fleischqualität mit.

Der damalige Angustyp konnte jedoch hinsichtlich geringer Wachstumskapazität in Verbindung mit einer frühzeitigen starken Fetteinlagerung unter deutschen Produktions- und Absatzverhältnissen nicht befriedigen. Als verbesserungsbedürftig erwiesen sich zudem Rahmen so-

Tab. 16. Leistungsdaten der Rasse Angus

ausgewachsene Bullen		Gewicht	950–1200 kg
		Widerristhöhe	135–145 cm
ausgewachsene Kühe		Gewicht	600–700 kg
		Widerristhöhe	125–136 cm
Absetzer	männlich	tägl. Zunahmen	1000–1100 g
	weiblich	tägl. Zunahmen	850–950 g
Erstkalbealter			24–27 Monate
Geburtsgewicht Kälber		männlich	35 kg
		weiblich	32 kg
Geburtshilfe		bei Erstlingen	ca. 3 %
		bei Kühen	ca. 1 %

wie Milchleistung der Mutterkühe und im Zusammenhang damit die Absetz- und Endgewichte der Jungtiere.

Sehr gute Ergebnisse wurden diesbezüglich mit der Einkreuzung schwarzbunter und rotbunter Rinder in Nord- und Mitteldeutschland sowie von Fleckvieh und Gelbvieh im Süden des Bundesgebietes erzielt.

Für die durch Kombinationszucht und nachfolgende Konsolidierung u. a. hinsichtlich Einfarbigkeit und Hornlosigkeit entstandene Rasse wird seit 1956 ein eigenes Herdbuch unter der Bezeichnung Deutsche Angus geführt. Die Entwicklung der Anguszucht in Deutschland ist eng mit dem Namen von Dr. Karl-Heinz Drögemeier verbunden.

Nachdem in den vergangenen 20 Jahren vermehrt Angusbullen bzw. Sperma aus den USA und Kanada hierzulande eingesetzt wurden, lautet die Rassebezeichnung internationalen Gepflogenheiten folgend seit 1. 10. 2000 auch in Deutschland nur noch Angus.*

Frühreifes, weitgehend anspruchsloses Fleischrind mit problemloser Abkalbung

Angusrinder stellen bescheidene Ansprüche an die Nährstoffkonzentration des Futters und eignen sich aufgrund ihrer Anpassungsfähigkeit auch zur Nutzung wenig ertragreicher Grünlandflächen in klimatisch rauen Lagen. Die Kühe weisen gute Muttereigenschaften auf. Die Kälber fallen leicht, sind vital und suchen rasch das Euter des Muttertieres auf. Die meisten Tiere sind von Natur aus hornlos. Gelegentlich treten Stummel- oder Wackelhörner** auf.

Besonders geschätzt wird die Friedfertigkeit und Gutartigkeit dieser Rinderrasse.

Baby-beef bzw. Milchmastrinder als Rindfleischspezialität

Angus-Rinder erreichen schon früh die Schlachtreife. Besonders bei Tieren mit höherem Angusblutanteil sind die wertvollen Fleischpartien in Keule und Rücken bereits bei zehn Monate alten Absetzern gut ausgeformt. Derartige Absetzer eignen sich in erster Linie für die Erzeugung von Baby-beef bzw. Milchmastrindern. In Verbindung mit der Direktvermarktung werden diese qualitativ hochwertigen Rindfleischspezialitäten auch entsprechend honoriert. Die feine Fleischfaser und die dadurch bedingte Zartheit konnten durch Messung der Scherkraft im Rahmen von Versuchen an der Bundesanstalt für Fleischforschung*** bestätigt werden.

Deutsche Angus eignen sich auch zur Fresserproduktion und Ausmast. Das optimale Mastendgewicht liegt hier je nach Angusblutanteil zwischen 500 und 600 kg bei Bullen und 450 bis knapp 550 kg bei Mastkalbinnen.

Das Zuchtziel ist auf ein voll bemuskeltes, mittelrahmiges Fleischrind mit langer Mittelhand sowie tiefer Brust und Flanke ausgerichtet. Angestrebt werden Tiere mit kleinem, leichtem Kopf, feinknochigem korrektem Fundament sowie einem festsitzenden Euter mit kurzen Strichen bei den Mutterkühen. Bewusst wird auf ein Höchstmaß an Fleischfülle in Keule und Schulter zugunsten problemloser Abkalbungen verzichtet. Angus-Rinder sind frühreif. Das Erstkalbealter liegt bei 24 bis 26 Monaten. Durch die Einkreuzung heimischer Zweinutzungsrassen kommen bei Angusrindern hierzulande verschiedene Farbvarianten und gelegentlich weiße Abzeichen vor. Herdbuchtiere müssen jedoch einfarbig rot, braun oder schwarz sein, wobei verschiedene Farbabstufungen toleriert werden. Für die Zuchtbucheintragung ist u. a. die Hornlosigkeit unabdingbare Voraussetzung.

Im Hinblick auf die unterschiedlichen Produktionsziele in der Fleischrinderhaltung ist der Kombinationsgrad von Angustieren mit den Zweinutzungsrassen variabel. Daraus resultiert eine relativ große Typenvielfalt.

Bullen der Rasse Angus werden für Gebrauchskreuzungen verwendet, bevorzugt zur Belegung von Färsen der Milchrassen. Daraus hervorgehende Kälber fallen klein, sind jedoch vital und frohwüchsig.

*** jetzt: Bundesforschungsanstalt für Ernährung und Lebensmittel, Kulmbach

* Ebenso als „Angus" werden die einfarbig schwarzen, hornlosen „Vollblüter" in Kanada und den USA bezeichnet, im Gegegnsatz zu den „Red Angus", dem einfarbig roten, gleichfalls hornlosen Typ.

** Mit der Kopfhaut verschiebbare Hornzapfen oder -platten, auch als Scurces bezeichnet.

Aberdeen Angus

Diese weltweit bekannte Mastrasse trägt den Namen zweier Grafschaften im Nordosten Schottlands. In jener Region wurde vor etwa 140 Jahren mit der planmäßigen Zucht eines hornlosen, genügsamen Fleischrindes begonnen. Angusrinder fanden alsbald in den USA, in Kanada, Argentinien und Neuseeland weite Verbreitung.

Der seit Ende des 19. Jahrhunderts bevorzugte knapprahmige, sehr frühreife Typ mit tiefem walzenförmigem Rumpf auf kurzen Beinen ist heute selbst im Ursprungsgebiet kaum mehr zu finden. Die Rasse wurde im Hinblick auf veränderte Verzehrsgewohnheiten und intensive, arbeitsteilige Produktionsverfahren umgezüchtet. Ähnliche Überlegungen wie vorstehend bei Angus dargelegt, waren hier ausschlaggebend.

Auch in den wenigen „Vollblut-Anguszuchten“ im Bundesgebiet finden sich seit einigen Jahren meist Bullen mit amerikanischer oder kanadischer Blutführung.

Das Zuchtziel der genetisch hornlosen, einfarbig schwarzen oder roten Rasse umfasst folgende Schwerpunkte:
- Leichtkalbigkeit, vor allem bei Färsen,
- klein fallende, vitale, rasch wachsende Kälber,
- gute Muttereigenschaften,
- eine Milchleistung, die hohe Absetzgewichte ermöglicht,
- genügend Wuchs unter Beibehaltung einer gut ausgeprägten Bemuskelung,
- kleiner Kopf und feine Knochen,
- Erhaltung der besonders geschätzten Fleischqualität hinsichtlich Zartheit und feiner Marmorierung.

Die Rasse eignet sich besonders für Betriebe mit Baby-beef-Produktion. Dadurch können frühzeitig schlachtreife Tiere mit günstiger Ausformung der wertvollen Fleischpartien erzeugt werden. Bei entsprechend angepasster Fütterungsintensität lässt sich Rindfleisch der Spitzenklasse erzeugen.

Tab. 17. Leistungsdaten der Rasse Hereford

ausgewachsene Bullen	Gewicht	900–1150 kg
	Widerristhöhe um	141 cm
ausgewachsene Kühe	Gewicht	600–750 kg
	Widerristhöhe um	136 cm
Erstkalbealter		33–36 Monate
Geburtsgewicht Kälber	männlich	36 kg
	weiblich	33 kg

Hereford

Das Ursprungsgebiet dieser traditionsreichen Mastrasse liegt in Westengland. Das erste Hereford-Herdbuch datiert aus dem Jahr 1846.

Kennzeichnend für die rotgescheckten Rinder mit teilweise gelocktem Haarkleid ist der weiße Kopf, der dominant vererbt wird. Weiß sind ferner Hals, Brust, Bauch, Beine und Schwanzquaste. Bevorzugt wurde jahrzehntelang ein knapp- bis mittelrahmiger, tiefrumpfiger und frühreifer Typ mit stark bemuskelter Vorhand. In Anpassung an veränderte Verzehrsgewohnheiten geht der Trend in den letzten Jahren wie bei Aberdeen Angus zu mehr Wuchs, lang anhaltendem Fleischwachstum sowie geringerer und später einsetzender Fetteinlagerung im Schlachtkörper. Hervorzuheben sind Umgänglichkeit, günstige Muttereigenschaften, wenig Abkalbeprobleme und Anpassungsfähigkeit an unterschiedliche Klimaverhältnisse.

Neben gehörnten Rindern werden auch genetisch hornlose Tiere (polled Hereford) gezüchtet.

Herefords sind zur Produktion von Baby-beef bzw. zur Erzeugung von Jungmastrindern auf unterschiedlichen Standorten geeignet.

Aufgrund ihrer Anpassungsfähigkeit selbst an extreme Klimaverhältnisse ist die Rasse weltweit stark in der Reinzucht sowie im Rahmen von Gebrauchskreuzungen verbreitet. In den Ländern der EU finden sich größere Hereford-Populationen vor allem in Großbritannien, Irland und

Tab. 18. Leistungsdaten der Rasse Shorthorn

ausgewachsene Bullen (8 Tiere)	Gewicht	1000–1200 kg
	Widerristhöhe um 144 cm	
ausgewachsene Kühe (99 Tiere)	Gewicht	650 kg
	Widerristhöhe um 136 cm	
Geburtsgewicht Kälber	männlich	36 kg
	weiblich	33 kg
Jungtiere 200-Tage-Gewicht	männlich	220 kg
	weiblich	186 kg
Erstkalbealter		27 Monate

Dänemark. Seit 1979 wird die Rasse in der Bundesrepublik mit Schwerpunkt in Schleswig-Holstein gezüchtet.

Shorthorn

Beef Shorthorns gehören zu den ältesten züchterisch bearbeiteten Fleischrinderrassen. Aus dem Nordosten Englands stammend, erlangten sie weltweit starke Verbreitung. Veränderte Marktanforderungen führten jedoch in den letzten Jahrzehnten zu einem starken Rückgang.

Es handelt sich um mittelrahmige, frühreife Rinder mit stumpf endenden Hörnern, die in den Farbvarianten rot, weiß und rot-weiß meliert vorkommen. Ein dunkles Rot sowie die Rotschimmelvariante werden dabei bevorzugt. Flotzmaul und Haut sind unpigmentiert, Hörner und Klauen erscheinen hell.

Tab. 19. Leistungsdaten der Rasse Salers

ausgewachsene Bullen	Gewicht	750–950 kg
	Widerristhöhe um	157 cm
ausgewachsene Kühe	Gewicht	500–700 kg
	Widerristhöhe um	147 cm
Absetzer männlich/weiblich bis 9 Monate	tägl. Zunahmen	900 bis 1100 g
Erstkalbealter		35 Monate
Geburtsgewicht der Kälber	männlich	38 kg
	weiblich	36 kg
Geburtsverlauf: Abkalbungen mit tierärztlicher Hilfe		4 %

Das Zuchtziel ist auf tiefrumpfige, voll bemuskelte Tiere mit feinem Knochenbau sowie problemlosem Geburtsverlauf ausgerichtet.

Als typisch für Beef Shorthorns gilt die „Kastenform“, der nahezu parallele Verlauf von Rücken- und Bauchlinie.

Die Bedeutung der Rasse liegt in der Kombination von Leichtkalbigkeit und hohem Schlachtkörperwert. Sie wurde vielfach für Veredelungs- und Gebrauchskreuzungen verwendet. Erst in neuerer Zeit entstand die Rasse Luing aus der Kombinationszüchtung von Beef Shorthorn und Highland Cattle.

Salers

Die robuste französische Landrasse stammt aus der Bergregion des Zentralmassivs, dem Departement Auvergne. Es sind einfarbig rotbraune, gehörnte Rinder mit leicht gelocktem Haarkleid. Die Haut weist eine braune Pigmentierung auf, das Flotzmaul ist hell und die Hornspitzen sind dunkel eingefärbt.

Robustheit gepaart mit günstiger Fleischleistung

Die Vorzüge der Rasse Salers liegen in ihrer Widerstandsfähigkeit gegen raues Klima. Die Mutterkühe, die im Zentralmassiv teilweise zur Milchproduktion verwendet werden, sind hinsichtlich Rahmen, Bemuskelung und Abkalbeverhalten weitgehend den deutschen Zweinutzungsrassen Fleckvieh, Gelbvieh und Pinzgauer vergleichbar, diesen aber in der Milchleistung unterlegen.

Salers eignen sich bevorzugt zur Absetzerproduktion in Hoch- und Mittelgebirgsregionen.

In der Intensivmast erreichten Jungbullen im Gewichtsabschnitt von 265 kg bis 647 kg durchschnittliche tägliche Zunahmen von 1240 g bei einem Schlachtkörpergewicht, kalt, von 358 kg. Seit den sechziger Jahren hat die Rasse in ganz Frankreich Verbreitung gefunden. Die Population umfasste 1990 etwa 170.000 Mutterkühe. Vor wenigen Jahren wurden die ersten Zuchttiere nach Deutschland eingeführt. In Süddeutschland treten sie in eine harte Konkurrenz mit den heimischen Zweinutzungsrassen.

Piemonteser

Diese aus dem Nordwesten Italiens stammende Fleischrinderrasse zeichnet sich bei überwiegend mittlerem Rahmen und guter Körperlänge durch starke Ausformung der wertvollen Fleischpartien in Keule, Rücken und Schulter, Feinknochigkeit, hohe Ausschlachtungsprozente sowie geringe Fettabdeckung der Schlachtkörper bei intensiver Mast aus. Das Fleisch dieser Rinder gilt als besonders zart.

Piemonteser Bullen werden vielfach für Gebrauchskreuzungen in Milch- und Mutterkuhherden zur Verbesserung der Schlachtkörperqualität eingesetzt.

Charakteristisch für ausgewachsene männliche Tiere ist das hell- bis dunkelgraue Haarkleid mit schwarzer Pigmentierung von Flotzmaul, Wimpern, Ohrrändern und Schwanzquaste. Doppellender mit extrem hohem Fleischanteil sind häufig.

Es werden hohe tägliche Zunahmen und eine Schlachtausbeute von z. T. über 70 % erreicht.

Die Farbe der Kühe variiert von hellgrau bis weiß. Die Kälber zeigen zunächst eine rötliche Fellfarbe.

Aubrac

Die ursprünglich aus dem Südwesten Frankreichs stammende, in der Bergregion südlich des Zentralmassivs gezüchtete Zweinutzungsrasse gilt als sehr robust, anpassungsfähig und fruchtbar.

Sie zeichnet sich durch gute Muttereigenschaften und Aufzuchtergebnisse aus.

Aubrac-Rinder sind fahlrot mit dunklem Flotzmaul und ebenfalls dunklen Hörnern.

Sie zählen zu den vom Exterieur her besonders attraktiven Rassen.

Für die Erzeugung von Absetzern zur Weitermast hat sich besonders die Gebrauchskreuzung mit Charolais bewährt.

Tab. 20. Leistungsdaten der Rasse Piemonteser

ausgewachsene Bullen	Widerristhöhe um	150 cm
	Gewicht	950–1150 kg
ausgewachsene Kühe	Widerristhöhe um	140 cm
	Gewicht	650–750 kg
Geburtsgewicht der Kälber	männlich	42 kg
	weiblich	38 kg
tägl. Zunahmen (Mastleistungsprüfung)	männlich	1300–1500 g
Ausschlachtung der Bullen		68–72 %

Tab. 21. Leistungsdaten der Rasse Aubrac

ausgewachsene Bullen	Widerristhöhe um	140 cm
	Gewicht	900–1000 kg
ausgewachsene Kühe	Widerristhöhe um	131 cm
	Gewicht	550–750 kg
Geburtsgewicht der Kälber	männlich	36 kg
	weiblich	34 kg
Absetzgewicht (210 Tage)	männlich	255 kg
	weiblich	231 kg
Schwergeburten		2 %
(Zwillingsgeburten		2,2 %)

Tab. 22. Leistungsdaten der Rasse Rotes Höhenvieh

ausgewachsene Bullen	Widerristhöhe	135–145 cm
	Gewicht	750–950 kg
ausgewachsene Kühe	Widerristhöhe	130–140 cm
	Gewicht	500–700 kg
Geburtsgewicht der Kälber	männlich	38 kg
	weiblich	36 kg
tägl. Zunahmen bis zum Absetzen (ca. 200 Tage)		
	männlich	1000–1050 g
	weiblich	900–950 g
365 Tage-Gewicht	männlich	403 kg
	weiblich	300 kg

Quelle: Rinderzuchtverband Sachsen, 2004

Rotes Höhenvieh

Seit Jahrhunderten war der mitteleuropäische Raum, insbesondere die Mittelgebirgsregion in Deutschland, ein Verbreitungsgebiet einfarbig roter Rinder. Nachdem im 19. Jahrhundert hierzulande mit der planmäßigen Zuchtarbeit bei den verschiedenen Schlägen begonnen wurde, kam es 1911 zur Gründung des Verbandes mitteldeutscher Rotviehzüchter.

Mit der zunehmenden Spezialisierung in der Rinderhaltung verlor die Rasse jedoch in der 2. Hälfte des 20. Jahrhunderts zunehmend an Bedeutung für die Milchproduktion. Die heutige Hauptnutzung des Roten Höhenviehs liegt in der Mutterkuhhaltung. Die Rasse zeichnet sich durch Genügsamkeit, Widerstandsfähigkeit, gute Milchleistung sowie Leichtkalbigkeit aus.

Angestrebt wird eine gut ausgeprägte Bemuskelung bei hoher Fleischqualität, vor allem im Hinblick auf die Feinfaserigkeit des Fleisches. Rassetypisch für dieses mittelrahmige Rind sind einfarbig rote, rotbraune bis dunkelbraune Tiere mit hellem Flotzmaul, hellen Hörnern mit dunklen Spitzen sowie eine helle Schwanzquaste.

Glanrind

Das Glanrind zählt zu den vom Aussterben bedrohten Rassen in Deutschland. Es handelt sich um ein genügsames Zweinutzungsrind mit dem Schwerpunkt Mutterkuhhaltung. Die Tiere sind einfarbig hellgelb bis dunkelgelb mit Übergängen ins rötliche. Sie haben ein helles Flotzmaul und weisen an Augen, Nase, Unterbauch und Innenseite der Beine Aufhellungen auf. Der Kopf ist relativ breit und kurz, die Rückenlinie gerade und fest. Die Sitzbeinhöcker liegen tiefer bei Betonung des Kreuzkammes. Die Tiere weisen je nach Typ ein feines bis kräftiges Fundament auf. Die Bemuskelung an Keule, Lende und Schulter ist gut ausgeprägt.

Das Glanrind zeichnet sich durch Robustheit, ruhiges Temperament, harte Klauen, gute Fruchtbarkeit und eine für Mutterkühe sehr gute Milchleistung aus. Durch seine hervorragende Eignung für die Landschaftspflege erschließt sich ein neues Einsatzgebiet für diese heimische Rinderrasse, der als genetische Ressource besondere Bedeutung zukommt.

Tab. 23. Leistungsdaten der Rasse Glanrind

Kreuzbeinhöhe, cm	Kühe um 133	Bullen ab 140
Gewicht, kg	Kühe 600–800	Bullen 900–1100

Quelle: Sonderdruck Rasseportraits, Fleischrinderjournal 2007

Welsh Black

Die Heimat dieser Rasse ist Wales im Südwesten der britischen Inseln. Ursprünglich als Zweinutzungsrasse gezüchtet, verlagerte sich in den letzten Jahrzehnten die Nutzungsrichtung der Welsh Black eindeutig zur Fleischproduktion. Die gute Milchleistung wirkt sich in der Mutterkuhhaltung günstig auf die Entwicklung der Kälber aus.

Obwohl erst vor etwa 20 Jahren in die Bundesrepublik eingeführt, fand die Rasse vor allem in Norddeutschland, besonders in Niedersachsen und Schleswig-Holstein, eine rasche Verbreitung. Im Jahre 1988/89 gab es dort etwa 200 eingetragene Herdbuchtiere in 51 Haltungen.

Typisch für die Rasse sind ein einfarbig schwarzes Haarkleid, das schwarz pigmentierte Flotzmaul, dunkle Klauen sowie ausladende helle Hörner mit schwarzen Spitzen. Bei mittlerem Rahmen wird ein langer, tiefgestellter Rumpf auf kräftigem trockenem Fundament angestrebt. Das Zuchtziel umfasst neben hoher Fruchtbarkeit vor allem Langlebigkeit, Leichtkalbigkeit und Vitalität der Kälber.

Welsh-Black-Rinder zählen im Hinblick auf Futteransprüche und Wachstumsvermögen zu den mittel-intensiven Rassen. Robustheit und Anpassungsfähigkeit ermöglichen es den Tieren zumindest zeitweilig, auch mit ungünstigen Umweltbedingungen fertig zu werden.

Unter den klimatischen Verhältnissen Norddeutschlands ist eine ganzjährige Freilandhaltung möglich. Entsprechende Erfahrungen in Süddeutschland, insbesondere in Gebirgs- und Mittelgebirgslagen, stehen noch aus. Die Bereitstellung eines trockenen Unterstandes erscheint jedoch in jedem Fall als zweckmäßig.

Aufgrund stärkerer Nachfrage nach Zuchttieren wird in den Welsh-Black-Herden in erster Linie Reinzucht betrieben. In Gebrauchsherden, dort wo es in erster Linie absolutes Grünland zu verwerten gilt, bietet sich die Fresserproduktion mit Verkauf der männlichen Tiere und Ausmast der weiblichen Absetzer im eigenen Betrieb an. Auf günstigeren Standorten stellt der Einsatz einer fleischreichen Vaterrasse auf die milchreichen Welsh Black einen optimalen Weg zur Erzeugung wüchsiger, gut bemuskelter Absetzer für die Intensivmast dar.

Tab. 24. Leistungsdaten der Rasse Welsh Black

Bullen	Widerristhöhe um	148 cm
	Gewicht	900–1250 kg
Kühe	Widerristhöh um	137 cm
	Gewicht	650–800 kg
Geburtsgewicht	männlich	39 kg
	weiblich	35 kg
200-Tage-Gewicht	männlich	245 kg
	weiblich	228 kg
400-Tage-Gewicht	männlich	415 kg
	weiblich	360 kg
tägl. Zunahme bis 400. Tag	männlich	930 g
	weiblich	–

Dexter

Diese alte, ursprünglich aus Irland stammende Zweinutzungsrasse ist insofern bemerkenswert, als sie zu den kleinsten westeuropäischen Rinderrassen zählt. Ausgewachsene Kühe erreichen bei einer Widerristhöhe von rund 110 cm Gewichte von ca. 350 kg.

Auffällig ist ein betont gedrungener Körper mit extrem kurzen Beinen. Dexter-Rinder gibt es in roter und schwarzer Farbvariante. Charakteristisch sind die langen, nach oben gerichteten Hörner sowie ein stark gewinkeltes Hinterbein. Die Rasse gilt als anspruchslos, weist gute Muttereigenschaften auf und erzielt aufgrund guter Milchleistung günstige Aufzuchtergebnisse.

Die männlichen Kälber werden bevorzugt für die Ochsenmast verwendet, wobei bei günstigen Weideverhältnissen eine ausgezeichnete Schlachtkörperqualität im Hinblick auf Marmorierung, Zartheit und Saftigkeit erzielt wird.

Tab. 25. Leistungsdaten der Rasse Dexter

ausgewachsene Bullen	Widerristhöhe	102–117 cm
	Gewicht	450–600 kg
ausgewachsene Kühe	Widerristhöhe	91–109 cm
	Gewicht	300–450 kg
Erstkalbealter		24 27 Monate
	Geburtsgewicht	17–25 kg

Robustrinder zur extensiven Grünlandnutzung

Die Robustrinder, besonders die Rassen Galloway und Highland Cattle, sind bis vor einigen Jahren nicht nur in Süddeutschland, sondern im gesamten Bundesgebiet zum „Renner“ in der Mutterkuhhaltung geworden. Des weiteren finden auch Welsh-Black- und Luing-Rinder zunehmende Verbreitung in der extensiven Grünlandnutzung.

Die steigende Beliebtheit dieser Extensivrassen ist nicht allein darauf zurückzuführen, karge oder stark hängige Grünlandflächen in klimatisch ungünstigen Lagen nutzen zu können, sondern vor allem auch auf die Möglichkeit einer ganzjährigen Freilandhaltung. Hinzu kommen das attraktive Äußere, die Umgänglichkeit und nicht zuletzt die bis vor wenigen Jahren hohen Verkaufserlöse für weibliche Zuchttiere. In der Mehrzahl sind es kleinere Betriebe, schwerpunktmäßig Nebenerwerbslandwirte, aber auch Hobbyhalter, die diese Robustrinder züchten.

Galloway

Diese aus dem Südwesten Schottlands stammende Fleischrinderrasse hat nach

Tab. 26. Leistungsdaten der Rasse Galloway		
Bullen	Widerristhöhe um	135 cm
	Gewicht	800–850 kg
Kühe	Widerristhöhe um	125 cm
	Gewicht	550–600 kg
Geburtsgewicht	männlich	30 kg
	weiblich	27 kg
200-Tage-Gewicht	männlich	161 kg
	weiblich	143 kg
400-Tage-Gewicht	männlich	310 kg
	weiblich	243 kg
tägl. Zunahme bis 400. Tag	männlich	780 g
	weiblich	–
Bedeckung der Färsen	ab 20 Monate – 27. Monate Alter bzw. mit 400 kg Gewicht	
Bullen zur Zucht:	ab 20 Monate bzw. mit 450 kg	

Fleckvieh Charolais, Limousin und Angus die stärkste Verbreitung in der Bundesrepublik gefunden. Das Ursprungsgebiet dieser Rasse, die Region Galloway, ist durch hohe Niederschläge gekennzeichnet. Gallowayrinder konnten zwischenzeitlich ihre enorme Widerstands- und Anpassungsfähigkeit unter verschiedensten Klimaverhältnissen beweisen. Sie widerstehen Sturm, Regen und Schnee ebenso wie drückender Hitze und sind ausgezeichnete Raufutterverwerter, die aufgrund ihrer Genügsamkeit auch mit einem kargen Futterangebot zurechtkommen.

Im Rahmen des Zuchtziels wurde lange Zeit ein kleinrahmiges, tiefrumpfiges, in der Mittelhand genügend langes und selbstverständlich fruchtbares, leichtkalbiges und langlebiges Rind angestrebt. Mittlerweile gibt es auch mittel- und großrahmige Galloways. Charakteristisch für die Rasse ist der breite kurze Kopf, die dominante Hornlosigkeit und das wellige Haarkleid mit dichtem, wolligem Unterhaar. Am häufigsten sind die Farbvarianten schwarz mit rotbraunem Unterhaar sowie blond (dun). Ferner gibt es eine gurtenscheckige Variante, die „Belted Galloways" (Grundfarbe schwarz mit weißer „Leibbinde") sowie „parkfarbene" Rinder mit weißem Fell sowie schwarzer Pigmentierung an Flotzmaul und Ohren. Als „rigged" werden Galloway-Tiere bezeichnet, deren Körper überwiegend pigmentiert, mit weißen Augentropfen und weißem Halskranz versehen sind. Seit kurzem gibt es weitere Farbvarianten wie „red belted" oder „white red pointed".

Paarungen zwischen den Farbschlägen schwarz und blond einerseits sowie „belted" oder „park" andererseits sind nicht erwünscht; solche Nachkommen werden nicht in das Herdbuch eingetragen. Hervorzuheben sind bei den Galloways Gutartigkeit, Umgänglichkeit sowie ausgeprägter Herdentrieb. Schlachttiere liefern ein zartes, saftiges und sehr wohlschmeckendes Fleisch.

Im Hinblick auf die Merkmale Genügsamkeit und Widerstandsfähigkeit sind züchterische Bestrebungen, Rahmen und Wachstumskapazität bei den Galloways zu verbessern, skeptisch zu beurteilen. Aufgrund ihrer Anspruchslosigkeit ist die Rasse besonders zur Nutzung von Grenzertragsböden auch in Gebirgs- und Mittelgebirgsregionen geeignet. Selbstverständlich können die Tiere auch unter günstigeren Standortbedingungen gehalten werden. Ein zu hohes Nährstoffangebot, das zur Verfettung führt, ist vor allem bei tragenden Tieren im Hinblick auf Schwergeburten zu vermeiden.

Bei den Galloways dominiert die Reinzucht. Der Absatz von Jungbullen zur Zucht ist begrenzt. Als Deckbullen unverkäufliche männliche Tiere werden meist im Alter von 16 bis 24 Monaten geschlachtet. Das Fleisch ist als Delikatesse geschätzt, wird aber in der Regel nur im Rahmen der Direktvermarktung preislich entsprechend honoriert. Längerfristig dürfte die Kreuzung von Gallowaykühen mit Bullen der Intensivrassen zur Produktion von Qualitätsrindfleisch an Bedeutung zunehmen. Neben der Direktvermarktung bietet sich eine Partnerschaft mit „Spezialitäten-Metzgern" an. Die hierbei notwendige Lieferkontinuität lässt sich dann durch Zusammenarbeit

Tab. 27. Leistungsdaten der Rasse Luing		
Bullen	Widerristhöhe	137 cm
	Gewicht	700–900 kg
Kühe	Widerristhöhe	127 cm
	Gewicht	550–650 kg
Geburtsgewicht	männlich	38 kg
	weiblich	35 kg
tägl. Zunahmen bei 200 Tagen ∅-Alter	männlich	bis 1000 g
	weiblich	bis 900 g
Geburtsverlauf	männlich	leicht, 0,4 %
	weiblich	tierärztliche Hilfe

mehrerer Rindfleisch-Erzeugerbetriebe erreichen.

Luing

Ursprungsgebiet dieser Rasse ist die Insel Luing an der Westküste Schottlands. Vor rund 55 Jahren wurde dort mit der Zucht des Luing-Rindes begonnen. Auf der Basis einer Kombinationszüchtung von Highland Cattle und Beef Shorthorn entstand diese Rasse, die seit 1965 als solche von der britischen Regierung anerkannt ist. Im Jahr 1987 wurden die ersten Luing-Rinder in die Bundesrepublik eingeführt.

Luing Rinder zeichnen sich durch mittleren Rahmen, eine lange Mittelhand, gute Bemuskelung in Keule, Rücken und Schulter sowie ein mittelstarkes, trockenes Fundament aus. Die Mehrzahl ist gehörnt; es kommen aber auch genetisch hornlose Tiere vor. Charakteristisch ist ein dichtes, einfarbig rotbraunes oder rotweiß meliertes Haarkleid. Weiße Abzeichen an Bauch und Brust werden toleriert. Bei dieser Rasse wurden Anspruchslosigkeit, Robustheit und Anpassungsfähigkeit des Hochlandrindes mit der höheren Wachstumskapazität und anerkannt guten Fleischqualität des Beef-Shorthorns kombiniert. Die Kühe kalben leicht und weisen gute Muttereigenschaften auf.

Die Rasse eignet sich sowohl zur Reinzucht als auch zur Kreuzung mit Intensivrassen. Luing-Rinder sind zur Nutzung karger Futterflächen in klimatisch ungünstigen Lagen prädestiniert.

Besonders interessant ist, dass die vorhandene Wachstumskapazität es ermöglicht, auch ein reichliches Futterangebot auf günstigeren Standorten gut zu verwerten, d. h. in entsprechenden Fleischzuwachs umzusetzen. Aufgrund ihrer Genügsamkeit und Anpassungsfähigkeit eignet sich die Rasse Luing ebenfalls zur ganzjährigen Freilandhaltung.

Highland Cattle

Ebenfalls aus Schottland, aus dem klimatisch rauen Nordwesten stammend, hat diese Rasse seit 1978 im gesamten Bundesgebiet von Nord- und Ostsee bis zum Alpenraum eine rasch wachsende Zahl von Liebhabern gefunden. Der Bestand an eingetragenen Herdbuchbullen und -kühen lag 2003 bei über 4200 Tieren. Im

Tab. 28. Leistungsdaten der Rasse Highland Cattle

	Bullen männl. Tiere	**Kühe weibl. Tiere**
Widerristhöhe (cm)	um 138	um 128
Gewicht (kg)	600–850	450–650
Geburtsgewicht (kg)	25	22
Absetzer		
tägl. Zunahme (g)	500	450
Erstkalbealter (Monate)	–	36–48

* Allerdings ist auch diese Rasse nicht gegen bestimmte Virusinfektionen gefeit.

Rahmen des Zuchtziels wird hier ein kleinrahmiges, spätreifes Rind angestrebt, das sich durch besondere Genügsamkeit, Krankheitsresistenz* und Winterhärte auszeichnet. Charakteristisch für diese Rasse sind der imposante, dreieckförmige Kopf mit langen, gebogenen Hörnern, der tiefgestellte Rumpf mit dichtem, daunigem Fell und langem, gewelltem Oberhaar. Hochlandrinder sind meist einfarbig rotbraun oder gelb bis fahlbraun; es kommen aber auch einfarbig schwarze Tiere vor. Die Kühe kalben in aller Regel problemlos ab, weisen gute Muttereigenschaften auf, verfügen über genügend Milch, erreichen günstige Aufzuchtraten und gelten als besonders langlebig. Bei Masttieren werden gut angefleischte Schlachtkörper mit geringer Fettabdeckung und leichter Marmorierung angestrebt. Das Fleisch ist besonders feinfaserig und aromatisch.

Das Hochlandrind wird bezüglich Anspruchslosigkeit und Robustheit von keiner anderen Rinderrasse übertroffen. Es ist in idealer Weise zur Nutzung von Grenzertragsböden auf klimatisch ungünstigen Standorten u. a. als Alternative zur Schafhaltung geeignet. Die extreme Genügsamkeit hat naturgemäß ihren Preis. Im Vergleich zu den übrigen Fleischrinderrassen sind Zunahmen und Wachstumskapazität geringer und die Zuchtreife wird entsprechend später erreicht. Dies ist genetisch vorgegeben; daran ändert auch ein günstigerer Standort nicht allzu viel. Die Möglichkeit der ganzjährigen Freilandhaltung trägt sehr zur Verbreitung bei. Bei Highland Cattle wird fast ausschließlich Reinzucht betrieben. Für den Absatz von Bullen sowie für Produktion und Vermarktung von Schlachtrindern gilt das Gleiche wie für die Rasse Galloway.

Sonstige Rassen

Sonstige Rinderrassen

Die Mutterkuhhaltung trägt zum Fortbestand der Rassenvielfalt in der Rinderzucht bei. Hier können kleine Populationen traditionsreicher Zwei- bzw. Dreinutzungsrassen überleben, die ansonsten in einer spezialisierten, auf hohe Leistungen ausgerichteten Milchproduktion nicht mehr wettbewerbsfähig und dadurch vom Aussterben bedroht sind.

Für den Erhalt verschiedener lokaler Rassen existieren in einzelnen Bundesländern Förderprogramme, die zum Teil von der EU mitfinanziert werden.

Die Vorteile dieser früher meist als Dreinutzungsrinder (neben Milch- und Fleisch- v. a. Arbeitsleistung) gezüchteten Rassen liegen in ihrer Robustheit, einer für eine erfolgreiche Kälberaufzucht genügend hohen Milchleistung und guten Muttereigenschaften sowie ihrer Eignung zur Fleischproduktion und Landschaftspflege unter weniger günstigen Fütterungs- und Haltungsbedingungen.

In der Bundesrepublik und den europäischen Nachbarländern haben eine Reihe weiterer Rinderrassen ihre Nische in der Mutterkuhhaltung gefunden, wie z. B. die Rassen Maine Anjou, Normande, Chianina, Romagnola bis hin zu Pustertaler Schecken, Ungarischem Steppenrind, Tiroler Grauvieh und Schwedischem Fjällrind.

Züchterisch bearbeitet wird hierzulande neuerdings u. a. das aus Japan stammende **Wagyu-Rind**. Diese früher als Zugtiere auf den Reisfeldern eingesetzte, mittelrahmige, meist einfarbig, schwarze Rasse mit kurzen nach oben gebogenen Hörnern liefert das bekannte Kobe-Beef. Weibliche Rinder weisen Gewichte bis 560 kg, männliche bis 940 kg bei einer Widerristhöhe von etwa 128 bzw. 142 cm auf.

Selbst für Rassen aus tropischen Regionen, wie Buckelrinder (Zebus) und Balirinder sowie europäische und amerikanische Wildrinder gibt es hierzulande Liebhaber. Auf zwei weitere Rassen soll im Folgenden eingegangen werden:

Bison und Wisent

Charakteristisch für die großrahmigen, ursprünglich in Europa, Asien und Nord-

Tab. 29. Leistungsdaten der Rasse Bison und Wisent		
	Stiere	**Kühe**
Widerristhöhe	bis 180 cm	bis 160 cm
Gewicht	800–1000 kg	450–600 kg

Tab. 30. Leistungsdaten der Rasse Zwergzebu		
	Stiere	**Kühe**
Widerristhöhe	um 120 cm	um 100 cm
Gewicht	350–500 kg	250–350 kg
Geburtsgewicht männl. 20 kg, weibl. 15 kg		

amerika weitverbreiteten Tiere ist die mächtige Vorhand, bedingt durch die langen Dornfortsätze der Brustwirbelsäule, die abfallende Rückenlinie und eine vergleichsweise schwach ausgeprägte Hinterhand. Der mittelgroße Kopf mit breiter Stirn trägt kurze, kräftige, gebogene Hörner. Bison und Wisent weisen eine lange, weiche Behaarung auf. An Stirn, Kopf und Hals bildet sie eine Mähne bzw. am Kinn einen Bart. Bekannt ist vor allem der amerikanische Präriebison. Als weitere Unterarten gehören Flachland- und Kaukasuswisent sowie der Waldbison zu den nächsten Verwandten.

Die zutraulich werdenden Rinder sind spätreif und für eine extensive Haltung geradezu prädestiniert. Stiere erreichen ihr Endgewicht mit sieben bis acht Jahren und überragen im Wuchs alle anderen Rassen. Die Kühe sind etwa ⅓ bis ¼ kleiner als ihre männlichen Artgenossen.

Bison- bzw. Wisentkühe werden in freier Wildbahn saisonal im August und September brünstig. Im Gehege sind die Tiere meist ganzjährig fruchtbar. Dennoch sollte bei naturnaher Haltung die Abkalbung während der Vegetationsperiode erfolgen. Andernfalls muss für die in der kalten Jahreszeit geborenen Kälber ein trockener, zugfreier Unterstand geschaffen werden. Die Winterfütterung gestaltet sich sehr einfach. Vielfach erhalten die Tiere nur Heu. Die Mineral- und Wirkstoffergänzung erfolgt über Leckschalen.

Neben der Zuchttierproduktion stehen bei der Bisonhaltung die Direktvermarktung von Fleisch und Fellen im Vordergrund. Bisonfleisch gilt nicht nur bei „Freizeitindianern" als Delikatesse.

Zwergzebu

Dieses kleinrahmige, zierliche Buckelrind* ist in Sri Lanka und im Kaukasus verbreitet. Seit etwa 20 Jahren wird es auch im Bundesgebiet, schwerpunktmäßig in Baden-Württemberg, in einer Reihe von Nebenerwerbs- und Hobbybetrieben gezüchtet. Charakteristisch sind neben dem Höcker am Widerrist die hoch angesetzten, nach oben oder rückwärts gerichteten Hörner, die Hängeohren und die stark ausgeprägte Wamme. Die Tiere wirken grazil mit höher gestelltem, schmalem Rumpf und leicht abgeschlagenem Becken. Es kommen verschiedene Farben und Schattierungen von schwarz über braun, grau, weiß bis hin zu gescheckten und gestromten Tieren vor.

* von tibetanisch „ceba" Buckel. Wie alle Zeburassen stammt es vom Auerochsen ab und hat somit die gleichen Vorfahren wie die europäischen Hausrinder.

Zwergzebus sind anspruchslos und für eine extensive Grünlandnutzung geeignet.

Ihre besonderen Vorzüge liegen in der Resistenz gegen Hitze und eine Vielzahl tropischer Krankheiten.

Der Aufbau einer Mutterkuhherde

Häufig sind es Nebenerwerbslandwirte, die ihren Betrieb von der Milcherzeugung auf Fleischrinderhaltung umstellen. Je nach Produktionsrichtung kann die bisherige Herde u. U. ganz oder teilweise für die Mutterkuhhaltung verwendet werden. Mitunter lässt sich das angestrebte Produktionsziel auch im Zuge einer Veredelungs- oder Verdrängungskreuzung, z. B. eine Verbesserung von Rahmen, Fleischfülle oder Frühreife, durch Einsatz spezieller Bullen erreichen. Die Gebrauchskreuzung ist kostengünstig aber zeitaufwändig. Als Alternative bietet sich der Zukauf reinrassiger Zuchttiere bzw. geeigneter Nutzrinder an.

Auswahlkriterien beim Zucht- und Nutztierkauf

Tiere mit oder ohne Papiere kaufen?

Soll die Mutterkuhhaltung in Form der Herdbuchzucht betrieben werden, sind Tiere erforderlich, die bei einem auf Landesebene tätigen Fleischrinderzuchtverband (s. S. 221) registriert sind und für die beim Kauf eine Zuchtbescheinigung, bisher als Abstammungsnachweis bezeichnet, ausgestellt wird bzw. dort beantragt werden kann.

Die Vermittlung weiblicher Zuchttiere erfolgt in der Hauptsache über die Zuchtverbände im Rahmen des Ab-Hof-Verkaufs. Im Gegensatz zu Zuchtbullen, die je nach Rasse in der Mehrzahl über Versteigerungen abgesetzt werden, ist das Angebot weiblicher Zuchttiere auf deutschen Fleischrinderauktionen gering. Hauptgrund ist das arbeitsaufwändige „Führigmachen" freilaufender Rinder für die hier übliche Präsentation von Einzeltieren. Einstieg in die Herdbuchzucht bedeutet Mitglied in einem Landesverband zu werden sowie die vorgeschriebenen Leistungsprüfungen und Selektionsmaßnahmen durchzuführen. Zu beachten ist, dass bei den sog. Bundesrasseverbänden kein Herdbuch geführt wird. Die Aufgabenstellung dieser Organisationen liegt in der Festlegung und Demonstration des Zuchtziels sowie der Durchführung rassespezifischer Werbemaßnahmen. Herdbuchzucht erfordert einen höheren Zeit- und Investitionsaufwand, birgt aber die Chance, entsprechend günstigere Erlöse zu erzielen. Insbesondere bei weniger stark verbreiteten Rassen, die im „Trend" liegen, können dadurch finanziell interessante Marktnischen genutzt werden.

Ist das Produktionsziel ausschließlich auf die Erzeugung von Absetzern, Babybeef oder Mastrindern ausgerichtet und besteht in absehbarer Zeit kein Interesse an der Herdbuchzucht, bietet sich die Verwendung geeigneter Nutzrinder an, das sind Tiere ohne Papiere, die nicht unbedingt reinrassig sein müssen.

Angebote einholen und Erfahrungen sammeln

Hat eine Vorauswahl unter den in Betracht kommenden Produktionsrichtungen und Rassen stattgefunden, empfiehlt es sich, mit dem für das betreffende Bundesland zuständigen Fleischrinderzuchtverband Kontakt aufzunehmen. Dort sind nicht nur Standorte verkäuflicher weiblicher Tiere, das aktuelle Preisniveau und die nächsten Auktionstermine, sondern auch die Anschriften von Beispielsbetrieben bzw. sehenswerten Zuchtbetrieben zu erfahren. Ferner werden Informationen über Gewährschaftsbestimmungen bei Zucht- und Nutztieren, die über die Verbandsgeschäftsstellen vermittelt werden, gegeben und auf mögliche Versicherungen hingewiesen.

Vor allem wenn es um den Aufbau eines reinrassigen Bestandes geht, vermitteln die Besichtigungen von Herdbuchbetrieben klare Vorstellungen über das Zuchtziel bzw. den jeweiligen Rassestandard und evtl. vorhandene Typunterschiede. Dies ist für Auswahl und Ankauf der eigenen Tiere hilfreich. Sehr nützlich sind auch die dabei erhältlichen produktionstechnischen Anregungen.

Besichtigungsbetriebe und verkäufliche Tiere werden auch von den Bundesrasseverbänden mitgeteilt. Ferner existiert auf Bundesebene ein Verzeichnis von Herdbuchbetrieben verschiedener Rassen. In Zweifelsfällen sollte beim Verband angefragt werden.

Zahlreiche Mitglieder der Fleischrinderlandesverbände sind zwar Gebrauchshalter, aber keine Herdbuchzüchter. Auch in den Gebrauchsherden sind die Tiere markiert. Insofern kann der Eindruck entstehen, es handle sich um Herdbuchtiere. In diesen Fällen ist es empfehlenswert, vor dem Kaufabschluss anhand der Ohrmarkennummern Erkundigungen bei einem der Fleischrinderzuchtverbände einzuholen. Dort lässt sich feststellen, ob es sich um Herdbuchtiere handelt, bei welchem Landesverband sie registriert sind, ob Zuchtbescheinigungen ausgestellt werden können und welche Gebühren hierfür anfallen würden.

Bei Zuchttieren ausländischer Herkunft sollte der Kaufinteressent mit dem zuständigen Fleischrinderzuchtverband Kontakt aufnehmen, um anhand einer Kopie der Zuchtbescheinigung prüfen zu lassen, ob die Voraussetzungen für eine Herdbucheintragung gegeben sind.

Auswahlkriterien für Zucht- und Nutztiere

Unabhängig von der gewählten Rasse sollte im Hinblick auf die äußere Erscheinung auf folgende Merkmale geachtet werden:

Rumpf. Angestrebt wird eine lange, breite Mittelhand mit tiefer Brust und Flanke, genügend Muskelansatz an Außen- und Innenkeule sowie Rücken- und Schulterpartie. Unerwünscht sind matter Rücken, Nierendruck, abgesetzte oder lockere Schulter.

Becken. Es soll genügend breit, insbesondere im Bereich der Sitzbeinhöcker, und eben angelegt sein. Ungünstig im Hinblick auf Geburtsverlauf und Fleischanteil in der Keule sind ein verjüngtes, stark abgezogenes oder abgedachtes Becken. Ein hoch angesetzter Schwanz kann als „Schönheitsfehler" gelten, wirkt sich aber auf den Geburtsverlauf nicht nachteilig aus.

Fundament. Im Hinblick auf eine lange Nutzungsdauer werden eine korrekte Fesselung, Winkelung und Beinstellung angestrebt. Unerwünscht ist ein derbes Fundament bzw. „schwere Knochen". Als fehlerhaft gelten nachgebende und durchtrittige Fesseln, ein steiles oder stark gesäbeltes Hinterbein, Spreizklauen sowie verkürzte Innen- oder Außenklauen. Tiere mit gravierenden Formmängeln, insbesondere fehlerhaftem Fundament, werden nicht in die Hauptabteilung A des Zuchtbuches eingetragen.

Euter bzw. Euteranlage. Gefordert werden drüsige, hoch angesetzte Euter mit straffem Sitz und normal ausgebildeten Strichen. Ungünstig können sich dicke, derbe oder sehr dünne Zitzen, Beistriche oder dichtsitzende, kräftige Afterstriche auswirken.

Generell sollten die in die engere Wahl gezogenen Tiere ruhig, friedlich und leicht zu handhaben sein. Hornlose bzw. enthornte Tiere werden bevorzugt. Unerwünscht sind aggressive Tiere sowie „Schläger" und „Sauger".

Letztlich geht es darum, eine Herde von vitalen unproblematischen Mutterkühen aufzubauen, die regelmäßig und leicht abkalben sowie gesunde, gut bemuskelte Absetzer hervorbringen.

Bei Herdbuchtieren interessieren folgende Leistungsdaten

Absetzgewicht. Dieses ist ein Maß für die Jugendentwicklung des betreffenden Tieres bis zum Ende der Säugezeit und gleichzeitig für die Milchleistung der Mutter im betreffenden Jahr. Die Relativzahl gibt Aufschluss darüber, wie das Einzeltier bei den täglichen Zunahmen im Ver-

Abb. rechte Seite: Zuchtbescheinigung für einen Fleischrinder-Bullen.

gleich zu den Jahrgangsgefährten/innen zu beurteilen ist. Sie sollte nicht wesentlich unter dem Durchschnittswert von 100 Prozentpunkten liegen.

Maße, Gewichte und Bewertung der Elterntiere. In Ergänzung zur Besichtigung der Elterntiere oder als Ersatz dafür ermöglichen diese Daten einen Vergleich mit dem Rassestandard.

Vorfahrenleistungen. Weitere Informationen ergeben sich aus Durchschnittsalter, Anzahl der Kalbungen, aufgezogenen Kälbern, Erstkalbealter, Zwischenkalbezeit der weiblichen Vorfahren sowie den durchschnittlichen Relativzahlen der väterlichen Halbgeschwister (s. Seite 154).

Auf kurzen Abkalbezeitraum achten. Mit der Umstellung auf die Fleischrinderhaltung bzw. der Anschaffung der ersten Tiere sollte die richtige Weichenstellung für einen günstigen Geburtstermin der Kälber in Verbindung mit einer möglichst kurzen Abkalbeperiode vorgenommen werden. Eine längere Zeitspanne von Anfang an ist später schwer zu korrigieren.

Konzentrierte Abkalbungen bringen eine Reihe von Vorteilen (s. Seite 46). Erfolgt der Start mit Jungrindern, empfiehlt es sich, Tiere mit annähernd gleichem Gewicht und Alter auszuwählen, um sie zum selben Zeitpunkt belegen zu können. Sind für den Bestandsaufbau tragende Tiere vorgesehen – Anfängerbetriebe können auf diese Weise im ersten Jahr den Deckbullen sparen – ist auf ein gleiches Trächtigkeitsstadium zu achten. Liegen bisher keine Erfahrungen mit der Rinderhaltung vor, ist es zweckmäßig, zunächst mit einer kleinen Gruppe von Tieren zu beginnen. Dabei ergibt sich u. U. das Problem einer kostengünstigen Belegung der Kühe bzw. Kalbinnen.

Wann lohnt sich ein eigener Zuchtbulle?

Als Faustregel ist hierbei von etwa zehn deckfähigen weiblichen Tieren auszugehen. Besitzer kleinerer Bestände setzen zunächst auf die künstliche Besamung oder einen Leihbullen. Die künstliche Besamung ist zwar grundsätzlich bei allen Rassen möglich, setzt aber einige Erfahrungen sowie genügend Zeit zur Tierbeobachtung, entsprechende Einrichtungen zum Fixieren der brünstigen Rinder und nicht zuletzt einen engagierten Besamer voraus. Die Anwendung der künstlichen Besamung beschränkt sich in der Fleischrinderhaltung weitgehend auf spezielle Anpaarungen bei Spitzenkühen in Herdbuchbetrieben oder auf Gebrauchskreuzungen.

Auch der Einsatz eines Leihbullen kann zu Problemen führen. Hierbei besteht die Gefahr der Krankheitsübertragung (z. B. IBR, Leukose, Mucosal Desease, s. Seite 128 f.), des Parasitenbefalls, einer Verletzung des Tieres etc. bis hin zum Gewichtsverlust während des Deckeinsatzes. Diese Schwierigkeiten sind durch entsprechende tierärztliche Untersuchungen vor und nach der Deckperiode, eine Quarantänezeit, vertragliche Regelungen und Versicherungsschutz zu lösen; letztlich sind diese Maßnahmen aber doch recht aufwändig. Mitunter wird beim Kauf einzelner weiblicher Rinder vereinbart, dass die Tiere zum Decken auf den Herkunftsbetrieb zurückgebracht werden können.

Im Hinblick auf die Einschleppung von Krankheiten und Parasiten sollten auch hier entsprechende Vorbeugemaßnahmen getroffen werden. Eine Alternative bietet u. U. die Gründung einer Zuchtgemeinschaft als Zusammenschluss mehrerer Halter kleiner Herden innerhalb der gleichen Rasse, z. B. bei Robustrindern.

In der Regel wird jedoch auf Dauer auch im kleineren Bestand nicht ohne einen eigenen Zuchtbullen auszukommen sein.

Herdbuchbetriebe benötigen gekörte Zuchtbullen

Nach den Zuchtbuchordnungen der deutschen Fleischrinderzuchtverbände, die auf dem Tierzuchtgesetz von 1998 und der Tierzuchtverordnung von 2000 basieren, unterliegen Bullen der Körung durch die vom jeweiligen Zuchtverband eingesetzte Körkommission.

FleischrinderVerband Bayern e. V.
Jüdtstraße 1 · 91522 Ansbach
Telefon: 09 81 / 4 88 41 - 0 · Telefax: 09 81 / 4 88 41 - 11

(Mitglied im BDF)

Rasse : Angus

Name : **Merkur**
ZB-Nr : **DE0983874031** Farbe : r
geboren : 18.12.2002 Zuchtbuch : Herdbuch A
DNA : 0044304 Geschlecht : männlich
EL : _ / _ / _ / _ 7 / 7 / 7 1316 110 KZW
ELS :
ELF : 35 108 / 1451 105 / 1368
RZF : 110 42 57 13 0.23
GGN : 0/0 0/0

Name : **Marco**
ZB-Nr : **DE0340997004** Farbe : r
geboren : 18.11.1997 Zuchtbuch : Herdbuch A
DNA : 03/45647Gö Geschlecht : männlich
EL : _ / _ / _ / _ 7 / 7 / 6 1155 106 Ind
ELS :
ELF : 27 104 / 1197 100 / 1045
RZF : 116 59 20 114 0.88
GGN : 0/0 0/0

Name : **Malte** 10 204016
ZB-Nr : **DE0344689498** Farbe : r
geboren : 27.12.1992 Zuchtbuch : Herdbuch A
Bluttyp : 94/1540 Gö Geschlecht : männlich
EL : _ / _ / _ / _ 7 / 7 1321 176 Ind
ELS :
ELF : 35 114 / 1601 115 / 1316
RZF : 105 83 19 33 0.01
GGN : 0/0 0/0

V.V.V : Moss 71/41090
V.V.M : Anne DE0343714173

Name : **Anne**
ZB-Nr : **DE0343227033** Farbe : sw
geboren : Zuchtbuch : Herdbuch A
Bluttyp : 99/1425 Gö Geschlecht : weiblich
EL : 6 / 6 / 6 / m 25 344 3 / 3

ELF : 24 84 / 721 91 / 722
RZF : 103 48
GGN : 0/0 0/0

V.M.V : Chohe 72/33084
V.M.M : Alma DE0343343261

Fleischrinder
Verband
Bayern e. V.

Name : **Dagus**
ZB-Nr : **76/23663** Farbe : r
geboren : 06.12.1989 Zuchtbuch : Herdbuch A
Bluttyp : 910809 Geschlecht : männlich
EL : 7 / 6 / 7 / _ 6 / 6 1206 137 Ind
ELS :
ELF : 33 ___ / ___ 102 / 1228
RZF : 92 52 43 -90 -0.35
GGN : 0/0 0/0

M.V.V : Dago 76/13803
M.V.M : Alma 76/10877

Züchter : Hermann Eitle
Straße : Holderbrunnenweg 21
Plz/Ort : 87600 Kaufbeuren
Land : Deutschland

Besitzer : Martin Greim GdbR
Gefreeser Str. 4
95509 Marktschorgast
Deutschland

Name : **Rena**
ZB-Nr : **DE0981886543** Farbe : r
geboren : 31.12.1993 Zuchtbuch : Herdbuch A
Bluttyp : Geschlecht : weiblich
EL : 7 / 7 / 7 / _ 25 359 8 / 8

ELF : 30 101 / 1165 ___ / ___
RZF : 102 35 100 -59 -0.22
GGN : 0/0 0/0

Name : **Bless**
ZB-Nr : **DE0981886545** Farbe : r
geboren : 24.12.1988 Zuchtbuch : Herdbuch B
Bluttyp : Geschlecht : weiblich
EL : _ / _ / _ / _ 26 360 12 / 12

ELF : 30 ___ / ___ ___ / ___
RZF : 105 37 157 -91 -0.25
GGN : 0/0 0/0

M.M.V : Stoffel 76/10818
M.M.M : 172 549

04.03.2004
BAY-12322 Name i.A. Riedel

(Stempel: Fleischrinder Verband Bayern e. V. FVB Ansbach)

* Bovines Herpes Virus Typ 1

** Mucosal Disease/ Bovine Virus Diarrhoe

*** Infektiöse Bovine Rhinotracheitis

Fleischrinderhalter, die in die Zuchtviehproduktion einschließlich Zuchtbullenverkauf einsteigen wollen, benötigen Vatertiere, die die Voraussetzungen zur Eintragung in die Hauptabteilung A des Zuchtbuchs erfüllen. Dies ist der Fall bei gekörten Bullen, die über die Auktionen der Zuchtverbände erworben werden.

Auch Hofkörungen sind möglich. Diese sollten, um spätere Schwierigkeiten und zusätzliche Kosten zu vermeiden, vor oder bei Ankauf des betreffenden Bullen erfolgen.

Die Zuchtbescheinigung (s. Seite 43) mit dem Körvermerk ist beim für den Standort der Herde zuständigen Verband einzureichen und die Registrierung im dortigen Zuchtbuch zu beantragen.

Für angehende Herdbuchbetriebe empfiehlt sich bezüglich des Einsatzes geeigneter Zuchtbullen eine individuelle Beratung durch den zuständigen Fleischrinder-Landesverband.

Kaufpreis, Garantieleistungen und Versicherungsschutz

Beim Kauf von Zucht- und Nutztieren ab Hof ist darauf zu achten, inwieweit beim ausgehandelten Preis die Mehrwertsteuer, eine evtl. Käuferprovision sowie Gebühren für die Zuchtbescheinigung und – bei männlichen Tieren – für die Körung enthalten sind.

Für den Käufer ist es vorteilhaft, wenn Ab-Hof-Verkäufe über den zuständigen Fleischrinderzuchtverband abgewickelt werden. Meist erfolgt die Abrechung im Rahmen des sog. Kommissionsgeschäfts zu einem ermäßigten Mehrwertsteuersatz. Vor allem ist sichergestellt, dass der Käufer bei Herdbuchtieren die erforderlichen Zuchtbescheinigungen erhält. Ein entscheidender Punkt ist dabei, dass in der Regel die gleichen Gewährschaftsbestimmungen wie bei den Zuchtviehversteigerungen gelten.

Bei über Auktionen zugekauften Herdbuchtieren ist zum Beispiel sichergestellt, dass diese:

- aus tuberkulose-, brucellose- und BHV*-freien,
- leucose-, MD/BVD**- sowie IBR***-unverdächtigen Beständen stammen,
- gesund, d.h. frei von äußerlich erkennbaren Erkrankungen, wie z.B. Räude, Flechte und ansteckenden Erkrankungen sind (bei Auktionen erfolgt in der Regel eine amtstierärztliche Auftriebsüberwachung, bei Käufen ab Hof sollten die Tiere diesbezüglich genau betrachtet werden),
- mit keinem verborgenen Mangel behaftet sind, der die Zuchttauglichkeit in erheblichem Maße beeinträchtigt (z.B. Anomalien an den Geschlechtsorganen).

Des Weiteren haftet der Verkäufer

- für die Richtigkeit der Abstammung, die durch eine Blutgruppenbestimmung, ab 1. 10. 2002 durch eine DNA-Typisierung, überprüft werden kann,
- bei mit Trächtigkeitsgarantie verkauften Tieren, dass die Abkalbung innerhalb eines bestimmten Zeitraums erfolgt (auch bei Nutzrindern sollte eine Deckbescheinigung angefordert werden, um u.a. die Abstammung des Kalbes belegen zu können),
- bei Bullen für einwandfreies Decken und Befruchten.

Zu beachten ist, dass für die garantierten Eigenschaften jeweils unterschiedliche Gewährsfristen gelten, die z.B. aus den Auktionskatalogen ersichtlich bzw. bei der betreffenden Verbandsgeschäftsstelle zu erfahren sind.

Innerhalb von zwei Tagen nach Ablauf dieser Frist muss dem Verkäufer per Einschreiben – oder mündlich unter Zeugen – der Mangel angezeigt werden, sonst verliert der Käufer das ihm zustehende Recht auf Wandelung. Dies bedeutet, dass das Tier vom Verkäufer unter Erstattung des Kaufpreises, der Transport- und Futterkosten und eventuellen Tierarztkosten bis zu einer festgelegten Höchstgrenze zurückzunehmen ist. In der Regel wird seitens des Zuchtverbandes ein Teil der Gebühren zurückerstattet.

Die Regulierung eines Gewährsmangels kann auch durch Einigung auf eine Wertminderung und einen entsprechenden finanziellen Ausgleich erfolgen.

Bei Streitigkeiten wegen Gewährschaften ist zunächst die Vermittlung des Zuchtverbandes, in dessen Bereich das betreffende Tier erworben wurde, anzurufen. Bleibt eine, auf Antrag einer Partei vom Zuchtverband anberaumte Güteverhandlung erfolglos, ist es üblich, den Streit unter Ausschluss des Rechtsweges durch ein Schiedsgericht des Zuchtverbandes zu schlichten.

Für Zucht- und Nutztiere ist ein umfangreicher Versicherungsschutz möglich.

Über Auktionen erworbene Tiere sind in aller Regel transport- und sofern sie tragend sind meist auch abkalbeversichert. Auch bei Käufen ab Hof ist der Abschluss derartiger Versicherungen möglich und zweckmäßig, vor allem dann, wenn der Abtransport mit dem eigenen Fahrzeug erfolgt. Bei relativ günstigem Prämiensatz wird Entschädigung geleistet, wenn

- das Tier auf dem Weg zum Betrieb des Käufers plötzlich erkrankt oder einen Unfall erleidet und infolgedessen verendet oder notgetötet werden muss,
- ein über mehrere Monate tragendes Tier infolge des Transports innerhalb einer bestimmten Frist, z. B. 8 Tage, verkalbt.

Eine **Abkalbeversicherung** für in der Regel mindestens sechs Monate tragende Rinder deckt das Risiko von Tod oder Nottötung des Muttertieres infolge von Trächtigkeit oder Geburt mit einem bestimmten Prozentsatz (z. B. 90 %) der Versicherungssumme ab.

Angeboten werden ferner **Weideversicherungen**, die u. a. Schutz gegen Diebstahl und Blitzschlag bieten bis hin zur Tierlebensversicherung mit umfangreicher Risikoabdeckung, aber auch entsprechend höheren Prämiensätzen.

Der Abschluss derartiger Versicherungen muss im Einzelfall geprüft werden und kommt in erster Linie für besonders wertvolle Zuchttiere in Betracht.

Terminplan für die Fleischrinderhaltung, Herdenführung und -überwachung

Produktionsablauf

Aus Abkalbezeit, Decksaison, Trennen der Herde, Absetzen der Kälber und Trockenperiode der Kühe vor dem erneuten Abkalben ergibt sich ein jährlicher Produktionsrhythmus (s. Abb. unten).

Abkalbezeitraum

Die Abkalbungen sollten auf einen möglichst kurzen Zeitraum von maximal acht bis zehn Wochen zusammengedrängt werden. Spätgeborene Kälber werden von älteren oft abgedrängt und erhalten zu wenig Milch, was sich in geringen Zunahmen auswirkt. Kurze Abkalbezeiträume sind Voraussetzung für einheitliche Verkaufsgewichte nach dem Absetzen der Kälber. Auch der erhöhte Beobachtungsaufwand, Probleme bei der Aufstallung sowie die vermehrte Unruhe in der Herde bei einer sich länger hinziehenden Abkalbeperiode lassen es ratsam erscheinen, sich für eine der nachfolgenden Hauptkalbezeiten zu entscheiden. In großen Herden ist jedoch unter dem Gesichtspunkt einer kontinuierlichen Vermarktung eine Aufteilung des Bestandes z. B. in zwei oder mehrere Abkalbeperioden denkbar.

Winterkalbung

Hierbei sollten die Abkalbungen schwerpunktmäßig im Dezember und Januar erfolgen. Für die Winterkalbung sprechen:

- bessere Arbeitsverteilung durch Abkalben während der arbeitsruhigen Zeit, insbesondere im Vollerwerbsbetrieb,
- bessere Ausnutzung der Milchleistung der Kühe bei vorhandenem billigem Weidefutter,
- höhere Verkaufserlöse der Kälber durch höheres Absetz- bzw. Entwöhnungsgewicht.

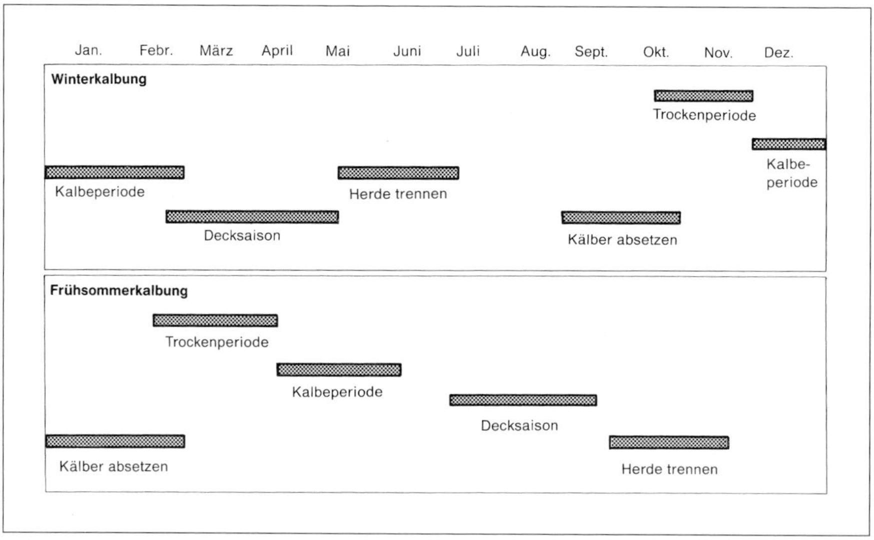

Produktionsschema für Winter- und Frühsommerkalbung.

Bei der Winterkalbung sind jedoch höhere Ansprüche an das Stallgebäude sowie an die Winterfutterqualität zu stellen.

Frühsommerkalbung

Die Frühsommerkalbung (Mitte Mai bis Mitte Juli) mit Entwöhnung der Kälber im Durchschnittsalter von vier bis fünf Monaten kann bei der Produktion von „Fressern“ für die Weitermast im eigenen Betrieb oder für den Verkauf empfohlen werden. Für die Frühsommerkalbung sprechen:

- geringe Kälberverluste durch bessere Geburtshygiene auf der Weide;
- weniger Durchfallprobleme bei den Kälbern,
- erhöhte Fruchtbarkeit der Kühe durch günstige Nähr- und Wirkstoffversorgung während der Deckperiode auf der Weide,
- geringere Anforderungen an das Stallgebäude, einstreulose Haltung möglich; beim Absetzen im Herbst ist kein Kälberabteil erforderlich, dadurch Platzeinsparung,
- geringere Anforderungen an Qualität und Menge des Winterfutters.

Herbstkalbung

Eine weitere Variante stellt die Abkalbung gegen Ende der Weidezeit dar. Sie wird vor allem in Betrieben angestrebt, die aufgrund ungünstiger hygienischer Verhältnisse (verschmutze Laufhöfe und außenliegende Fressplätze) vermehrt Kälberverluste infolge von Durchfällen oder Lungenentzündung zu verzeichnen hatten. Für die Herbstkalbung sprechen folgende Argumente:

- sie vereint die Vorzüge der Winter- und Sommerkalbung,
- die im September und Oktober geborenen Kälber sind während der nasskalten Jahreszeit bereits widerstandsfähiger gegen Krankheiten.

In Problembetrieben ist es ferner zweckmäßig, kranke Kälber mit ihren Müttern zu isolierten, um die Infektionskette zu unterbrechen. Zur Behandlung und Ausheilung hat sich die Unterbringung in Einzelboxen bewährt.

Zur Einhaltung des gewählten Abkalbetermins sollten Kühe, die den mittleren Abkalbezeitraum der Herde um mehr als zwei Monate überschreiten, ausgemerzt werden. Der Abkalbezeitraum kann u. U. mithilfe der Brunstsynchronisation in Verbindung mit der künstlichen Besamung enger zusammengeschoben werden. Bei nicht synchronisierten Brunstzyklen ist die Besamung in der Mutterkuhhaltung jedoch umständlich.

Überwachung der Abkalbung

Eine intensive Beobachtung der Herde während der Abkalbezeit ist erforderlich, um bei gelegentlich auftretenden Problemen, wie falsche Lage der Kälber, Schwergeburten oder mangelnder Vitalität des Neugeborenen, eingreifen zu können. Auch sollte sich der Tierhalter vergewissern, dass das neugeborene Kalb von seiner Mutter angenommen wird und innerhalb kurzer Zeit das Euter aufsucht (s. Seite 139 ff.). Kühe mit mangelhaften Muttereigenschaften müssen ausgemerzt werden.

Feststellung des Geburtsgewichtes

Falls die Leichtkalbigkeit bei der Paarung nicht entsprechend beachtet wird und ausreichend belegt ist, steigen besonders bei Zweinutzungsrassen und schweren Fleischrassen mit höherem Geburtsgewicht die Kalbeschwierigkeiten. Deshalb sollten die Kälber nach der Geburt gewogen und Kühe mit Schwergeburten und zu hohen Kälbergewichten aus der Mutterkuhhaltung ausgeschieden werden.

Wichtige Merkmale bei der Beurteilung von Fleischrinderbullen hinsichtlich ihrer Vererbung der Leichtkalbigkeit sind das durchschnittliche Geburtsgewicht der Kälber und der Anteil der Totgeburten.

Für die einzelnen Rassen sind die durchschnittlichen Geburtsgewichte für männliche und weibliche Kälber bei den jeweiligen Leistungsdaten aufgeführt.

Deckperiode

Die Deckzeit beginnt bei der Winterkalbung Ende Februar bis Ende März, d. h. der Deckbulle kommt zu dieser Zeit in die ihm zugeteilte Kuhabteilung. Den Winter über werden die Zuchtbullen getrennt aufgestallt. Um eine möglichst kurze Abkalbezeit zu erreichen, sollten einem Jungbullen höchstens zehn Kühe, einem zweijährigen Bullen 20 und einem Altbullen höchstens 35 Kühe zugeteilt werden. Wenn der Bulle überlastet ist, gibt es einzelne, zu späte Kalbungen. Es ist zu bedenken, dass beim freien Sprung jede Kuh während der Brunst mehrmals gedeckt wird und somit der Bulle stärker beansprucht wird als beim Sprung aus der Hand. Sofern der Bulle nicht in der Herde mitläuft, empfiehlt sich die Einrichtung einer Deckbucht. Rindernde Tiere werden z. B. für einen Tag einzeln dorthin gebracht.

Mutterkühe künstlich besamen?

Die Künstliche Besamung bringt auch in der Mutterkuhhaltung eine Reihe von Vorteilen und kommt nicht nur für Herdbuchbetriebe und kleine Herden in Betracht.

Mit dieser Biotechnik in Verbindung mit Brunstsynchronisation und -induktion kann z. B. erreicht werden:

- konzentrierte Abkalbung,
- individuelle Anpaarung jeder einzelnen Kuh,
- Einsatz besonders hochwertiger Bullen,
- schnellere und nachhaltigere Verbesserung der Herdenqualität gegenüber einem alleinigen Deckbulleneinsatz.

Sie setzt eine intensive Tierbeobachtung voraus und macht Umstände. Rindernde Kühe müssen von der Herde getrennt, fixiert bzw. in einen Behandlungsstand getrieben werden.

Die Brunsterkennung bereitet bei Mutterkühen in der Regel wenig Probleme.

Sichere Anzeichen im Laufstall sind **Aufsprungversuche** rindernder Kühe in der Vorbrunst sowie die **Duldung** des Aufsprungs anderer Tiere während der Hauptbrunst. Vielfach sind Spuren des Brunstschleims im Bereich der Sitzbeinhöcker und an der Schwanzunterseite zu beobachten. Zur Brunstkontrolle fixierter Tiere eignet sich besonders der Rücken-Lendengriff:

Rindernde Tiere ziehen den Rücken ein und spreizen den Schwanz ab. Meist geht

Charolais-Bulle und Mutterkuh mit Nachwuchs.

dabei fadenförmiger Brunstschleim ab. Der optimale Besamungszeitpunkt ist in der untenstehenden Abbildung dargestellt.

In der Praxis hat sich die „Morgens-Nachmittags-Regel“ bewährt: In den Morgenstunden rindernde Tiere sollten im Lauf des Nachmittags besamt werden. Wird die Brunst am Nachmittag oder Abend beobachtet, erfolgt die Belegung zweckmäßigerweise am Vormittag des nächsten Tages.

Wurde bei einzelnen Tieren die Brunst übersehen, signalisiert das häufig zu beobachtende **Abbluten**, dass vor ein bis zwei Tagen ein Eisprung stattgefunden hat. Die rotbraune Verfärbung des Brunstschleims ist durch das Platzen winziger Blutgefäße in der Gebärmutterschleimhaut bedingt. Im Normalfall rindert eine Kuh frühestens 18 Tage nach dem Abbluten erneut, sodass die Beobachtung entsprechend intensiviert werden kann. Entscheidend ist, dass die Besamung der Mutterkühe in der Duldungsphase erfolgt, andernfalls ist das Fixieren der Tiere erschwert.

Bei einer gezielten Anpaarung muss das Sperma rechtzeitig über den zustän-

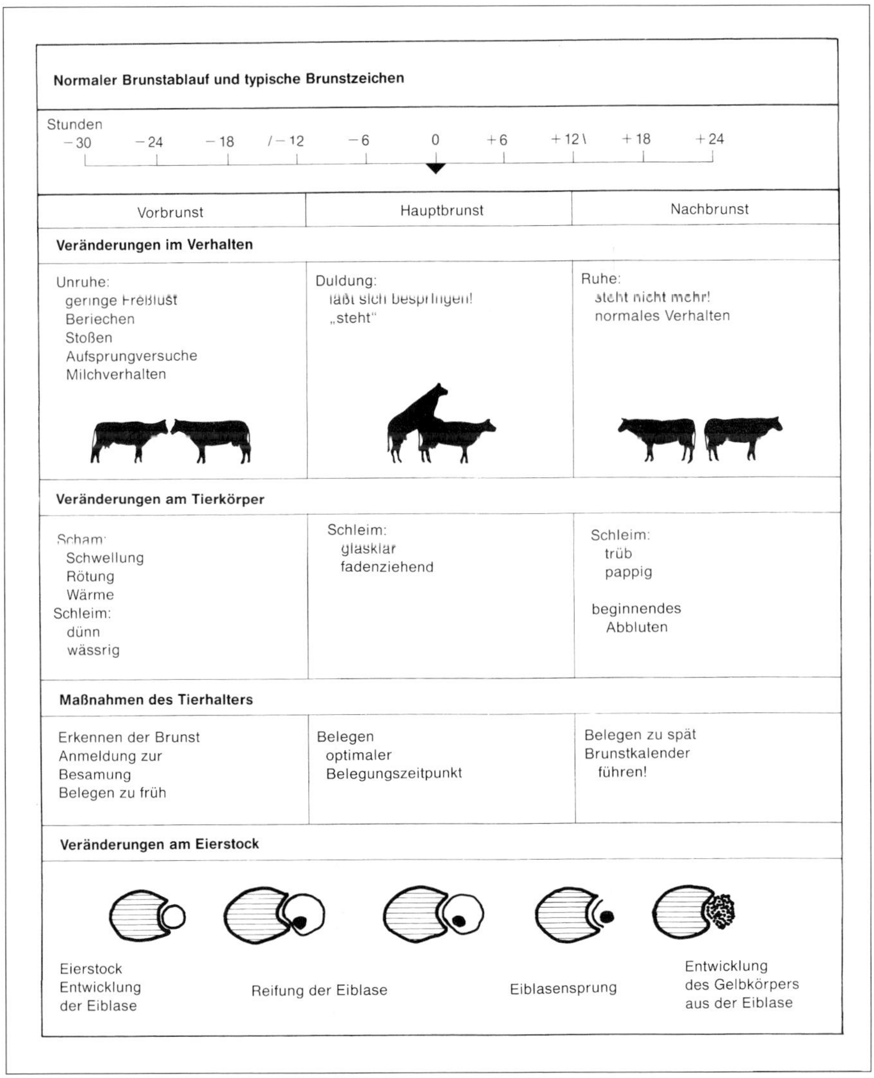

Normaler Brunstablauf und typische Brunstzeichen (nach Lotthammer 1989).

digen Fleischrinderzuchtverband oder die nächstgelegene Besamungsstation besorgt werden.

Neben der künstlichen Besamung wird auch der **Embryotransfer** erfolgreich zur züchterischen Verbesserung in Fleischrinderherden angewandt. Dadurch kann das Erbgut von Spitzenkühen wesentlich stärker und rascher vermehrt werden als dies bei herkömmlichen Zuchtverfahren möglich ist. An jeder Besamungsstation wurde in der Regel ein Embryotransfer-Team gebildet. Auch ein Teil der praktischen Tierärzte ist für diesen Service eingerichtet. Die Anwendung dieser Biotechnik hat in den letzten Jahren auch in der Fleischrinderzucht an Bedeutung gewonnen.

Im Durchschnitt konnten bei optimaler Vorbereitung von Spender- und Empfängertieren acht übertragungsfähige Embryonen gewonnen werden, aus denen im Mittel vier lebende Kälber hervorgingen. Die Mehrkosten für ein Kalb aus dem Embryotransfer werden je nach Trächtigkeitserfolg, Kälber- und Aufzuchtverlusten mit 100–300,– € angegeben.

Trächtigkeitsuntersuchungen sollten durchgeführt werden. Ein Durchhalten von nichtträchtigen Tieren bis zur nächsten Deckperiode ist unwirtschaftlich! Wegen Verfettungsgefahr sollten diese Kühe rechtzeitig zum Schlachten verkauft werden.

Aufzuchtergebnis: Man kann von 100 zur Belegung vorhandenen Kühen im Durchschnitt 95 Geburten erwarten, aus denen etwa 90 Kälber aufgezogen werden. Zusammen mit den Kälbern der nachgestellten Kalbinnen stehen in guten Betrieben pro 100 Kühe bis zu 105 aufgezogene Kälber zur Verfügung.

Trennen der Herde

Im Alter von sechs bis acht Monaten beginnen die weiblichen Jungtiere erstmals zu rindern, die männlichen versuchen dann, diese zu decken. Immer wieder werden dann solche Rinder viel zu früh trächtig. Außerdem entsteht große Unruhe in der Herde, die zu verringerten Zunahmen führt. Deshalb müssen in Betrieben mit Winterkalbung die Kühe mit männlichen Kälbern von denen mit weiblichen getrennt werden. Dies kann beim Austrieb auf die Weide oder im Juni erfolgen. Die Trennung ist dann leicht vorzunehmen, wenn z. B. schon gleich nach der Geburt des Kalbes den Kühen mit männlichen Kälbern zur Kennzeichnung die Schwanzquaste gekürzt wird. Eine Trennung der Herde kann unterbleiben, wenn die Bullenkälber kastriert werden oder der gesamte Kälberjahrgang zur Babybeef Produktion verwendet wird. Die Kastration bietet sich an, wenn Ochsen zu überdurchschnittlichen Preisen verkauft werden können.

Absetzen der Kälber

Bei der Winterkalbung werden die Kälber am zweckmäßigsten im Herbst beim Aufstallen nach Ende der Weidezeit von den Müttern getrennt. Die starke Beunruhigung der Herde und der Stress für die Tiere durch das Aufstallen und Absetzen erfolgt dann nur einmal. Die Kälber sind zu dieser Zeit acht bis zehn Monate, im Durchschnitt 270 Tage alt. Der Absetzzeitpunkt ist jährlich je nach Futteranfall auf der Weide etwas verschieden, er fällt aber immer in die arbeitsruhigere Zeit. Es hat sich auch gezeigt, dass die Kälber im Herbst bei schlechter Weide nicht mehr zunehmen, deshalb ist es in diesem Fall besser, die Kälber früher abzusetzen und nur die trächtigen Kühe länger auf der Weide zu lassen.

Auch Kälber aus der Frühsommerkalbung sollten nicht zu spät von den Kühen getrennt werden. Bei Aufstallung in dicht belegte und warme Ställe empfiehlt sich das Scheren des langen Haarkleides, um das Schwitzen der Tiere und Erkältungskrankheiten möglichst zu verhindern.

Das Trennen der Herde und Absetzen der Kälber wird durch die Verwendung eines Treibganges mit entsprechender Sortiereinrichtung wesentlich erleichtert.

Absetzgewicht

Das Absetzgewicht ist eine entscheidende Kennzahl zur Beurteilung der Leistungen von Kuh und Kalb. Für die Kuh gibt das Absetzgewicht Aufschluss über die Säugeleistung und über die Muttereigenschaften. Kühe, die genügend Milch geben und sich um das junge Kalb kümmern, bringen Kälber mit hohen Absetzgewichten. Kühe, die Kälber mit niedrigem Absetzgewicht aufweisen, sollten ausgemerzt bzw. deren Kälber nicht zur Nachzucht verwendet werden. Das Absetzgewicht zeigt aber auch das Wachstumsvermögen des Kalbes an. Nur Kälber mit gutem Absetzgewicht eignen sich zur Nachzucht in der eigenen Herde. Jeder Betrieb sollte deshalb das Absetzgewicht der Kälber feststellen (s. Seite 154).

Weiterverwendung der Kälber

Nach dem Absetzen bieten sich folgende Verwendungsmöglichkeiten für die Kälber:

- Verkauf als Fresser,
- Vermarktung als Baby-beef,
- Ausmast im eigenen Betrieb in Form der herkömmlichen Bullen- und Färsenmast,
- Verwendung der weiblichen Tiere mit guten Absetzgewichten als Nachersatz im eigenen Betrieb,
- Verkauf der weiblichen Rinder zur Zucht im Herbst (nicht tragend) oder Frühjahr (kurz gedeckt) oder evtl. knapp zweijährig im Herbst (hochträchtig),
- Weidemast im folgenden Jahr bis zum Alter von 17 bis 21 Monaten oder Färsenvornutzung.

Trockenstellen der Kühe

In der Regel dauert die Trockenperiode, also der Zeitraum zwischen Absetzen und erneuter Abkalbung, vier bis acht Wochen. Diese Zeit benötigt eine Mutterkuh als Erholungsphase von der vorangegangenen Säugeperiode und als Vorbereitungszeit auf die Geburt des nächsten Kalbes.

Markierung von Kühen und Kälbern

Aufgrund der EU-Viehverkehrsverordnung aus dem Jahre 1997 müssen Rinder nach einem einheitlichen System gekennzeichnet und registriert sein. Für die gesamte Bundesrepublik wurde eine zentrale Datenbank für Rinder eingerichtet. Jeder Rinderhalter muss nun für seinen Betrieb eine zwölfstellige Registriernummer beantragen. Die Zuständigkeiten sind in den einzelnen Bundesländern unterschiedlich geregelt. Diesbezügliche Auskünfte erteilt gegebenenfalls die Veterinärverwaltung. Im Einzelnen ist es erforderlich, dass

- jeder rinderhaltende Betrieb ein Bestandsregister führt,
- jedes Rind mit zwei identischen Ohrmarken zur Einzeltierkennzeichnung versehen wird und
- für jedes Tier ein Rinderpass vorliegt.

Jedes Kalb muss innerhalb von 7 Tagen nach der Geburt mit zwei identischen Ohrmarken in beide Ohren gekennzeichnet und die Markierung entweder über

Jedes Rind ist mit zwei identischen Ohrmarken zu kennzeichnen.

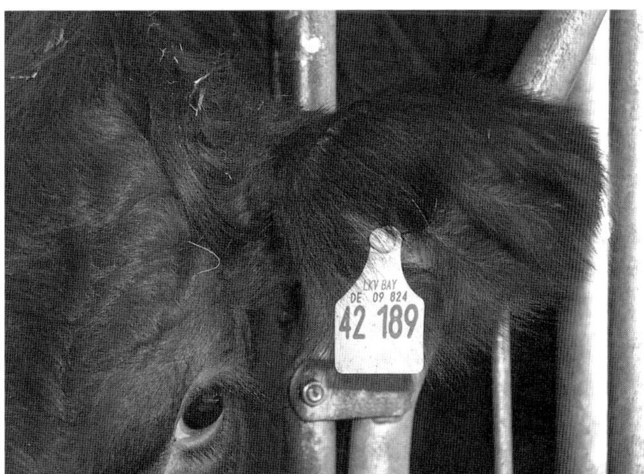

eine Geburtsmeldekarte, über ein Tastentelefon oder über das Internet an die zentrale Datenbank gemeldet werden. Nach erfolgter Geburtsmeldung bekommt jeder Rinderhalter ein Dokument mit der Bezeichnung **Rinderpass – Stammdatenblatt** zugestellt. Mit Inkrafttreten der neuen nationalen Viehverkehrsverordnung zum 14. 07.2007 entfällt die gesetzliche Verpflichtung, den Rinderpass bei innerstaatlichem Verbringen dem jeweiligen Tier mitzugeben. Der Pass wurde durch das sog. Stammdatenblatt ersetzt. Wird jedoch ein Rind in andere Mitgliedsstaaten verkauft oder exportiert ist der Rinderpass nach wie vor erforderlich, den der Halter entweder aus dem Stammdatenblatt selbst erstellen kann, indem er die Betriebsnummer einträgt und unterschreibt oder beim Zentralregister anfordert, sofern vom Vorbesitzer kein ausgefülltes Stammdatenblatt mitgegeben wurde. Zweckmäßigerweise sollte jeder Tierhalter beim Kauf eines Rindes auf der Rückseite des Passes seine Betriebsnummer und das Datum der Übernahme eintragen und beim Verkauf eines Tieres den Rinderpass weiterhin mitgeben.

Ferner ist bei allen Bestandsveränderungen – ob Zugang, Verkauf, Verenden oder Nottötung – eine Meldung an die HIT*-Datenbank erforderlich, ebenfalls innerhalb von 7 Tagen.

* HIT = **H**erkunft- und **I**nformationssystem **T**ier

Im Rahmen des Herkunfts- und Informationssystems für Rinder werden in dieser Datenbank

- Ohrmarkennummer,
- Geburtsdatum, Geschlecht, Rasse,
- Ohrmarkennummer des Muttertieres (bei Import die ursprüngliche Ohrmarkennummer),
- die Registriernummer des Geburtsbetriebes, Name u. Anschrift,
- die Registriernummer aller Betriebe, in denen das Tier gehalten wurde, einschließlich des Datums jedes Zu- und Abgangs, sowie das Datum des Todes oder der Schlachtung gespeichert.

Dadurch ist die Identität und Herkunft eines Rindes jederzeit feststellbar. Tiere ohne ordnungsgemäße Markierung entsprechend der Viehverkehrsverordnung sind nicht handelbar! Diese Art der Kennzeichnung der Kühe und Kälber ist u. a. Voraussetzung für den Erhalt von Ausgleichszahlungen. Bei der nunmehr verwendeten Lebensohrmarke sind die letzten fünf Ziffern vergrößert aufgedruckt und dadurch auch auf Distanz relativ leicht ablesbar.

Enthornen

Um Stoßverletzungen vorzubeugen und mehr Ruhe in die Herde zu bekommen, sollten die Kühe zweckmäßigerweise hornlos sein bzw. enthornt werden. Anguskühe und deren erste Kreuzungen sowie Galloway sind von Natur aus hornlos. Auch enthornte Mastbullen und Rinder sind bei der späteren Ausmast ruhiger. Es ist zweckmäßig, alle Kälber der behornten Rassen zu enthornen (vgl. Seite 144).

Aufschreibungen

Aufschreibungen sind notwendig zur Selektion und zur Feststellung der Wirtschaftlichkeit der Mutterkuhhaltung.

EDV-Programme

Im Hinblick auf Selektionsentscheidungen sollte der aktuelle Leistungsstand der Herde sowie einzelner Tiere rasch zu ermitteln sein. In größeren Fleischrinderherden können spezielle EDV-Programme die Herdenführung und -überwachung erleichtern. Die Auswertungen erstrecken sich dabei auf Leistungsdaten und Wirtschaftlichkeitsberechnungen. Gleichzeitig lassen sich anhand von Wochen- und Monatsplänen bestimmte Terminarbeiten, wie Impfungen, Kontrolluntersuchungen oder Vorbereitungen für Auktionen, exakt planen und durchführen.

Zuchtarbeit – planmäßig und zielgerichtet

Zuchtprogramme für Fleischrinder

Für nahezu alle Fleischrinderrassen wird ein Zuchtprogramm durchgeführt. Voraussetzung ist die Festlegung des Zuchtziels sowie eine genügend große Zuchtpopulation mit entsprechender genetischer Variationsbreite.

Ein solches Zuchtprogramm umfasst folgende vier Bereiche:

- ❍ Leistungsprüfungen
- ❍ Zuchtwertschätzung
- ❍ Zuchtauslese
- ❍ gezielte Anpaarung der besten Elterntiere

Die für die Fleischrinderzucht entscheidenden Leistungskriterien und Exterieurmerkmale sind auf Seite 54 zusammengefasst.

Zuchtwertschätzung

Die messbare bzw. feststellbare Leistung eines Tieres wird durch die Erbanlagen sowie in unterschiedlichem Maß durch Umwelteinflüsse bestimmt. Bei der Zucht-

Tab. 31. Rassen mit Zuchtwertschätzung: Vergleichswerte für die täglichen Zunahmen

	(g)
Angus	1248
Blonde d'Aquitaine	1408
Charolais	1415
Fleckvieh	1403
Hereford	1251
Limousin	1244
Salers	1170
Uckermärker	1275

(Quelle: BDF, 2004)

Leistungsgeprüfte Spitzenkühe mit Nachzucht.

Leistungsprüfungen in der Fleischrinderzucht.

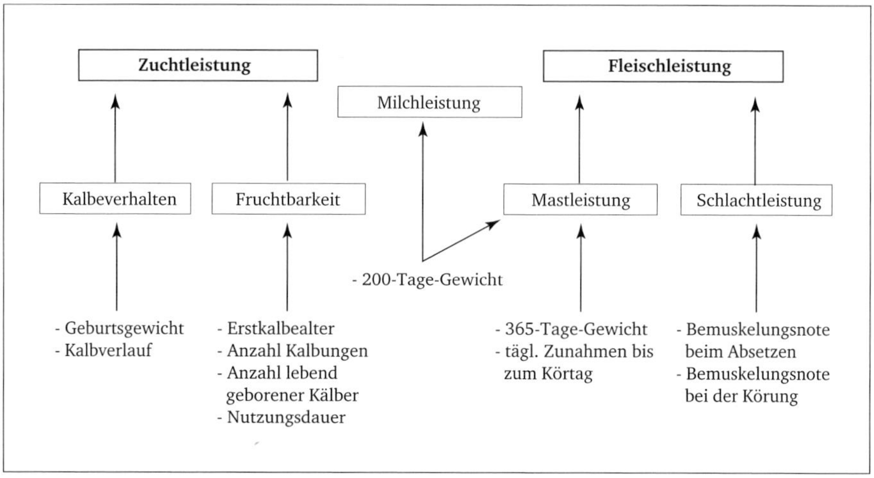

Tab. 32. Heritabilitäten von Merkmalen der Fleischleistung

	Heritabilität
Geburtsgewicht	0,33
200-Tage-Gewicht	0,23
Aufzuchtleistung der Mutter	0,19
365-Tage-Gewicht	0,23
200-Tage-Bemuskelung	0,22
365-Tage-Bemuskelung	0,20

Quelle: Heim, M., 2000

wertschätzung geht es darum, das genetische Leistungspotential eines Tieres, das an seine Nachkommen weitergegeben wird, auszuloten. Der Anteil an Leistungsunterschieden zwischen Tieren, der erblich bedingt ist, wird als Heritabilität bezeichnet.

Wichtig für die praktische Zuchtarbeit ist die Kenntnis der genetischen Korrelationen.

Genetische Korrelationen zwischen Merkmalen der Fleischleistung.

Zwischen Gewicht und Bemuskelung am 365. Tag besteht beispielsweise eine hohe positive Korrelation, also ein enger Zusammenhang. Eine Zuchtauslese auf sehr gute Bemuskelung wird in der Regel auch zu überdurchschnittlich hoher Gewichtsentwicklung führen. Andererseits bedeutet eine negative Korrelation, z. B. zwischen Geburtsgewicht und Muttereigenschaften, zu denen auch die Aufzuchtleistung gehört, dass hohes Geburtsgewicht und Leichtkalbigkeit sich gegenläufig verhalten.

Im Bereich der Zuchtwertschätzung werden bei den Fleischrinderrassen drei Kategorien unterschieden:

- Rassen für die ein Gesamtzuchtwert (Relativ – Zuchtwert Fleisch) ermittelt wird.
  Dabei handelt es sich um im gesamten Bundesgebiet stärker verbreitete Intensivmastrassen.
- Wiegerassen. Hierzu zählen Aubrac, Gelbvieh, Piemonteser, Pinzgauer, Rotes Höhenvieh, Hinterwälder.
  Im Rahmen der Zuchtwertschätzung wird ein sogenanntes „Selektionsindex“ ermittelt. Die täglichen Zunahmen bzw. die Abweichungen vom jeweiligen Rassenmittelwert finden dabei volle Berücksichtigung.
- Extensivrassen wie Galloway, Highland Cattle, Welsh Black und Luing. Bei diesen Rassen stehen weniger eine hohe Fleischleistung, sondern neben guten Muttereigenschaften vor allem Widerstandsfähigkeit und Genügsamkeit im Vordergrund. Bei der Indexberechnung werden die täglichen Zunahmen wesentlich weniger gewichtet als bei den beiden vorgenannten Kategorien.

Tab. 33. Genetische Korrelationen zwischen Merkmalen der Fleischleistung

	200-Tage-Gewicht	maternal	365-Tage-Gewicht	200-Tage-Bemuskelung	365-Tage-Bemuskelung
Geburtsgewicht	0,40	– 0,10	0,50	0,20	0,20
200-Tage-Gewicht		– 0,30	0,75	0,70	0,50
maternal			– 0,10	0,00	0,00
365-Tage-Gewicht				0,50	0,70
200-Tage-Bemuskelung					0,80

Quelle: Heim, M., 2000

Relativzuchtwert Fleisch (RZF) als Gesamtzuchtwert bei den Intensivrassen

Seit 1977 wird in der Bundesrepublik für die **intensiven Fleischrinderrassen** zentral eine Zuchtwertschätzung für alle Herdbuchtiere, sowohl für Bullen als auch für Kühe, nach dem BLUP*-Tiermodell durchgeführt.

Diese erfolgt einmal jährlich jeweils im Dezember durch die „Vereinigte Informationssysteme Tierhaltung w. V. Verden" (VIT) für die Rassen Charolais, Limousin, Blonde d'Aquitaine, Salers, Angus, Hereford, Fleckvieh (Fleisch) und Uckermärker. Grundlage für die Zuchtwert schätzung bilden die im Feld erhobenen Daten aus der Absetzer- und Jährlingswiegung, wie tägliche Zunahme, Bemuskelung sowie Aufzuchtleistung der Mutter Diese Merkmale werden entsprechend ihrer züchterischen Bedeutung gewichtet und jeweils ein Teilzuchtwert für Wachstumskapazität, Fleischansatz und Aufzuchtleistung errechnet. Gegebenenfalls werden zusätzlich die Leistungen aus der Stationsprüfung berücksichtigt. Alljährlich werden vom Bundesverband Deutscher Fleischrinderzüchter sog. TOP-Listen veröffentlicht, in denen die jeweils 25 besten Bullen und Kühe nach Rassen aufgeführt sind. Auch die im Besamungseinsatz befindlichen Bullen werden jeweils nach ihrem Gesamtzuchtwert rangiert.

Auch in der Fleischrinderhaltung ist langfristig nur der Betrieb wettbewerbsfähig, der auf hohem Qualitätsniveau produziert. Eine fundierte ist hierfür eine entscheidende Voraussetzung

Der Vorteil der Zuchtwertschätzung nach dem BLUP-Modell liegt darin, dass alle bekannten Umwelteinflüsse, die die Ausprägung der wahren Veranlagung eines Tieres verschleiern können, z. B. das Alter des Muttertieres, Geburtsmonat, Geschlecht, Wiegealter und Herden- bzw. Futterjahr, rechnerisch ausgeschaltet werden.

Neben der Berücksichtigung von Einzelmerkmalen, die in einer Herde verbessert werden sollen, bilden die Zuchtwerte eine wichtige zusätzliche Informationsquelle und können die Sicherheit der Selektionsentscheidungen verbessern.

Entscheidend beim BLUP-Schätzverfahren ist ferner, dass dabei der Zuchtfortschritt der zurückliegenden Jahre berücksichtigt wird. Dies ermöglicht einen Vergleich von jungen Tieren mit den Zuchtwerten älterer Tiere der gleichen Rasse.

Der **Relativzuchtwert Fleisch** (RZF) hat einen Mittelwert von 100 Punkten. Die Höchstpunktzahl liegt bei einem Wert von 130, die niedrigsten Werte bei 70 RZF-Punkten. Bullen und Kühe mit Indexpunkten von 112 gehörten zu den 16 % der besten Tiere der jeweiligen Rasse. Mit mehr als 124 Punkten zählen sie zu den 2,5 % an Spitzentieren. Mehr als 136 Punkte weisen lediglich 0,1 % der Population auf.

In Auktionskatalogen und Abstammungsnachweisen wird der Relativzuchtwert Fleisch dann veröffentlicht, wenn mindestens eine Sicherheit von 30 % er-

* (BLUP = **B**est **L**inear **U**nbiased **P**rediction, d. h. bestmögliche, lineare, unverzerrte Schätzung)

reicht ist. Der Relativzuchtwert Fleisch bildet zusammen mit der Bewertung der äußeren Erscheinung die Grundlage für die Körung.

Die gesonderte Ausweisung von **Teilzuchtwerten** ist wichtig für eine gezielte Selektion, nachdem ein hohes Wachstumspotential und gute Muttereigenschaften negativ korreliert sind, das heißt gegenläufig vererbt werden.

Zuchtwertschätzung bei den Wiege- und Extensivrassen

Bei diesen Rassen stehen weniger eine hohe Fleischleistung sondern neben guten Muttereigenschaften vor allem Widerstandsfähigkeit und Genügsamkeit im Vordergrund.

Bei der Körung von Jungbullen aller nicht in Tabelle 31 aufgeführten Rassen wird ein so genannter **Selektionsindex** berechnet. Bewertet wird dabei die Eigenleistung mit den Merkmalen tägliche Zunahme bis zum Körtag, Bemuskelungsnote sowie die äußere Erscheinung mit einer Typ- und Skelettnote. Auch hierbei wird ein Zuchtwertteil Fleischleistung ermittelt, wobei für die täglichen Zunahmen lediglich bestimmte Bereiche vorgegeben sind, in denen Zu- oder Abschläge vorgenommen werden (s. Tab. 34).

Bei der Bemuskelungs-, Typ- und Skelettnote wird ebenfalls die jeweilige Abweichung vom rassespezifischen Vergleichswert festgestellt. Die Abweichung bei jedem einzelnen Merkmal wird mit einem Faktor multipliziert, in den die Heritabilität, die genetische Korrelation der Merkmale untereinander sowie die wirtschaftliche Bedeutung eingehen.

Entscheidend ist, dass bei den Extensivrassen die äußere Erscheinung stärker, die Fleischleistung jedoch geringer gewichtet wird als dies bei den Intensivrassen der Fall ist.

Um gekört, das heißt als zuchttauglich befunden zu werden, benötigt ein Jungbulle 88 Punkte. Für das Prädikat „Elitebulle“ sind 106 Indexpunkte erforderlich.

Zuchtauslese und gezielte Anpaarung

Eine wichtige Selektionsentscheidung bei **Jungbullen** fällt bei der Körung. Maßgeblich für die weitere Zuchtverwendung ist die Vererbungstendenz bei den ersten Kälber-Jahrgängen nach erfolgtem Deckeinsatz. Von **Spitzenbullen** wird Sperma gewonnen, um dieses zur Beschleunigung des Zuchtfortschritts breit gefächert in zahlreichen Herden einsetzen zu können.

Bei der Auswahl der **Bullenmütter** werden neben einer sehr guten Aufzuchtleistung das Exterieur bezüglich Typ, Bemuskelung und Skelett berücksichtigt. Bei der Bewertung der äußeren Erscheinung muss mindestens die Note 6 erreicht werden.

Männliche und weibliche Tiere mit unzureichender Leistungsvererbung sowie genetisch bedingten Fehlern oder nutzungsbeschränkenden Mängeln werden ausgemerzt.

Gezielte Anpaarungen werden entweder von den Zuchtbetrieben durch den Einsatz von Sperma einzelner Spitzenbullen, z. T. aus dem Ausland, oder im Rahmen des jeweiligen Zuchtprogramms auf Vorschlag des Verbandes auf vorher ausgewählte Bullenmütter vorgenommen.

Tab. 34. Vergleichswerte für tägliche Zunahmen bei Extensivrassen

Punkte	Galloway	Hochlandrind	Welsh Black	Luing
– 1	649 g und weniger	549 g und weniger	949 g und weniger	849 g und weniger
0	650–599 g	550–599 g	950–999 g	850–899 g
1	700 g und mehr	600 g und mehr	1000 g und mehr	900 g und mehr

Genetisch hornlose Angusrinder.

Zucht auf Hornlosigkeit bringt Vorteile

Eine genetisch hornlose Mutterkuhherde weist eine Reihe von Vorteilen auf. Nicht nur die Verletzungsgefahr für Mensch und Tier ist erheblich geringer, auch die Herde verhält sich insgesamt ruhiger. Des Weiteren entfällt die ansonsten aufwändige Arbeit des Enthornens.

Nach dem deutschen Tierschutzgesetz ist das Enthornen von Rindern ohne Betäubung bis zu einem Alter von 6 Wochen erlaubt. Das Verfahren ist in der Mutterkuhhaltung nur unter erschwerten Bedingungen möglich. Die Kälber müssen einzeln eingefangen und entsprechend fixiert werden. Oft ist kein Stromanschluss verfügbar, sodass herkömmliche Brenn- und Enthornungsstäbe nicht verwendet werden können. Mittlerweile gibt es jedoch akkubetriebene Enthornungsstäbe, mit denen zum Teil sehr gute Erfahrungen gemacht wurden.

Tab. 35: Vererbung der Hornlosigkeit

Allele am P-Locus	Hornausprägung
PP Pp	hornlos*
Pp	gehörnt

*„hornlos" schließt hier mit ein,
dass eventuell Wackelhörner auftreten können

Bei Angus und Galloway gehört die Hornlosigkeit seit eh und je zum Rassestandard. Mittlerweile gibt es u.a. bei Fleckvieh, Gelbvieh, Charolais, Limousin, Hereford, Blonde d'Aquitaine, Pinzgauer und Luing genetisch hornlose Linien.

Zur **Vererbung der Hornlosigkeit** wurden beim Fleckvieh seitens der Bayerischen Landesanstalt für Tierzucht umfangreiche Untersuchungen durchgeführt (Grobeis und Rosenberger 2002).

Die Erbanlage für Hornlosigkeit, mit „P" für englisch polled = hornlos bezeichnet, wird dominant weitergegeben und folgt den Mendelschen Gesetzen. Die fehlende Genanlage für Hornlosigkeit, mit „p" gekennzeichnet, symbolisiert den rezessiven Erbgang. An einem Genort sind die Erbfaktoren beider Elternteile (je ein Allel von Vater und Mutter) vereint. Ist also mindestens ein Allel „P" am Hornlos-Genort vorhanden, bekommt das betreffende Rind keine, zumindest aber keine normalen Hörner. Allerdings ist die Ausbildung von sog. Wackelhörnern möglich. Das Schema auf S. 58 dient der Orientierung für die praktische Zuchtarbeit.

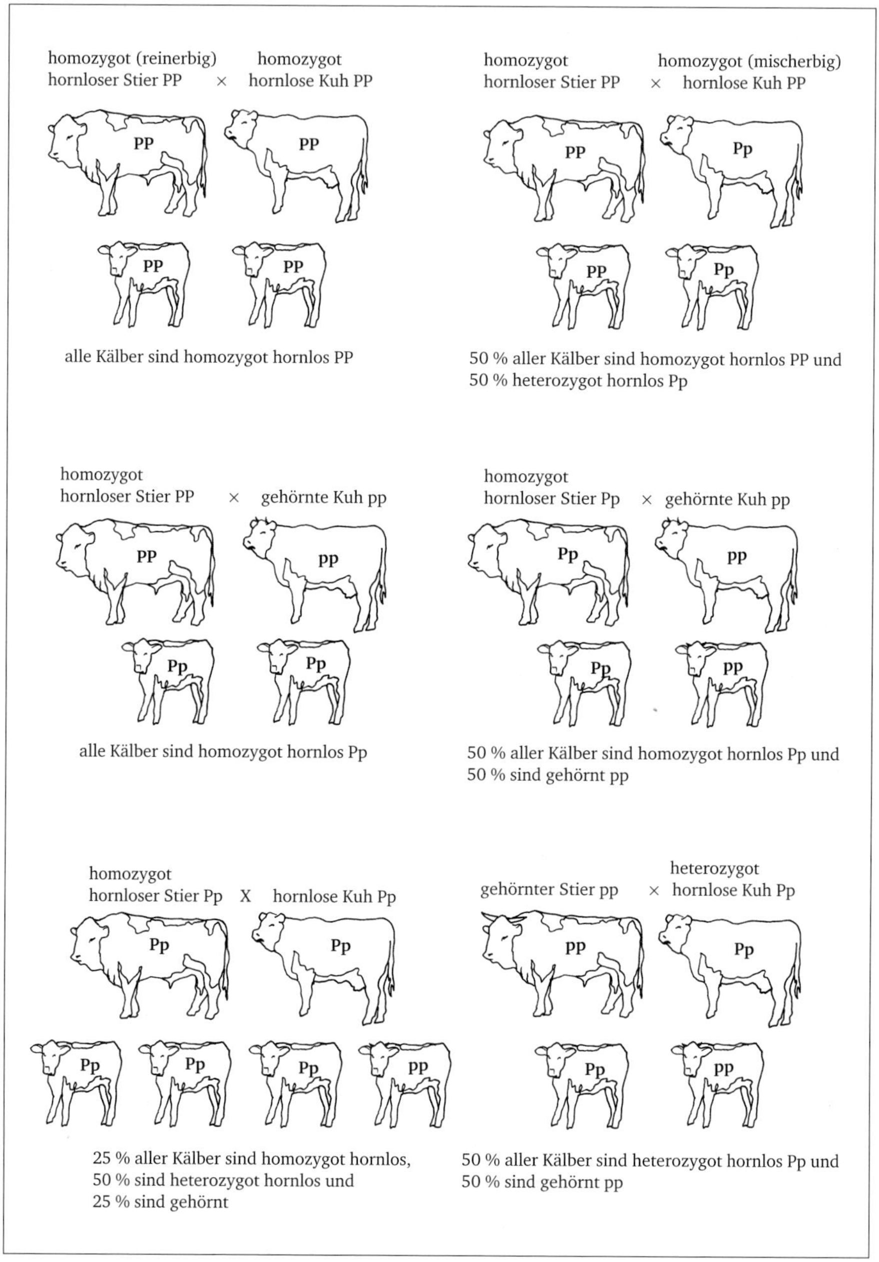

Beispiele zur Vererbung der Hornlosigkeit. Es wird immer die Hälfte der Allele (PP, Pp oder pp) von Bulle und Kuh auf die Kälber übertragen. Das Gen für Wackelhörner ist hierbei nicht berücksichtigt (nach Rosenberger et al. 2000).

Die Erbanlage „Wackelhörner“

Bei der Zucht auf Hornlosigkeit kommen neben hornlosen Tieren bei einzelnen Tieren auch Zwischenformen wie Wackelhörner oder Stirnbeulen vor. Als Wackelhorn werden Horngebilde bezeichnet, die nur über eine Hautbrücke mit dem Kopf verbunden und mit der Kopfhaut verschiebbar sind. Die Variationsbreite dieser „Scurses“ (engl. Bezeichnung für Wackelhörner) ist groß. Sie reicht von fingernagelgroßen Hornkrusten bis zu größeren beweglichen Horngebilden. Entscheidend ist dabei, dass kein fester Hornzapfen vorhanden ist.

Für die Ausprägung der Wackelhörner ist die Konstellation am Genort für Scurses maßgeblich. Das Gen für Wackelhörner ist epistatisch* über das Gen für Hornlosigkeit. Ein Tier mit Wackelhörnern gilt im Vergleich zu gehörnten Tieren als genetisch hornlos mit dem Status „P“. Aufgetretene Wackelhörner werden im Abstammungsnachweis mit „S“ (Scurses) bezeichnet.

Die Kopfform ist zu beachten

Zwar können über die Kopfform allein keine Rückschlüsse auf den Genotyp, ob reinerbig oder mischerbig hornlos, gezogen werden. Dennoch scheinen Zusammenhänge zwischen der Ausbildung des Schädeldaches und dem Auftreten von Wackelhörnern zu bestehen. Während bei jungen Tieren mit hohem spitzem Kopf später sehr selten Wackelhörner aufgetreten sind, zeigte sich bei Tieren mit runden flachen bzw. kantigen Köpfen häufiger die Entwicklung von Wackelhörnern.

Derzeit kann der Genotyp bezüglich Hornstatus nur mithilfe eines indirekten Gentests** geschätzt werden. Hierzu sind Gewebeproben des betreffenden Tieres, seiner Eltern und soweit möglich der Großeltern erforderlich.

Fazit: Durch den Einsatz genetisch hornloser Deckbullen kann die Hornlosigkeit auf elegante und tiergerechte Weise in einer Mutterkuhherde verankert werden.

Zuchtfortschritt bei der Fleischqualität?

Der intramuskuläre Fettgehalt, die sog. Marmorierung, hat großen Einfluss auf den Genusswert von Rindfleisch im Hinblick auf die Zartheit und Saftigkeit.

Der intramuskuläre Fettgehalt kann zwar am lebenden Tier mittels Ultraschallmessung festgestellt werden. Die Ergebnisse sind jedoch relativ ungenau. Durch Messung der Fettauflage unter der Haut und der Querschnittsfläche des langen Rückenmuskels kann jedoch mit Hilfe dieser sog. Ultrasonografie der Schlachtkörperwert am lebenden Tier geschätzt werden. In letzter Zeit wurden verschiedene **DNA-Tests** entwickelt, in denen verschiedene Gene aufgespürt werden konnten, die für die Marmorierung und Zartheit des Fleisches verantwortlich sind. An diese Tests knüpfen sich begründete Hoffnungen, Fortschritte in der Gentechnik auch in konventionellen Zuchtprogrammen, z. B. durch eine **markergestützte Selektion**, nutzen zu können. Ziel ist es, bei Fleischrindern zufriedenstellende intramuskuläre Fettgehalte (mindestens 2,0 bis 2,5 %) zu erreichen, ohne eine hohe Gesamtverfettung der Tiere in Kauf nehmen zu müssen. Nach Ewald und Fries 2003 versprechen die in verschiedenen Rassen vorhandenen Genotypen bzw. Genfrequenzen eine erfolgreiche züchterische Bearbeitung u. a. des Merkmals Fleischmarmorierung. Da DNA-Analysen finanziell sehr aufwändig sind, dürften sich diese vorerst auf die Selektion von Besamungsbullen beschränken.

Günstige Voraussetzungen für eine Verbesserung von Merkmalen der Fleischqualität ergeben sich im Hinblick auf eine **hohe Heritabilität** mit Schätzwerten von 0,51 für den intramuskulären Fettgehalt sowie von 0,58 für die Scherkraft, als Messgröße für die Zartheit des Fleisches auch bei konventioneller Selektion.

Zur Erzeugung marktkonformer Fleischqualitäten muss neben der züchterischen Verbesserung die Fütterungsintensität, vor allem in der Endmast, der jeweiligen Rasse angepasst werden.

* Die Ausprägung eines Gens, hier Wackelhörner, wird durch ein zweites Gen, hier Hornlosigkeit, überdeckt.

** Tierärztliche Hochschule Hannover, Institut für Tierzucht und Vererbungsforschung

Winterstall oder ganzjährige Freilandhaltung?

Einen festen Winterstall einzurichten oder einen Unterstand anzubieten, der im Wesentlichen nur das Futter schützt, ist nicht allein eine Frage der Rasse, sondern auch des gewählten Abkalbezeitraums und der jeweiligen klimatischen Verhältnisse. Bei den schweren und mittelschweren Rassen ist die Winterkalbung weit verbreitet, sodass für die nasskalte Jahreszeit ein geeigneter Stallraum erforderlich ist, der windgeschützt und mit einem trockenen Liegeplatz ausgestattet sein muß.

Tiergerechte und kostengünstige Stallformen sind gefragt

Der Winterstall soll tiergerecht und arbeitswirtschaftlich zweckmäßig eingerichtet sein. Vielfach lassen sich vorhandene Altgebäude, wie z. B. ehemalige Milchviehställe, Scheunen oder Schuppen, kostengünstig umbauen. Aus betriebswirtschaftlichen Gründen muss versucht werden, die Festkosten in der Mutterkuhhaltung und insbesondere die Gebäudekosten niedrig zu halten. Scheiden Umbaulösungen aus, geht der Trend zu Mehrzweckhallen, die als Offenfront bzw. Außenklimaställe genutzt werden. Auch die Möglichkeit einer ganzjährigen Freilandhaltung sollte geprüft werden (s. Seite 74). Ansonsten werden Laufställe mit eingestreuter Liegefläche den Bedürfnissen von Mutterkühen und Kälbern am besten gerecht.

In Grünlandbetrieben müssen strohlose, zumindest aber strohsparende Aufstallungsformen gewählt werden.

Üblich sind sog. Außenklimaställe, d. h. auf eine Wärmedämmung bei Wänden und Decken wird verzichtet. Es wäre sogar ungünstig, Tiere, die bis zum Spätherbst auf der Weide laufen und entsprechend abgehärtet sind, in einem relativ warmen, geschlossenen Stall evtl. noch mit geringer Deckenhöhe unterzubringen. Zweckmäßig sind mit der offenen Seite

Luftiger, nach Süden offener Einraumlaufstall.

nach Osten oder Süden ausgerichtete Laufställe. Ein Laufhof oder überdachter Außenfressplatz ist günstig für die Tiere und hilft, die Gebäudehülle klein zu halten.

Trockene Kälte schadet weder Kühen noch Kälbern. Zugluft und hohe Luftfeuchtigkeit in Innenräumen sind jedoch unbedingt zu vermeiden. Entscheidend ist, dass genügend Grundfläche – mindestens 6,0 m^2 je Mutterkuh und 1,2 m^2 je Kalb je nach Stallform – und viel Luftraum – möglichst mehr als 3 m Deckenhöhe auch im Hinblick auf die Möglichkeit einer mobilen Entmistung – zur Verfügung stehen. Hinzu kommt der anteilige Stallraumbedarf für die weibliche Nachzucht.

Die Kombination von Tiefstreu- und Außenklimastall wirkt sich günstig auf das Wohlbefinden der Tiere aus. Sie kommt den artspezifischen Ansprüchen der Mutterkühe in klimatischer Hinsicht sowie im Sozial- und Liegeverhalten entgegen. Allerdings müssen bei der Haltung im Tieflaufstall während des Winters 10 bis 20 dt Stroh je Mutterkuheinheit zur Verfügung stehen und – zumindest in niederschlagsreichen Gebieten – unter Dach gelagert werden, um sie vor Witterungseinflüssen zu schützen.

Laufställe mit Einstreu sind am günstigsten

Als Stallformen für Mutterkühe eignen sich besonders Tieflauf-, Tretmist- und Liegeboxenställe. Die Haltung von Mutterkühen im Anbindestall ist zwar grundsätzlich möglich, sollte aber in erster Linie eine Übergangslösung darstellen.

Meist müssen im gleichen Stall verschiedene Tiergruppen, z. B. Kühe mit neugeborenen Kälbern und hochtragende Tiere untergebracht werden. Um mehr Kühe in der Herde halten zu können und den Kälbern genügend Schutz zu bieten, ist es zweckmäßig, bei Laufställen eine Unterteilung in folgende Bereiche vorzunehmen:

Abkalbebereich

Dieser kann im einfachsten Fall durch Stangen oder Gitter bis zum Ende der Abkalbezeit von der Gruppe der hochtragenden Kühe abgegrenzt werden. Einstreu ist in diesem Bereich optimal. Bei strohloser Aufstallung kommt einem gut eingestreuten Kälberabteil besondere Bedeutung zu.

In größeren Mutterkuhbetrieben werden meist spezielle Abkalbebuchten oder

Zweiraumlaufstall in einem Altgebäude. Innen der eingestreute Liegebereich mit Kälberabteil. Das angeschleppte Vordach schützt den Fressplatz vor Niederschlägen. Die Entmistung erfolgt mit dem Schlepper.

-boxen eingerichtet, in denen Kühe und Kälber etwa eine Woche lang verbleiben. Diese Einrichtungen dienen zur Sicherung einer frühzeitigen und ausreichenden Biestmilchaufnahme, dem Aufbau der notwendigen „Mutter-Kind-Beziehung" sowie zur Beobachtung und Behandlung von Problemtieren (Kalb wird nicht angenommen, Unterstoßen eines fremden Kalbes bei Verlust des Jungtieres oder bei Erkrankungen).

Es ist zweckmäßig, in diesem Stallabteil immer mehr als ein Tier unterzubringen, denn „Einzelhaft" bekommt den Kühen in der kritischen Phase der Geburt nicht. Zumindest ist Sichtkontakt (Sozialkontakt) zwischen mehreren Tieren wichtig.

Die Verweildauer in der Bucht sollte ein bis zwei Wochen nicht übersteigen, da sonst bei der Rückführung in die Herde Rangordnungskämpfe entstehen.

Bereich für Mutterkühe mit Kälbern

in dem während der Deckperiode auch der Bulle mitläuft.

Kälberbereich

auch als Kälberschlupf bezeichnet, mit seiten- und höhenverstellbarem Durchlass, der dem Wachstum der Jungtiere angepasst werden kann.

Die Abtrennung zum übrigen Stall erfolgt z. B. durch Stangen- oder Bohlen. Der Kälberbereich – 1,2–2,0 m² Flächenbedarf pro Tier – ist so einzurichten, dass die Kälber nicht zu weit von den Kühen entfernt liegen müssen, sonst nehmen sie die Buchten nicht an.

Zufütterungsmöglichkeiten für Heu und Kälberaufzuchtfutter sollten in diesem Abteil leicht erreichbar sein.

Der Durchschlupf für die Kälber muss so ausgeführt sein, dass kleine Kühe nicht mehr, große Kälber aber noch ohne Verletzungen hindurchkommen (Höhe 80–100 cm, Breite 40–50 cm).

Stall oder Abteil für weibliche Jungrinder zur Bestandsergänzung

Bucht für Zuchtbullen

Für Zuchtbullen und Jungbullen zur Zucht sind spezielle Ställe oder Buchten einzurichten, die einen planbefestigten Fressplatz und eine eingestreute Liegefläche haben. Nach Möglichkeit sollten Bullen nicht in einer Einzelbox ohne Sichtkontakt mit anderen Tieren untergebracht werden.

Laufstallformen für Mutterkühe (nach AMK/BDF 1990).

Stallform	schematischer Querschnitt	Strohbedarf je GV u. Tag	Stallklimaregelung	Bewertung
Einraumlaufstall	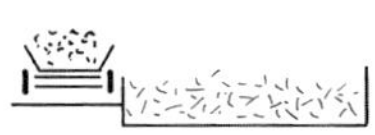	10 kg	nein	tiergerecht, sehr einfache und billige Umbaulösung
Zweiraumlaufstall		5 kg	nein	tiergerecht, einfache und billige Umbaulösung
Tretmiststall		0,5–2 kg	nein	tiergerecht, einfache und billige Umbaulösung, gewisser Arbeitsbedarf
Liegeboxenlaufstall	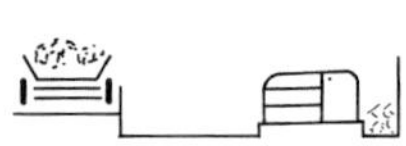	0–0,5 kg	ja	geringer Arbeitsbedarf, Kalbebuchten erforderlich
Vollspaltenboden	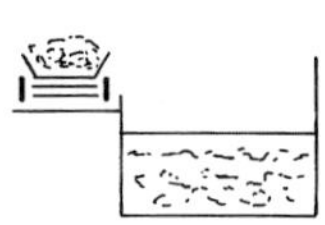	0	unbedingt	sehr geringer Arbeitsbedarf, eigene Kalbebuchten und Kälberschlupf dringend erforderlich

Können nicht mehrere Tiere in einer Box gehalten werden, so ist dafür zu sorgen, dass die Nachbarbox mit Tieren belegt ist.

Einraum- und Zweiraumlaufstall?

Einraumlaufstall

Er stellt die einfachste Form des Tieflaufstalles dar und eignet sich besonders für Betriebe in Ackerbaugebieten. Eingestreut wird dabei der gesamte Fress- und Liegebereich. Der Einraumlaufstall in ein- oder doppelseitiger Ausführung lässt sich in den meisten Altgebäuden einrichten. Einstreu wirkt sich günstig auf das Wohlbefinden von Kühen und Kälbern aus.

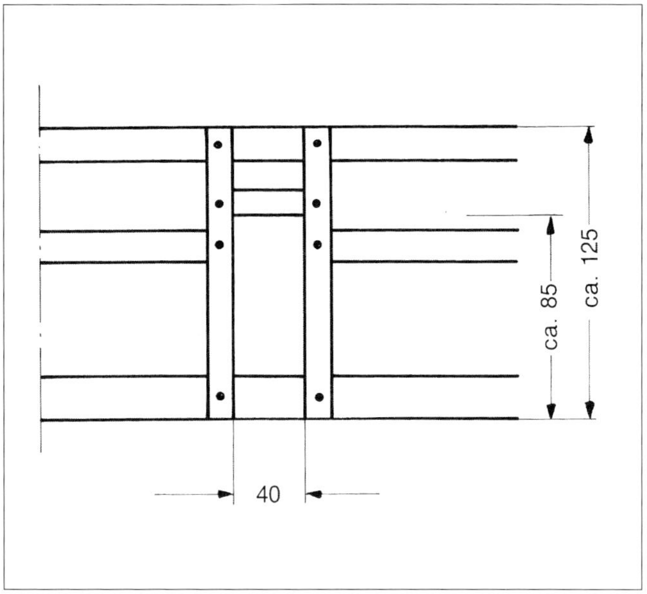

Kälberschlupf. Das Kälberabteil sollte für die Mutterkühe nicht zugänglich sein. Dort werden ein spezielles Kraftfutter und qualitativ gutes Heu angeboten.

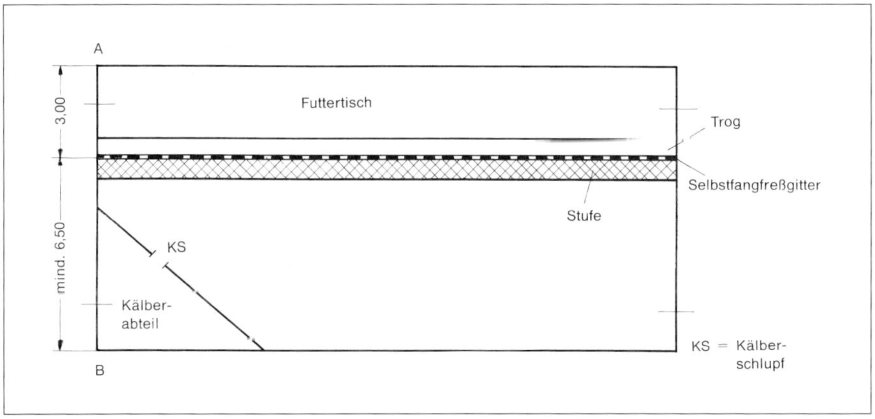

Grundkonzept eines Einraumlaufstalls im Grundriss. Tieflaufstall mit innenliegendem, befahrbarem Futtertisch.

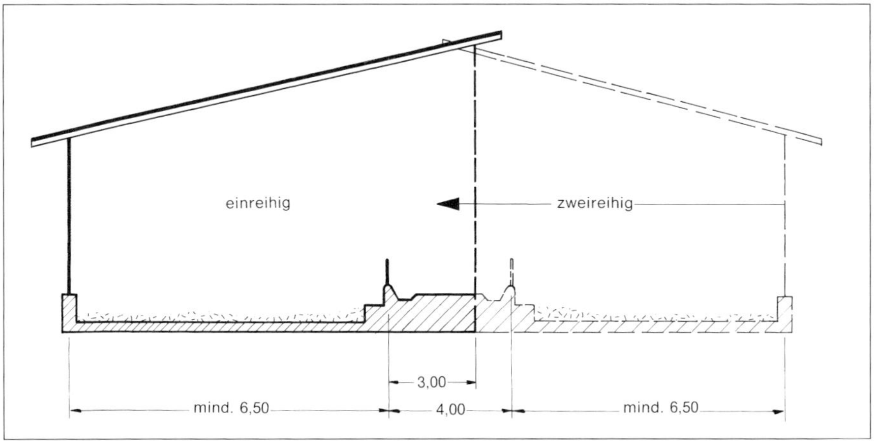

Grundkonzept eines Einraumlaufstalls im Aufriss.

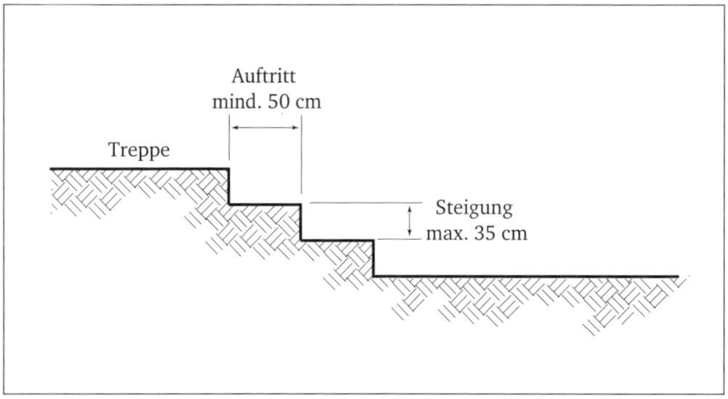

Auftritts- und Steigungsmaße.

Nachteilig ist der hohe Strohbedarf von 8 bis 10 kg je Großvieheinheit und Tag und der damit verbundene größere Arbeitsaufwand für Strohbergung, Einstreuen und Mistausbringung. Bei zu weinig Einstreu kommt es zur verstärkten Verschmutzung der Tiere. Ungünstig bei dieser Stallform wirkt sich zudem der geringe Klauenabrieb aus. Um die Mistmatratze nicht zu hoch werden zu lassen, muss der Mist u. U. ein- oder zweimal während der Wintermonate ausgebracht werden. Bei genügend Stallhöhe lässt sich das durch einen entsprechenden Niveauunterschied zwischen Futtertisch und Stallboden von etwa 80 bis 100 cm vermeiden.

In diesem Fall ist eine schmale Stufe als Antrittsfläche vor dem Fressgitter erforderlich, die dann im Laufe des Winters durch die wachsende Mistmatratze aufgefüllt wird. Die Stufe sollte nur etwa 35 cm hoch und ca. 60 cm breit sein, um eine stärkere Verschmutzung und dadurch erforderliche Reinigung in Handarbeit zu vermeiden.

Das Einstreuen von Großballen sowie das Entmisten lässt sich mithilfe von Schlepper und Frontlader mechanisieren. Der Einbau geeigneter Tore erleichtert die Entmistung mit Schlepper und Frontlader im Anschluss an die Stallperiode (Tormaß: 3 × 3 m).

Einraumlaufstall mit Stufen zwischen Fress- und Liegeplatz.

Zweiraumlaufstall

Hierbei erfolgt eine Unterteilung des Stallraumes in Fressplatz einschließlich Lauffläche und Liegebereich. Nachdem nur die Liegefläche eingestreut wird, verringert sich der tägliche Strohbedarf auf etwa 5–6 kg je Großvieheinheit.

Der Fressbereich kann entweder

- im Inneren des Stallgebäudes unmittelbar im Anschluss an die Liegefläche (Stalltiefe mindestens 6 m) z. B. bei zweiseitiger Aufstallung an einem gemeinsamen Futtertisch,
- als überdachter Außenfressplatz z. B. bei knappem Stallraum,
- oder als Laufhof in Verbindung mit einer Heuvorratsraufe und Selbstfütterungseinrichtung am Flachsilo angelegt werden.

Fressplatz und Lauffläche müssen regelmäßig gereinigt werden. Bei Außenfressplatz und Laufhof geschieht dies am zweckmäßigsten mit Schlepper und Frontlader oder Heckschild. Beim Entmisten können die Tiere durch ein Schiebetor, schwenkbare Gatter oder durch einen Elektrozaun in den Liegebereich zurückgesperrt werden. Für die Entmistung innenliegender Fress- und Laufbereiche kommen neben dem Schleppereinsatz die Schieberentmistung, sowie gegebenenfalls der Spaltboden in Betracht.

Im Liegebereich erfolgt die Mistausbringung aus hygienischen Gründen möglichst rasch nach dem Ende der Stallperiode – wie beim Einraumlaufstall.

Der Tretmiststall – ein vorteilhaftes System

Der Tretmiststall – auch als Flachlaufstall bezeichnet – verbindet die arbeitswirtschaftlichen Vorteile einer stroharmen Aufstallung mit den Vorzügen einer tiergerechten, eingestreuten Liegefläche. Diese Stallform lässt sich auch gut in Altgebäuden einrichten.

In Kombination mit dem üblichen Kälberschlupf führt dieses Stallsystem in der Mutterkuhhaltung zu guten Abkalbe- und

Zweiraumlaufstall mit nach Süden offenem Fressplatz und dem rückwärtigen, durch den Mistgang getrennten Liegebereich.

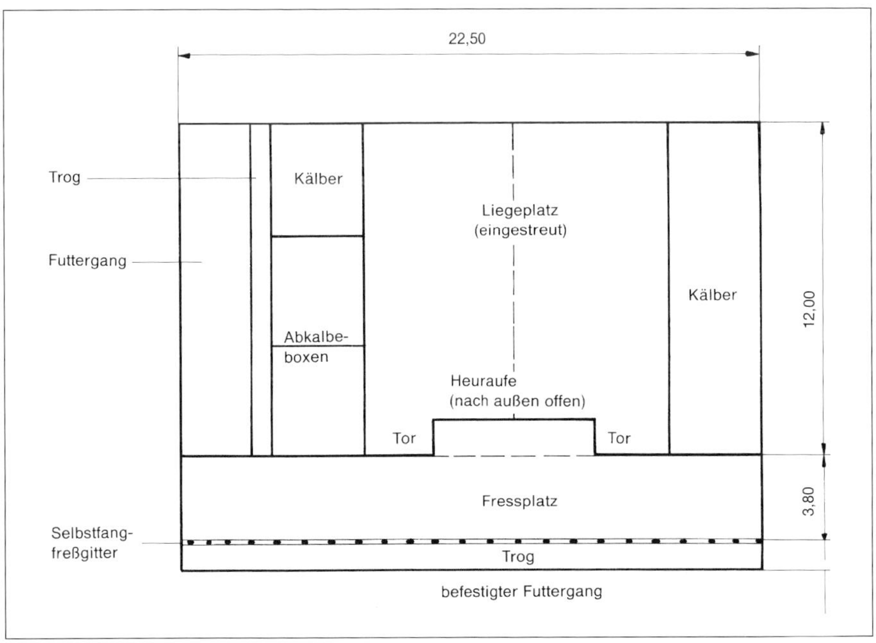

Zweiraumlaufstall für 45 Mutterkühe mit Kälbern als Beispiel für einen Scheunenumbau (nach Decking 1990).

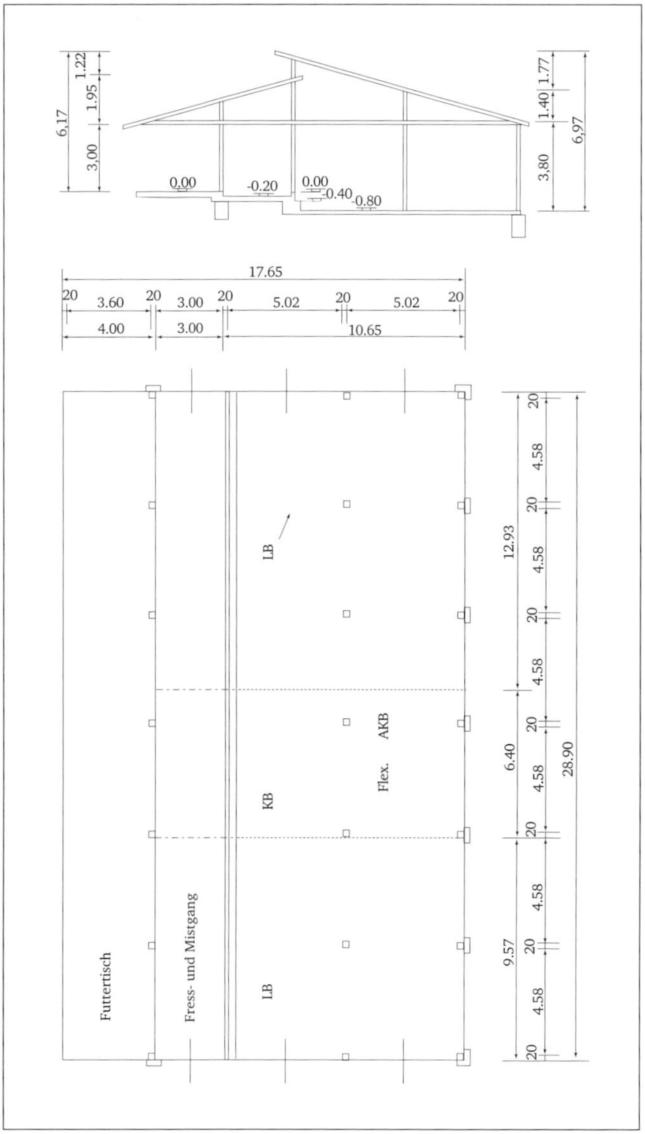

Aufriss und Grundriss eines Stalles mit Zweiflächenbuchten für 40 Mutterkühe.

* Verletzungsgefahr, sehr langsame Verrottung

Aufzuchtergebnissen. Für Grünlandbetriebe stellt es auch im Hinblick auf die Baukosten eine Alternative zum Boxenlaufstall und Spaltenbodenstall dar. Der Tretmiststall hat in Deutschland ausschließlich als Zweiraumlaufstall Bedeutung erlangt. Er kann als Außenklimastall ebenso wie als geschlossener Stall eingerichtet werden. Eine lang gestreckte Rechteckform erleichtert die Buchtenabtrennung für die einzelnen Tiergruppen, die z. B. durch Rohre oder Bohlen mit schwenkbaren Toren im Bereich des Mistgangs erfolgen kann. Eingestreut wird ausschließlich die Liegefläche und hier meist nur der hintere Teil.

Der Grundgedanke des Systems beim Tretmiststall besteht darin, dass die Stroh- bzw. Mistmatratze durch die Bewegungsaktivität der Tiere von der leicht geneigten Liegefläche über eine Abrissstufe auf den ebenen Mistgang, der als Lauf- und Fressbereich dient, gelangt.

Besondere Bedeutung für das Funktionieren des Stallsystems kommt dem optimalen Liegeflächenbedarf zu. Dieser dürfte je nach Rasse zwischen 3 m^2 (500 kg schwere Kühe mit Kalb) und 4,5 m^2 (Mutterkühe mit Gewichten von 800 kg) liegen.

Für bis zu 300 kg schwere Rinder werden 2,0 m, bei einem Gewicht von mehr als 300 kg 2,5 bis 3,0 m pro Tier benötigt (KTBL 1993). Ist die Belegdichte im Liegebereich zu groß, weichen die Kühe auf den Mistgang aus und verschmutzen stark (Euter!), ist sie zu gering, steigt die Mistmatratze zu hoch an.

Im Hinblick auf die Mistabrißstufe bietet das höhere Maß den Vorteil, dass die Tiere weniger Mist vom Laufgang zurück auf die Liegefläche tragen. Die Stufe dient zur festen Führung der Entmistungsgeräte.

Die Einstreumenge für den Liegebereich ist abhängig von der Strohbeschaffenheit und dem Gewicht der Mutterkühe. Nachdem gehäckseltes Material ein höheres Wasseraufnahmevermögen aufweist, liegt der Strohbedarf mit 1,5 bis 2,0 kg wesentlich niedriger als bei Langgut mit Einstreumengen von 3,0 bis 4,0 kg je Großvieh und Tag (SÖNTGERATH 1990).

Durch Kombination von Strohhäcksel und Strohmehl oder notfalls Sägespänen* kann der Einstreubedarf u. U. auf etwa 0,5 kg je GV und Tag ohne nachteilige Wirkung auf Stallklima und Tiergesundheit gesenkt werden.

Bei Inbetriebnahme des Stalles bzw. bei jedem neuen Durchgang im Anschluss an die Weideperiode sollte die Liegefläche kräftig angefeuchtet werden, damit das

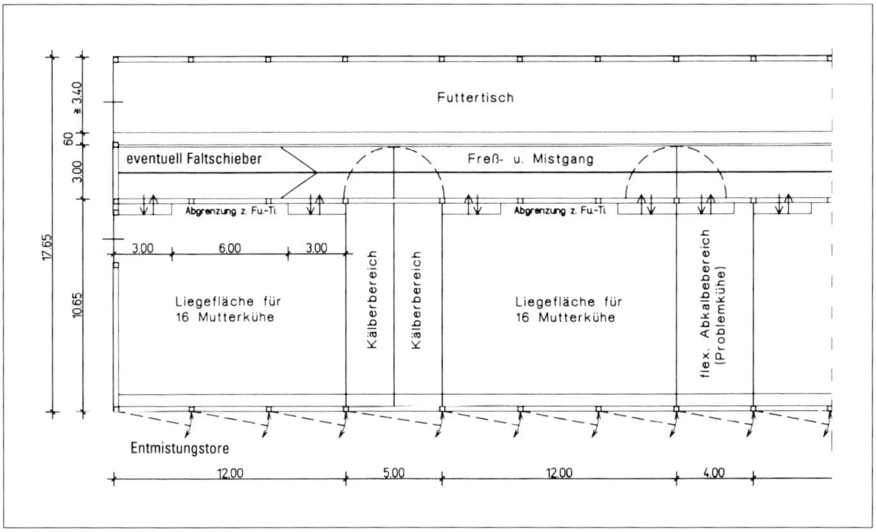

Tieflaufstall für 32 Mutterkühe.

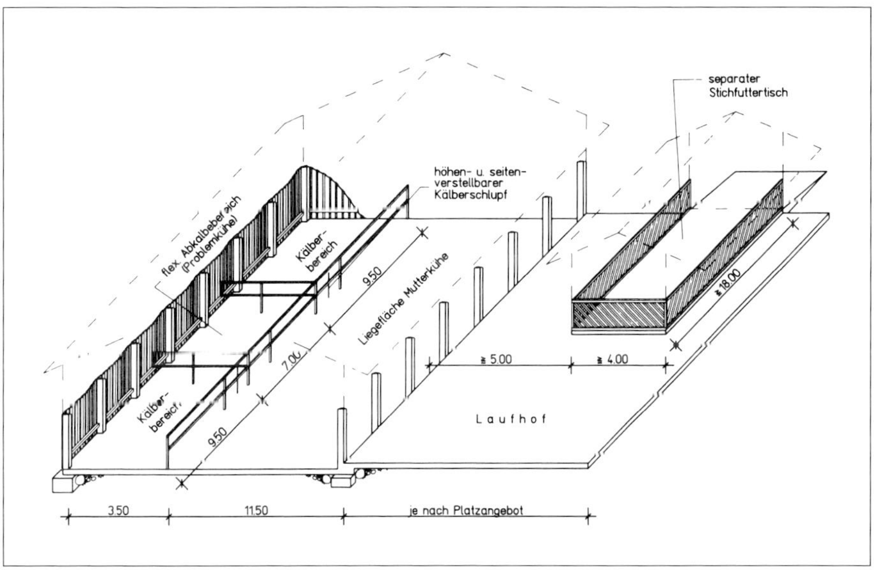

Tieflaufstall für 50 Mutterkühe. Liegehalle mit außenliegendem Futtertisch.

Abrutschen des Mistes von Anfang an richtig funktioniert.

Der ständige Mistfluss im Liegebereich durch den „Gletschereffekt" ist abhängig von Gefälle, Belegdichte und Bewegungsaktivität der Tiere.

Die Entmistung erfolgt entweder mobil mit dem Schlepper zwei- bis dreimal wöchentlich oder stationär mittels Flachschieber in entsprechend kürzeren Zeitabständen. Das Zurücksperren der Tiere während der Schlepperentmistung lässt sich auf einfache Weise mit einem gut sichtbaren Elektroband bewerkstelligen. Dies ist meist nur für kurze Zeit erforderlich; vielfach gewöhnen sich die Tiere rasch an diesen Vorgang und weichen vor dem Schlepper auf die Liegefläche aus.

Bezüglich der Bauausführung von Tretmistställen für Mutterkühe können folgende Richtwerte angegeben werden:

- Gefälle der Liegefläche: 6–10 %
- Tiefe der Liegefläche: 5,00–7,00 m

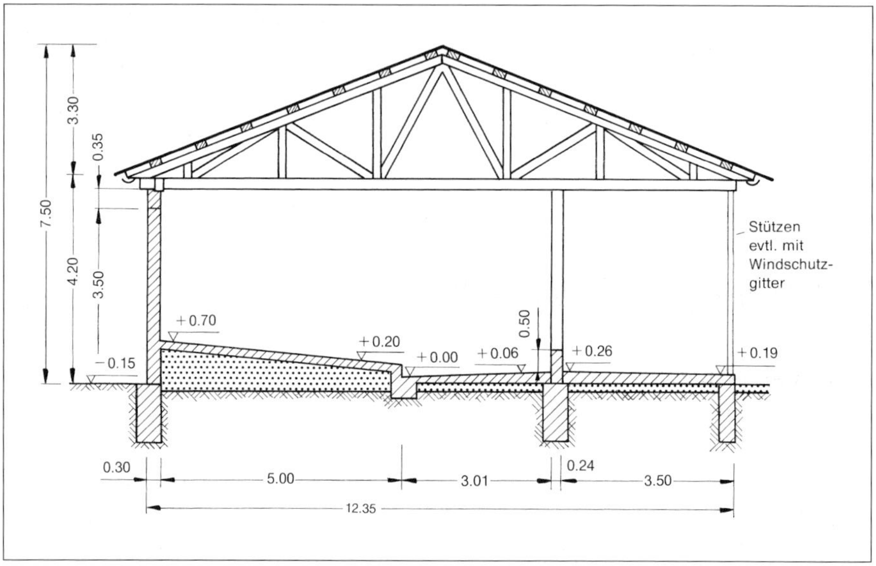

Offenfront-Tretmiststall für Mutterkühe (nach Zeeb 1983).

- Breite des Mistgangs: 2,60–3,00 m
- Höhe der Mistabrissstufe: 0,15–0,30 m
- Liegeflächenbedarf: 3,0–4,5 m^2
- Gesamtflächenbedarf: 6,0 m^2
- Strohbedarf je GV u. Tag: 1,5–5,0 kg

Im Bereich der Liegefläche mit einer Tiefe von meist 5 m ist bei leichteren und mittelschweren Fleischrinderrassen ein Gefälle von 10 % zweckmäßig. Bei Intensivmastrassen und geringerer Buchtentiefe dürften – bei möglichst glatter Betonschicht – 6 % Gefälle ausreichen, um einen kontinuierlichen Mistfluss zu gewährleisten, aber andererseits ein zu schnelles „Abrutschen" der Mistmatratze – und damit einen höheren Strohverbrauch – zu vermeiden.

Als **Faustregel** kann gelten: Je schwerer die Tiere und je dichter die Belegung, umso geringer darf das Gefälle sein!

Außenklimastall mit Liegeboxen und Flachschieberentmistung

Liegeboxenstall – den Erfordernissen der Mutterkuhhaltung angepasst

Wegen des geringen Strohbedarfs ist diese Stallform besonders in Grünlandbetrieben anzutreffen. Die Liegefläche wird dabei in Einzelbuchten unterteilt, deren Maße sich nach Größe und Gewicht der schwereren Mutterkühe in der Herde richten. Grundsätzlich ist für jede Mutterkuh ein Liegeplatz erforderlich.

Neben Liegeboxen mit weicher Liegemulde, einer Matratze aus Festmist und gelegentlich nachgestreutem Häckselstroh und evtl. Sägespänen, kommen auch Buchten mit Kotstufe, sog. Hochbuchten, die meist mit Gummimatten ausgelegt sind, in Betracht. Die Fressliegebox ist für Zwecke der Fleischrinderhaltung weniger

Tretmiststall für Mutterkühe.

geeignet als ein vom Fressplatz getrennter Liegebereich. Ansonsten finden sich die gleichen Bauformen wie beim Zweiraumlaufstall dargestellt.

Da Mutterkühe ihre Kälber u. a. im Laufgang säugen, sollte die Stalltiefe bei gegenüberliegender Anordnung vom Fress- und Liegebereich mindestens 6,00 m betragen.

Liegeboxen in Verbindung mit einem Spaltenboden erfordern einen hohen Investitionsaufwand und sind für Mutterkühe mit kleinen Kälbern nicht ideal (akzeptabler Spaltenabstand ca. 3,0 cm). Ein planbefestigter Lauf- und Fressbereich in Kombination mit Schlepper-, Flachschieber- oder Schrapperentmistung ist hier vorzuziehen.

In jedem Fall sollte vermieden werden, dass die Kühe im Liegeboxenlaufstall abkalben. Die Geburtshygiene ist hierbei denkbar ungünstig, die Kälber kommen schlecht auf die Beine und die Gefahr von Unterkühlung, verzögerter Biestmilchaufnahme sowie höheren Verlusten ist groß. Sofern kein eigener Abkalbestall zur Verfügung steht, sind Abkalbeboxen (1 Box auf ca. 10 Mutterkühe, Grundfläche ca. 3,0 × 3,0 m) einzurichten oder einfach ein Teil des Stalles abzuteilen und einzustreuen. Eventuell kann dieser Bereich nach Abschluss der Abkalbeperiode mit als Kälberschlupf verwendet werden. Wichtig sind Fluchtwege für Kälber, die sich in den Liegeboxen befinden. Sie müssen ausweichen können, wenn Kühe den Liegebereich aufsuchen. Daher ist der Kälberbereich nach Möglichkeit am Kopfende der Liegeboxen anzuordnen. Bei wandständi-

Tretmiststall für die Mutterkuhhaltung mit Kälberschlupf und Palisadenfressgitter (nach Zeeb). Futtertisch und Liegefläche liegen 20 cm höher als der Mistgang. Die Liegefläche wird eingestreut, durch Häckseln des Strohs wird der Einstreubedarf verringert. Entmistet wird mit dem Schlepper.

1 = Liegefläche
2 = Mistgang
3 = Futtertisch
4 = Kälberschlupf
5 = Einstreuluken

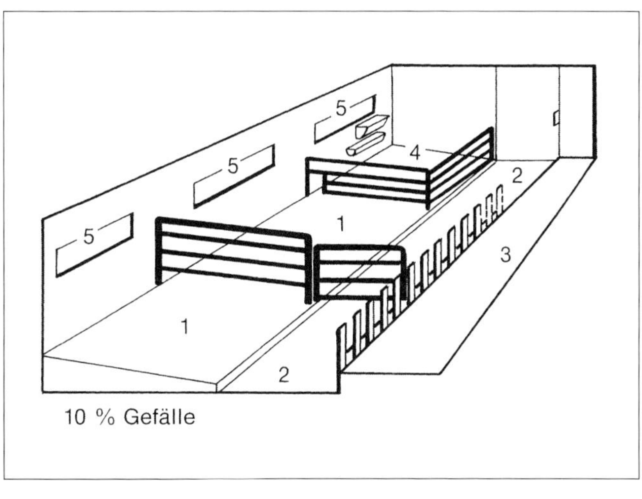

Weitgehend in Eigenleistung errichteter Boxenlaufstall

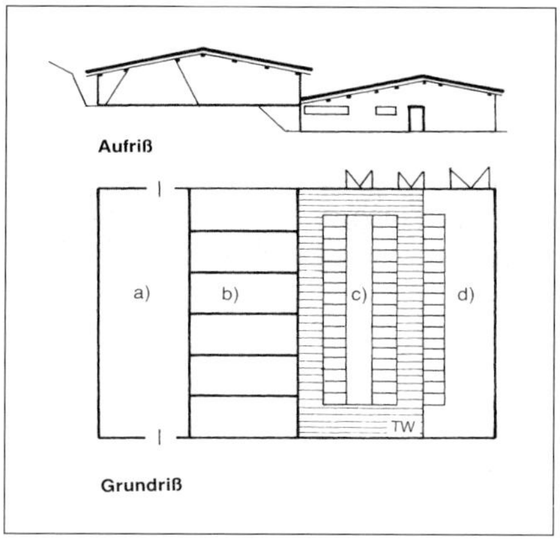

Beispiel eines Liegeboxenlaufstalls mit Spaltenboden und Selbstfütterung aus Flachsilobehältern (Hampel und Wintersperger 1987).
a = Maschinenhalle
b = Fahrsilo
c = Kälberbereich mit Einstreu
d = Bergeraum

gen Liegeboxen kann der sog. Kopfkasten als Fluchtweg für die Kälber dienen. Dieser Abstand zwischen Nackenriegel und Wand ist für das Schwungholen der Kühe beim Aufstehen erforderlich. Die angegebene Breite des Kopfkastens kann durchaus großzügiger dimensioniert sein. Nachteilig ist, dass dieser „Fluchtgang" gelegentlich von Hand gereinigt werden muss.

Liegen zwei Boxenreihen kopfseitig zueinander, empfiehlt es sich, einen etwa 2 m breiten Abstand einzuhalten. Dort lässt sich ein eingestreuter Kälberschlupf als Tieflaufstall einrichten, der zu gegebener Zeit mit dem Schlepper entmistet wird. In Verbindung mit einem gesonderten Abkalbebereich sowie Kälberschlupf, ausreichender Belüftung und einer günstigen Stalltemperatur zwischen ca. 5 °C und 20 °C ist der Liegeboxenstall auch für die Mutterkuhhaltung geeignet und stellt eine arbeitswirtschaftlich günstige Lösung dar. Bei teurer Entmistungs- und Klimatechnik verliert er jedoch im Vergleich zu anderen Stallsystemen rasch an Wettbewerbsfähigkeit. Der Strohbedarf für die beiden eingestreuten Bereiche ist mit 0,5 bis 1,0 kg Häckselgut je GV und Tag zu veranschlagen.

Vollspaltenboden – für Mutterkühe mit Kälbern bedingt geeignet

Nicht nur die vergleichsweise hohen Baukosten, sondern vor allem die Anforderungen der Tierschutz- und Nutztierhaltungsverordnung an die Haltung von Kälbern lassen diese Stallform problematisch erscheinen. Die Liegefläche für bis zu 6 Monate alte Jungtiere muss trocken, warm und weich beschaffen sein. Dem lässt sich z. B. durch einen eingestreuten Kälberbereich Rechnung tragen. Im übrigen Aufenthaltsbereich muss die Auflagefläche der Spalten isoliert sein. Die Spaltenweite darf höchstens 2,5 cm, bei ummantelten Balken maximal 3,0 cm betragen bei einer Auflagenbreite von mindestens 8,0 cm. Bei den o. a. Spaltenbreiten sind Verstopfungen durch Futterreste und Einstreu mitunter nicht zu vermeiden.

Anbindestall – eine Übergangslösung?

Die Haltung von Mutterkühen mit Kälbern bei Fuß in Anbindeställen mit Gitterrostaufstallung scheidet im Hinblick auf die o. a. Verordnung grundsätzlich aus.

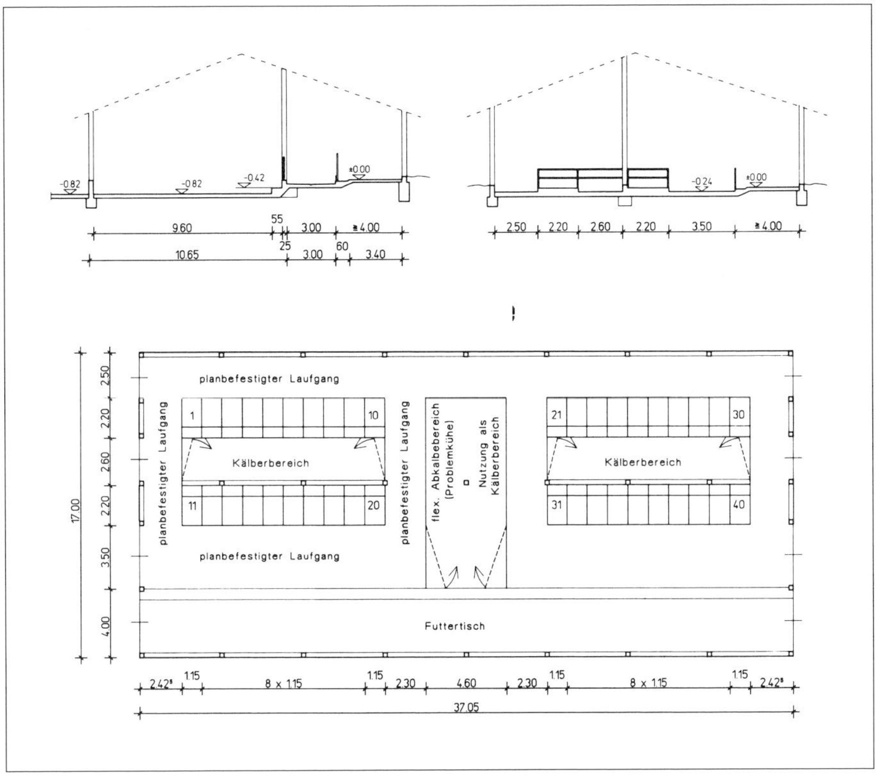

Liegeboxenlaufstall für 40 Mutterkühe (mobile Entmistung).

Liegeboxenlaufstall mit Hochbuchten und Flachschieberentmistung.

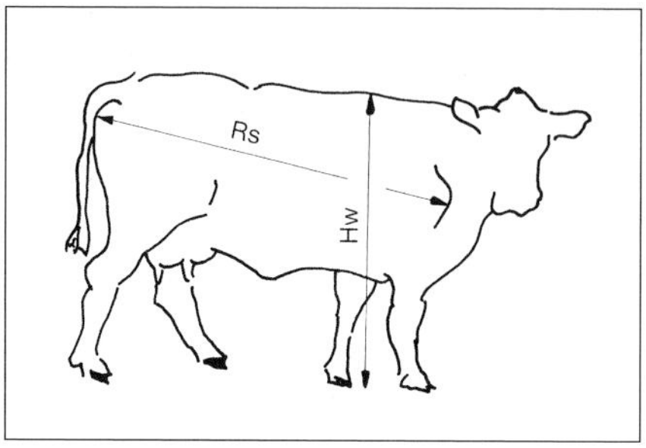

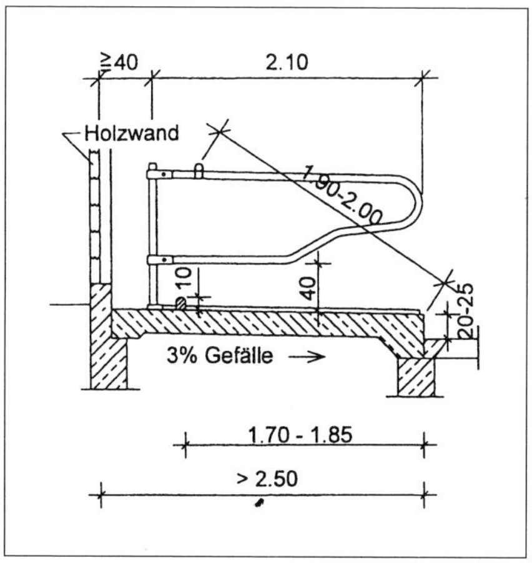

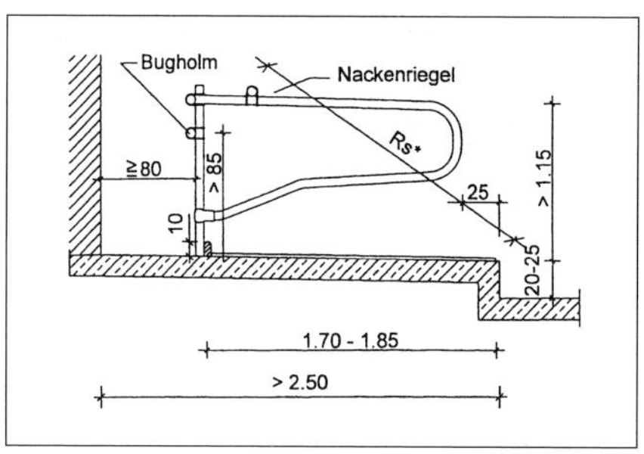

Detailmaße für die Liegeboxengestaltung werden rassen- und herdenspezifisch erfasst. Die Liegeboxenfläche ergibt sich aus der Liegelänge (L) zuzüglich Kopfkasten und der Liegebreite (B). Liegelänge und -breite werden aus der schrägen Rumpflänge (Rs) von der Bugsptize bis zum Sitzbeinhöcker und der Widerristhöhe (Hw) wie folgt ermittelt: L = 0,922 + Rs 20; B = 0,85 × Hw (Maße in cm). Da die Kühe in der Regel nicht die gleichen Liegebuchten benützen, sollten für die Berechnung der Boxenabmessungen die Mittelwerte der größeren tiere herangezogen werden. Beim Aufstehen führen Rinder einen Kopfschwung nach vorne aus, für den ausreichend Platz vorhanden sein muss. Dieser wird ab den beim Ruhen am Boden aufliegenden Karpalgelenken gerechnet (nach Süss et al. 1983).

Die Nutzung eines Anbindestalles als Übergangslösung kommt am ehesten beim System der Frühsommerkalbung in Betracht, nachdem während der Wintermonate nur tragende Tiere aufzustallen sind.

Die behelfsmäßige Unterbringung von Kühen mit Kälbern bei Fuß im Anbindestall mit Festmistbereitung funktioniert unter folgenden Voraussetzungen zufriedenstellend:

- ❍ Ein bestimmter Teil der Kuhstandplätze wird stillgelegt. In diesem Stallbereich wird ein eingestreuter Kälbergarten mit Schlupfeinrichtung geschaffen, damit die Kälber jederzeit zum Saugen zu ihren Müttern gelangen können.
- ❍ Durch ein Fang- oder Vorratsfressgitter lässt sich weitgehend vermeiden, dass die Kälber auf den Futtertisch gelangen können und diesen Bereich verschmutzen.
- ❍ Nach Möglichkeit sind Abkalbeboxen zu schaffen, wo Kuh und Kalb etwa eine Woche verbleiben können (Anzahl der Boxen: ca. $\frac{1}{10}$ der Kuhzahl).
- ❍ Der Deckbulle sollte in einer geräumigen eingestreuten Box gehalten werden. Ein planbefestigter Fressplatz dient der Erhaltung der Klauengesundheit. Der Sichtkontakt zur Herde sollte uneingeschränkt gegeben sein.

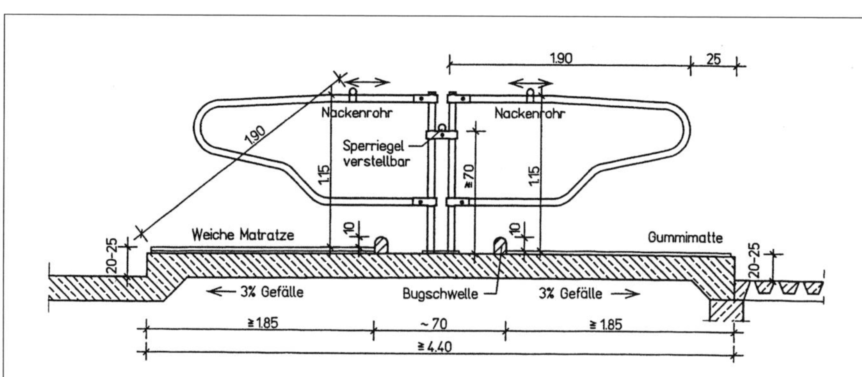

Liegeboxen für Mutterkühe.

Zweckmäßige Stalleinrichtungen sparen Arbeitszeit

Im Hinblick auf eine rationelle Fütterung sollte der Futtertisch befahrbar sein. Bei täglich zweimaliger Futtervorlage ist für jede Kuh je Rasse ein Fressplatz mit einer Breite von 70 cm bei enthornten bzw. hornlosen und von 80 cm bei behornten Tieren erforderlich.

Stehen nicht genügend Fressplätze zur Verfügung, kommt es zu Rangkämpfen und zum Verdrängen schwächerer Tiere. Davon betroffen sind in erster Linie tragende Kalbinnen und Jungkühe, die ohnehin schwieriger auszufüttern sind. Nur bei ständigem Futterangebot, z. B. bei Vorratsfütterung oder Selbstfütterung aus dem Fahrsilo, ist mit einer im Vergleich zur Herdengröße geringeren Zahl von Fressplätzen auszukommen.

Zur Fressplatzabgrenzung eignen sich verschiedene in der Rinderhaltung verwendete Formen des Fressgitters (s. Skizzen Seite 74). Entscheidend ist, dass ein Durchschlüpfen der Kälber auf den Futtertisch und eine daraus resultierende Futterverschmutzung, z. B. mithilfe einer Hartholzbohle verhindert wird.

Gleichzeitig sollte ein Verdrängen von Nachbartieren sowie eine stärkere Futterverschwendung vermieden werden. Vor allem muss die Konstruktion des Fressgitters den Kälbern ermöglichen, zwischen den Kühen zu fressen. Neben einfachen Palisaden- und Parallelogrammfressgittern haben sich sog. Selbstfangfressgitter (s. Abb. Seite 75) bewährt. Letztere sind in der Anschaffung teurer, bieten aber für die Zwecke der Mutterkuhhaltung entscheidende Vorteile. Behandlungen, Blutentnahme, in bestimmten Zeitabständen erforderliche Untersuchungen, Anbinden, Selektieren usw. lassen sich dadurch wesentlich einfacher und gefahrloser bewerkstelligen. Vor allem können auch rangniedrigere Tiere in Ruhe fressen. Zudem sind regelmäßig oder auch nur gelegentlich fixierte Tiere umgänglicher und ruhiger, wenn o. a. Maßnahmen durchgeführt werden müssen.

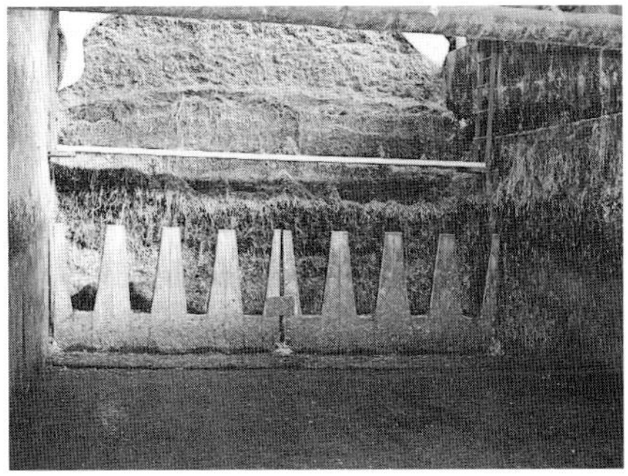

Selbstfütterung am Flachsilo. Das zweigeteilte Palisadenfressgitter ist auf Kufen verschiebbar. Das Futter – unten Gras, oben Silomais – wird mit dem Silospaten senkrecht abgestochen und dadurch gemischt.

Zu den zweckmäßigen Stalleinrichtungen gehören ferner Vorratsraufen für Rauhfutter oder spezielle Fressgitter für Rundballen (s. Seite 125). Im Kalberbereich ist eine zusätzliche Heuraufe sowie ein Trog zur Vorlage von Kälberaufzuchtfutter notwendig. Ein heizbares Tränkebecken mit frostsicher verlegter Zuleitung bzw. eine spezielle frostgeschützte Tränke* gehört zur Standardeinrichtung.

* z. B. Thermo Quell: isolierter Behälter mit aufschwimmender Kugel als Abschluss. Durch Niederdrücken der Kugel wird der Zugang zum Tränkewasser frei. Voraussetzung ist das Vorhandensein einer Druckwasserleitung.

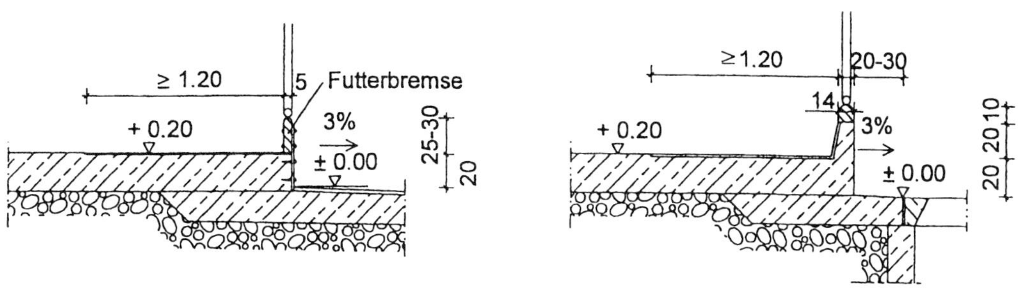

Futterbarren für Kühe und Jungrinder.

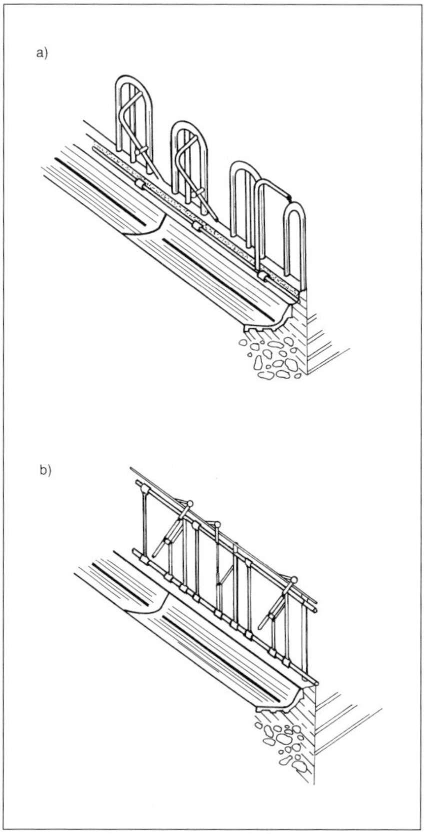

Fangfressgitter.
a = Palisadengitter
b = V-förmiges Gitter mit verstellbarer Spaltweite

Raufe für Raufutterrundballen.

Ganzjährige Freilandhaltung – ohne Schutzeinrichtungen?

Bei den Robustrinderrassen würde ein Einstand im Wald, eine Heuraufe unter einer Wetterfichte sowie ein nahe gelegener Bachlauf in der Regel ausreichen, um Mutterkühe auch während der Wintermonate unter freiem Himmel zu halten. In diesem Fall müssten die Abkalbungen ähnlich wie beim Wildrind schwerpunktmäßig in den Frühjahrs- und Sommermonaten erfolgen. Probleme bei einer derartigen Winterweide sind weniger vom Wohlbefinden der Tiere als vielmehr von Seiten engagierter Tierschützer und evtl. von der Forstverwaltung her (Verbissschäden) zu erwarten.

Werden jedoch Kälber während der Wintermonate geboren, muss ein zugfreier, trockener, eingestreuter Unterstand zur Verfügung stehen. Um das Winterfutter vor Nässe und letztlich vor dem Verderb zu schützen, sollte auch für die Muttertiere eine überdachte Futterstelle geschaffen werden. Wünschenswert ist ferner – auch im Winter – fließendes Wasser. Die unten dargestellte frostgeschützte Rindertränke ist hierfür bestens geeignet.

Für die ganzjährige Freilandhaltung gibt es frostsichere Weidetränken, die ohne Stromanschluss und Druckwasserleitung auskommen. Mit einer Gasheizung ausgerüstet, ist diese Tränke bis −30 °C, ohne Zusatzheizung bis −5 °C frostsicher. Benötigt wird ein Weidebrunnen oder ein Teich.

In einer Reihe von Ländern ist selbst unter ungünstigen Klimabedingungen eine ganzjährige Freilandhaltung von Fleischrindern stark verbreitet. Bei Beachtung bestimmter Voraussetzungen lässt sich diese Haltungsform tiergerecht und wirtschaftlich erfolgreich gestalten. Das belegen eine Reihe von Beispielen in den neuen Bundesländern. In Mecklenburg-Vorpommern und Brandenburg mit einer verhältnismäßig hohen Mutterkuhdichte hat die Freilandhaltung inzwischen einen Anteil von ca. 40 % erreicht. Aber auch in

Fressgitter für Laufställe.

1.2 Technische Details

1.2.1 V-förmiges Selbstfangfreßgitter (Halsweite verstellbar)

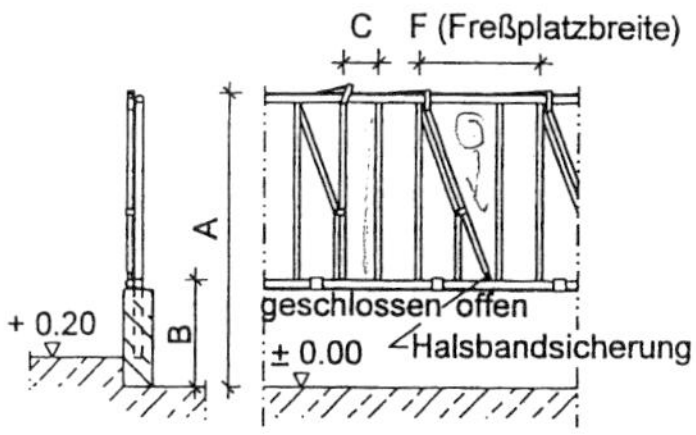

1.2.3 Palisaden-Selbstfangfreßgitter

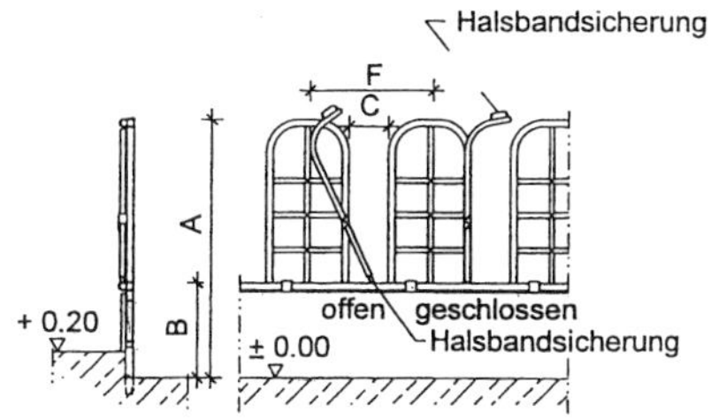

1.2.2 Sicherheits-Selbstfangfreßgitter

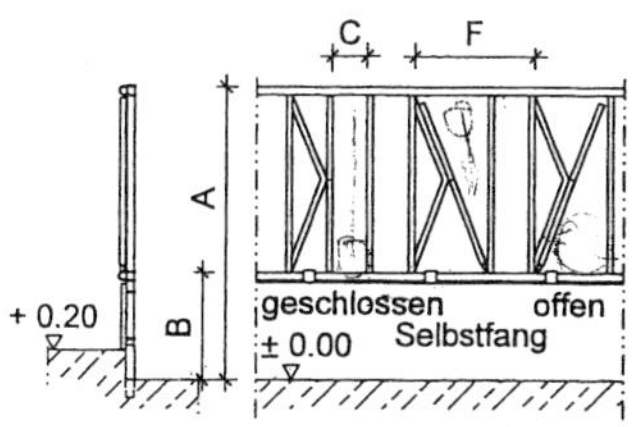

1.2.4 Palisaden-Freßgitter (Ausführung in Hartholz)

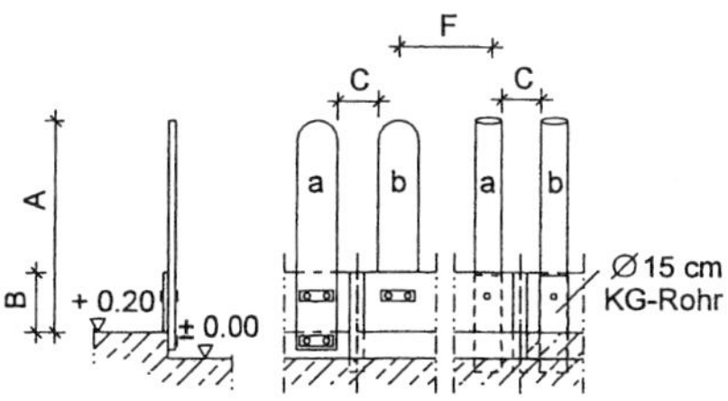

a: Ansicht vom Freßplatz
b: Anschicht vom Futtertisch

Alter (Monate)	F (in cm)	A (in cm)	B (in cm)	C (in cm)
2 - 4	35 - 55	115	40	12
3 - 12	40 - 55	130	45	14
6 - 16	50 - 55	130	50	15
12 - 22	55 - 65	150	50	18
über 18	70 - 80[1)]	155	50	23

[1)] bei behornten Tieren

Alter (Monate)	F (in cm)	A (in cm)		B (in cm)	C (in cm)
		mit Fangbügel	ohne Fangbügel		
3 - 8	40 - 50	100 -105	90	40	14
6 - 18	50 - 55	115	105	45	16
16 - 24	55 - 65	120-125	105	50	19
über 24	65 - 80[1)]	130-135	110	50	23

[1)] bei behornten Tieren

1.2.5 Diagonal-Freßgitter

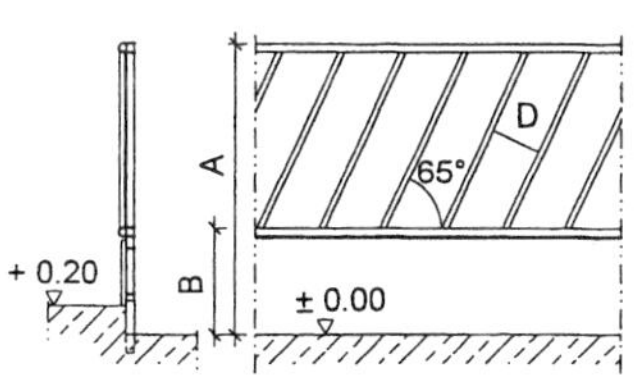

Alter (Monate)	A (in cm)	B (in cm)	D (in cm)
bis 6	105	40	20
6 - 18	125	50	26
über 18	140	50	30

den Mittelgebirgslagen Thüringens wird zunehmend auf Winterställe verzichtet; hier macht die Freilandhaltung bereits ca. 15 % aus. Eine naturnahe Haltung im Freien fördert die Tiergesundheit. Rinder vertragen Kälte und kühle Witterung wesentlich besser als hohe Umgebungstemperaturen.

Folgende Punkte müssen jedoch bei einer ganzjährigen Freilandhaltung beachtet werden:

- Eine tiergerechte Haltung setzt eine Verlegung der Abkalbeperiode in die Frühjahrs- bzw. Frühsommermonate voraus (vgl. Wildrinder).
- Des Weiteren ist eine genügend lange

Frostgeschützte Rindertränke ohne Strombedarf. Eine starke Isolation verhindert das Einfrieren im Winter und sorgt im Sommer für kühles Tränkwasser. Durch Niederdrücken der Kugel ist der Zugang zum Wasser frei. Durch den Sockel ist die Verschmutzungsgefahr verringert.

Frostsichere Tränke ohne Stromanschluss und Druckwasserleitung für die Weide und ganzjährige Freilandhaltung. Mit einer Gasheizung ausgerüstet ist diese Tränke frostsicher bis −30 °C, ohne Heizung bis −5 °C. Benötigt wird ein Weidebrunnen oder Teich.

Anpassungsphase an die Haltungsbedingungen erforderlich.

❍ Die Tiere brauchen ständig freien Zugang zu Futter und Wasser.

In Kälteperioden ist die Futteraufnahme erhöht. Im Hinblick auf die erforderliche Nährstoffkonzentration ist die körperliche Verfassung, die Kondition der Tiere zu beachten. Auch bei Frost muss die Tränkwasserversorgung unbedingt sichergestellt sein.

Der Herde muss eine trockene windgeschützte Liegefläche angeboten werden. Nachdem die Kühe im Winter den direkten Kontakt zum kalten Boden meiden, muss eine isolierende Liegefläche fester Bestandteil der Freilandhaltung sein, auf der alle Tiere Platz finden. Auf blankem Boden sind im Winter die Körperwärmeverluste ansonsten zu hoch. Diese Liegefläche ist mit einem Windschutz zu versehen, denn bereits geringe Windgeschwindigkeiten führen zu einem starken Wärmeentzug. Windschutzeinrichtungen verbessern die Tiergerechtigkeit und letztlich die Wirtschaftlichkeit der Freilandhaltung. Ein Schutzdach gegen den Regen ist nur in Regionen mit extrem hohen und lang anhaltenden Niederschlägen erforderlich.

Ein regelmäßiger Kontakt zwischen Mensch und Tier ist notwendig. Erfolgen diese Kontakte zu selten, wird die Fluchtdistanz der Tiere gesteigert und deren Abwehrreaktionen verstärkt. Ein zu seltener Kontakt führt zu Problemen bei Behandlungsmaßnahmen, bei der Kalbebetreuung und gegebenenfalls bei der Trächtigkeitsuntersuchung.

Als Winterstandorte für den Betreuungsbereich kommen

❍ Hofflächen,

❍ Ackerland und
❍ Grünland
in Betracht.

Große Hofflächen, möglichst in der Nähe von Stallungen, gelten als optimale Standorte. Mit wenig Aufwand lässt sich hier ein hoher Tierkomfort schaffen. Als ideal gelten betonierte Flächen, die eine umweltfreundliche Entsorgung von Jauche und Niederschlagswasser in Auffangbecken ermöglichen. Die Einrichtung eines Fressgitters mit Futtertisch verringert die Futterverluste ganz erheblich.

Auch Ackerflächen und Grünland können als Winterstandorte für den Fütterungs- und Betreuungsbereich herangezogen werden. Ackerflächen, insbesondere trockene, leicht erhöht liegende Standorte sind Grünlandflächen vorzuziehen. Futterreste und Stroheinstreu müssen im Frühjahr nur verteilt und untergepflügt werden. Ein systematischer Wechsel des Futterplatzes während der Wintermonate minimiert hier lokale Nährstoffeinträge. Grünland sollte nur in Ausnahmefällen als Winterstandort genutzt werden. Auf den stark frequentierten Flächen des Betreuungsbereiches sind entsprechende Narbenschäden mit anschließender Entartung der Pflanzenbestände unvermeidbar. In diesem Fall sollten die Futterplätze nur in Ausnahmefällen versetzt werden, um den Umfang der Narbenschäden möglichst gering zu halten. Im Frühjahr müssen dann Futter- und Einstreureste beseitigt und die geschädigten Flächen nachgesät werden.

Zweckmäßig ist ein Schutz der Winterstandorte vor Witterungsunbilden. Dies

Elektrisch beheizbare Selbsttränke für Außenlaufställe.

Unterstand für Robustrinder. Er spendet Schatten und schützt vor Nässe und Wind.

Nicht nur Robustrinder können ganzjährig im Freien gehalten werden.

wird erreicht durch Wahl windgeschützter Lagen mit natürlichem Baumbestand, Waldränder oder mehrreihig angepflanzte Nadelhölzer. Konventionelle Hecken sind wegen des Laubfalls im Herbst weniger geeignet. Andernfalls lassen sich Windschutzwände aus Holzbrettern oder – kostengünstiger – aus Strohballen errichten. Bei entsprechender Ausstattung und Herdengröße wurde als kostengünstige Überwinterungsform für Mutterkühe die Winterhaltung in Durchfahrsilos erfolgreich

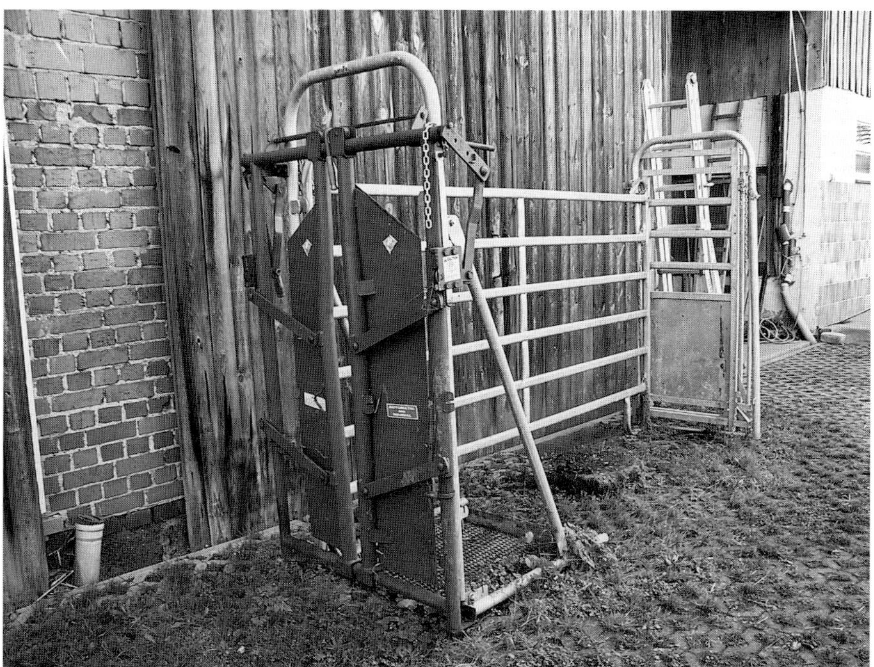

Mobiler Fang- und Behandlungsstand, der wandständig aufgebaut wird.

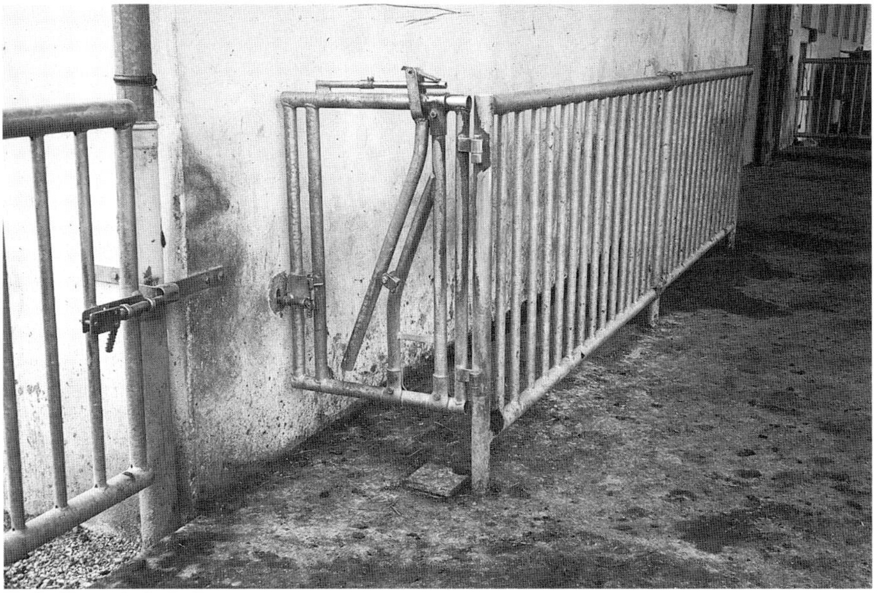

Einfacher stabiler Fangstand entlang einer Stallaußenwand.

erprobt. Dabei erwies sich die Haltung auf Tiefstreu mit getrenntem Fress-Liege-Bereich sowohl vom Arbeitsaufwand als auch vom Strohbedarf her als günstigste Variante.

Wichtige Einrichtungen sind ferner:

- eine hütesichere Einzäunung,
- sichere Fang- und Behandlungseinrichtungen mit Kral und Treibgang,
- nach Möglichkeit befestigte Zufahrtswege.

Bezüglich des Platzbedarfs gelten in der Regel 100 m² Lauffläche pro Kuh in den meisten Fällen als ausreichend. Für die Liegeplätze sind 3–5 m² pro Mutterkuh und etwa 1 m² pro Kalb vorzusehen.

Gezieltes Einstreuen mit Stroh auf trockenem Untergrund und in windge-

Eigenkonstruktion eines Fangtrichters mit Treibgang zur Waage.

Sortiereinrichtung mit Waage und Behandlungsstand (nach Hammer 1986).
1 = Sammelraum (ca. 2m²/Kuh + Kalb)
2 = Waage
3 = Behandlungsstand (l = 2,2 - 2,50 m, b = 0,80 – 0,90 m)
4 = Sammelbucht
5 = Verladerampe
6 = Schwenktüren

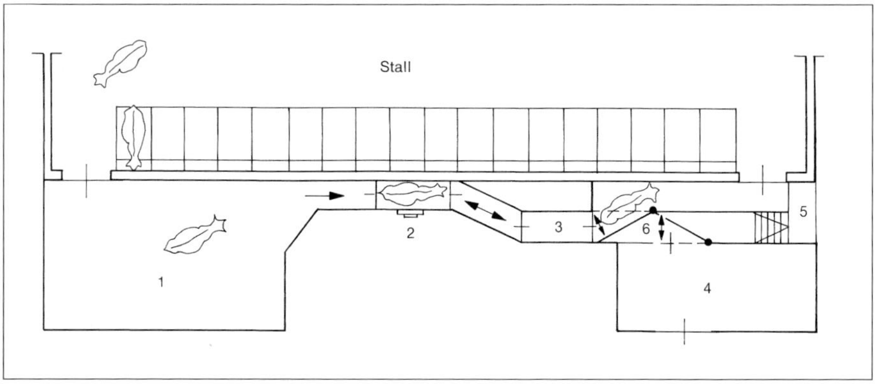

Fang- und Behandlungsstand in Kombination mit Sammelraum, Trichter und Fanggang (nach Marèchalle-Pesage-France 1992).

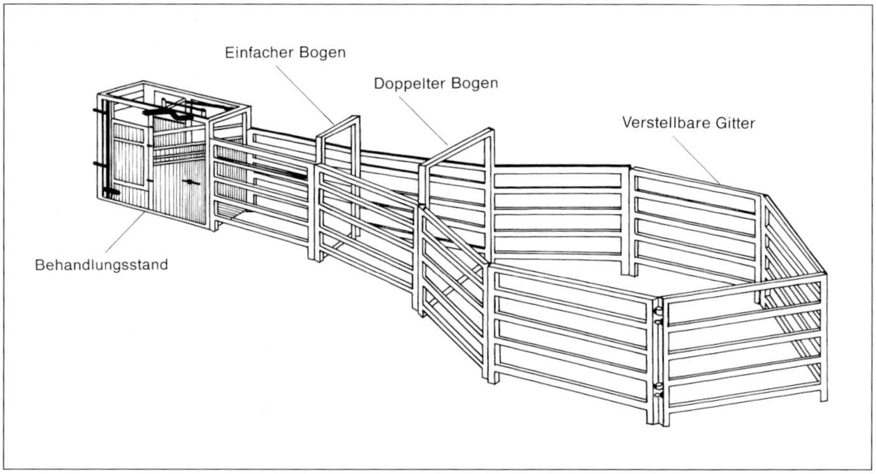

schützter Lage schafft im Lauf der Zeit eine gegen Bodenkälte isolierende Strohmatratze, die die Nährstoffe von Kot und Harn bindet. Der Strohbedarf ist mit ca. 3 kg je Tier und Tag zu kalkulieren.

Die Fütterung erfolgt überwiegend mit Heu- und Silageballen, mit einem Vorrat für 2–3 Tage in speziellen Raufen oder Futteranhängern. Ein Tier-Fressplatz-Verhältnis von 5:1 gilt als ausreichend.

Verschiedene Untersuchungsergebnisse lassen den Schluss zu, dass ganzjährig im Freiland gehaltene Mutterkühe gesünder sind als Tiere, die den Winter im Stall verbringen. Im Gegensatz zu den aufgestallten Tieren traten keine Atemwegserkrankungen auf. Die Haltung an der „frischen Luft" förderte dagegen die Gesundheit in vielfältiger Weise, da u. a. der Befall mit Ektoparasiten wesentlich geringer war als bei den aufgestallten Kühen.

Wirtschaftlichkeit:

Der Verzicht auf ein Stallgebäude senkt ganz entscheidend die Fixkosten der Mutterkuhhaltung. Ferner ergeben sich günstigere Grundfutterkosten als bei Winterstallhaltung, da der Nährstoff- und Energiebedarf der Tiere in optimaler Weise an den natürlichen Aufwuchs angepasst ist. Die geringeren Absetzgewichte und die damit verbundenen niedrigeren Verkaufserlöse werden durch die o. g. Kosteneinsparungen mehr als kompensiert.

Fazit: Die ganzjährige Freilandhaltung eignet sich auch für fleischbetonte Rassen. Bei Einhaltung der sog. „guten fachlichen

Praxis“ werden Tierleistung und Tiergesundheit keineswegs negativ beeinflusst. Auch lassen sich bei diesem Verfahren Umweltbelastungen weitgehend vermeiden.

Wenn die Grasnarbe nicht leiden und der Parasiten- und Krankheitsdruck nicht zu groß werden soll, muss den Tieren genügend Fläche zur Verfügung stehen. Zur Vermeidung von Morastbildung und um den Forderungen des Tierschutzes Rechnung zu tragen, sollte der Futterplatz befestigt sein oder sich zumindest an einem höher gelegenen, relativ trockenen Platz befinden. Auf nassen Standorten und bei häufig feuchtkalter Witterung mit Wechselfrösten stellt ein Offenstall mit befestigtem Auslauf wohl die günstigste Lösung dar.

Sofern die Bodenbeschaffenheit auf der Winterweide und vor allem im Bereich des Fressplatzes keinen ausreichenden natürlichen Abrieb ermöglichen, muss auf eine entsprechende Klauenpflege geachtet werden.

Waage.

Fangen, Behandeln und Trennen von Tieren

Ein Fang- und Behandlungsstand ist für bestimmte Arbeiten, wie das Trennen der Herde, das Absetzen, sowie für tierärztliche Maßnahmen erforderlich. In kleinen Beständen ist meist ein Selbstfangfressgit-

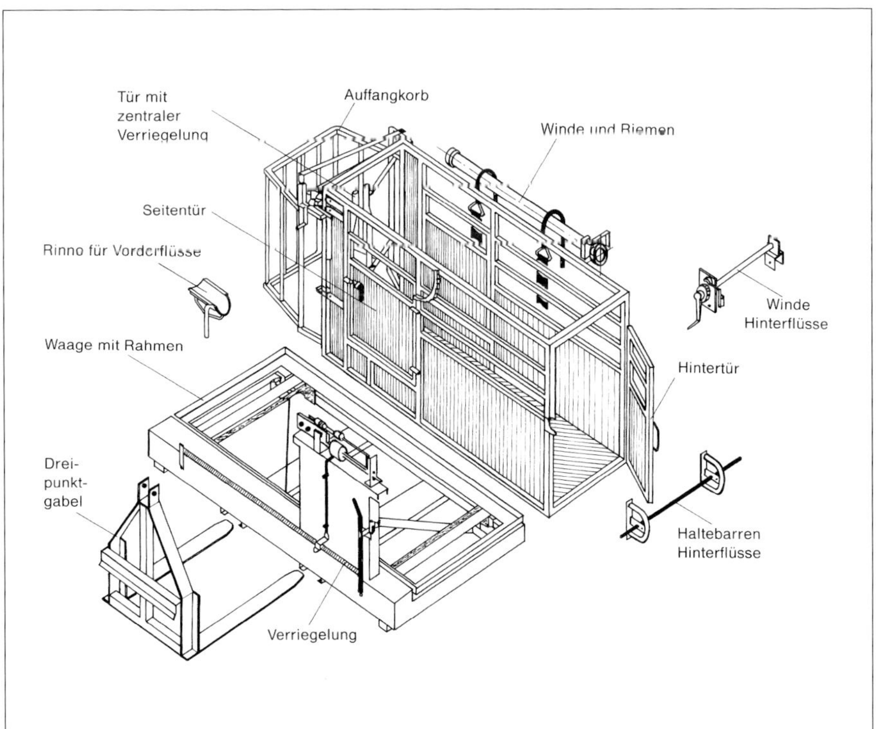

Detail Sortiereinrichtung. Kombination von Waagenunterbau mit Fang- und Behandlungsstand (nach Marèchalle-Pesage-France 1992).

Massiver handelsüblicher Fang- und Behandlungsstand mit Treibgang.

ter ausreichend. Für größere Herden ist der Bau eines Treibgangs mit Sortiereinrichtung und Behandlungsstand mit 2,20–2,50 m Länge und ca. 0,90 m Breite nach Möglichkeit in Verbindung mit einer Großviehwaage unumgänglich. Im einfachsten Fall lässt sich ein Treibgang entlang der Außenmauer eines Gebäudes mit einbetonierten Hülsen zum Einstecken aneinander gereihter Gatter in Eigenkonstruktion herstellen.

Der Behandlungsstand muss genügend stabil und leicht von hinten und von der Seite zugänglich sein. Eine Fangvorrichtung, mit der der Kopf weitgehend fixiert werden kann, erleichtert das Ablesen der Ohrmarken, das Markieren und Behandeln der Tiere.

Eine Großviehwaage ist ein wichtiges Hilfsmittel zur Feststellung der Gewichtsentwicklung der Absetzer und letztlich zur Selektion des Kuhbestandes und zur Auslese der für die Nachzucht benötigten weiblichen Tiere. Auch bei der Vermarktung von Schlachttieren ist die Feststellung des Ab-Hof-Gewichts sehr nützlich.

Fütterung – bedarfsgerecht und kostengünstig

Grundsätzliches

Um Mutterkühe gesund, fruchtbar und leistungsfähig zu erhalten, sollten sie wie folgt gefüttert werden:

Satt. Maßstab für den Futterverzehr ist die Trockensubstanz. Faustzahl: 2 kg Trockensubstanz aus dem Grundfutter je 100 kg Lebendgewicht bei ausgewachsenen Kühen. Färsen nehmen ca. 15 %, hochtragende Kühe ca. 25 % weniger Trockenmasse auf.

Wiederkäuergerecht. Hierbei geht es um den Rohfaseranteil in der Ration und die Struktur des Futters. Sie ist notwendig für ausreichende Futteraufnahme, günstige Pansenfunktion, Gesundheit und Fruchtbarkeit. Faustzahl für optimalen Rohfasergehalt: 20 % der Trockensubstanzaufnahme, davon ⅔ als strukturiertes Halmfutter.

Leistungsbezogen. Nur eine ausreichende und ausgewogene Versorgung mit Rohprotein und Energie ermöglicht eine hohe Säugeleistung und entsprechende Absetzgewichte der Kälber. Der Energiebedarf für Mutterkühe wird in **M**ega**j**oule **N**etto**e**nergie **L**aktation, abgekürzt als **MJ NEL**, angegeben. Für Aufzucht- und Mastrinder ist diesbezüglich der Bedarf an umsetzbarer Energie mit der Maßeinheit MJ ME (Engl. **M**etabolisable **E**nergy) maßgebend.

Vollwertig. Dies bedeutet die notwendige Ergänzung des Grundfutters mit Mineralstoffen, Spurenelementen und Vitaminen. Die Gehalte im Grundfutter und damit die Versorgungslage der Tiere unterliegen starken Schwankungen. Die Mineral- und Wirkstoffe erfüllen lebenswichtige Aufgaben im Körper. Durch Trächtigkeit und einsetzende Laktation sind die Reserven der Muttertiere weitgehend mobilisiert. An einer regelmäßigen Verabreichung von vitaminisiertem Mineralfutter zu sparen, kann u. a. im Hinblick auf die Fruchtbarkeit fatale Folgen haben.

Kostengünstig. Die Höhe der Futterkosten hat entscheidenden Einfluss auf die Wirtschaftlichkeit der Mutterkuhhaltung. Die geringsten Kosten fallen während der Weideperiode an. Preiswerte Futtermittel in den Wintermonaten sind Getreide- und

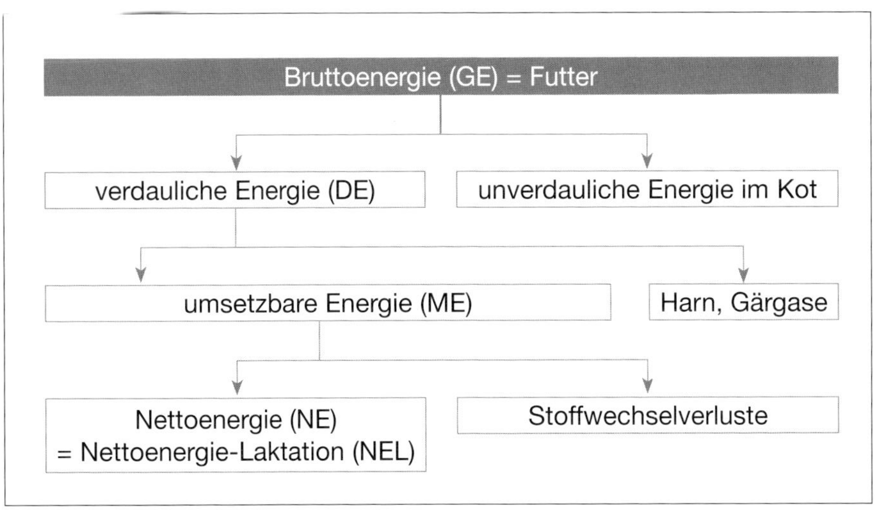

Grassamenstroh, Rübenblatt und Schlempe. Dann folgen nährstoffreiche Gras- und Maissilagen. Heu stellt dagegen ein relativ teures Winterfutter dar. Wesentliche Bedeutung kommt dabei neben dem Schnittzeitpunkt sowie Nährstoffverlusten bei Werbung und Konservierung den Festkosten für die entsprechenden Maschinen zu.

Nährstoffbedarf – abhängig von Gewicht und Säugeleistung

Der Nährstoffbedarf der Mutterkühe setzt sich zusammen aus dem Erhaltungsbedarf, der in erster Linie vom Körpergewicht abhängig ist, sowie dem Bedarf für Säugeleistung und erneute Trächtigkeit. Zuverlässige Richtwerte liegen hierzulande nur für die mittelschweren Zweinutzungsrassen vor. Für die übrigen Fleischrinderrassen lässt sich der Nährstoffbedarf unter Berücksichtigung im Ausland gebräuchlicher Normwerte davon ableiten. Die Milchleistung der Mutterkühe zu Beginn der Laktation dürfte bei den meisten Rassen zwischen 8 und 10 kg liegen. Für die gesamte Säugeperiode wurde eine Leistung von 1800 bis 2500 kg Milch zugrunde gelegt. Während der Zeit der Hochträchtigkeit benötigen Kühe der schweren und mittelschweren Rassen ungefähr die gleiche Menge an Rohprotein und Nettoenergie wie für eine Säugeleistung von 6 bis 8 kg Milch. Bei den Robustrinderrassen dürfte der Bedarf für das heranwachsende Kalb ungefähr dem von 4 bis 6 kg Milch entsprechen. Anhaltswerte für den Nährstoffbedarf von Mutterkühen der Fleischrinderrassen vermittelt Tab. 35.

Die Problematik dieser Nährstoffangaben liegt darin, dass sich der Erhaltungsbedarf je 100 kg Gewichtsdifferenz um etwa 50 g Rohprotein und 4,4 MJ NEL, in der Säugezeit der Bedarf je 1 kg Milchleistungsunterschied, aber um etwa 85 g Rohprotein und 3,2 MJ NEL verändert.

Die Grundfutteraufnahme ist von einer Reihe von Faktoren abhängig (s. Seite 87 f.).

Rassespezifische Unterschiede beruhen in erster Linie darauf, dass bei leichten, kleinrahmigen Kühen das Fassungsvermögen des Pansens und damit der Futterverzehr in einem günstigeren Verhältnis zum Körpergewicht steht als bei großrahmigen, schweren Tieren.

Tab. 36. Futteraufnahme und Nährstoffbedarf von Mutterkühen

Leistungsabschnitt	Abkalbung bis Ende der Deckperiode, Säugeleistung ca. 8–10 kg Milch	Mitte bis Ende der Säugezeit	trockenstehend	Nährstoff bedarf pro Jahr MJ NEL
Gewicht der Mutterkühe 500 kg				
kg TS-Aufnahme	9–10	10–11	8–9	bei 1800 kg
g Rohprotein	1300	1100–800	900	Säugeleistung
MJ NEL	61	56–44	47	25.000
Gewicht der Mutterkühe 650 kg				
kg TS-Aufnahme	10–12	12–14	10–11	bei 2500 kg
g Rohprotein	1350	1200–850	1100	Säugeleistung
MJ NEL	65	60–50	54	25.000
Gewicht der Mutterkühe 800 kg				bei 2000 kg
kg TS-Aufnahme	13–15	14–16	12–13	bis 2500 kg
g Rohprotein	1400	1250–900	1200	Säugeleistung
MJ NEL	70	65–57	60	28.000

Tab. 37. Schnittzeiteinfluss auf den Nettoenergiegehalt bei Halmfutter (nach DLG) Werte für Weide-, Wiesengras, Welsches Weidelgras, Kleegras

	Schnittzeitstufe	Rohfaser i. % TS	Verdaulichkeit i. % der org. Masse	Nettoenergie/kg TS NEL (MJ)	ME (MF)
I	vor Ähren-/Rispenschieben	20	80	6,8	10,9
II	Beginn des Ähren-/ Rispenschiebens	24	75	6,3	10,3
III	Beginn bis Mitte Blüte	27	68	5,6	9,6
IV	Mitte bis Ende Blüte	31	62	5,0	8,7

Der zweite und folgende Aufwüchse entsprechen bei vier bis sechs Wochen Nachwuchszeit etwa der Schnittzeit III.

Für den **Nährstoffbedarf der Kälber** aus dem Grundfutter sind bis zum Absetzen im Alter von neun bis zehn Monaten etwa 3000 bis 4000 MJ NEL (etwa 15% aus den jeweiligen Richtwerten für die Muttertiere) zu veranschlagen.

Die Nährstoffgehalte der am häufigsten in der Mutterkuhhaltung verwendeten Futtermittel finden sich im Anhang auf den Seiten 225 f.

Die **Nährstoffkosten** beim Grundfutter sin dauf Seite 207 f. dargestellt.

Früher Schnitt liefert nährstoffreiches, kostengünstiges Grundfutter

Aus Tabelle 36 wird deutlich, dass der Schnitt- bzw. Nutzungszeitpunkt einen erheblichen Einfluss auf den Nährstoffgehalt des **Halmfutters** und damit auf die Versorgung der Mutterkühe ausübt. Die optimale Weide- und Siloreife ist im Stadium des Ähren- und Rispenschiebens bzw. bei einer Aufwuchshöhe von etwa 25 cm erreicht. Die günstigsten Schnittzeitpunkte für Silieren und Heuernte liegen eng beieinander. Mit jedem weiteren Vegetationstag nehmen danach Verdaulichkeit und Nährstoffgehalt rasch ab, während der Rohfasergehalt – und damit der Anteil an Ballaststoffen – ansteigt.

Entscheidend für die Qualität von Grassilagen ist ferner ein stärkeres Anwelken des Mähgutes auf 35 bis 45% Trockenmasse und ein verlustarmer Gärverlauf.

Bei **Silomais** nehmen dagegen mit steigendem Reifegrad der Körner und einem hohen Kolbenanteil sowohl Trockenmasse als auch Energiekonzentration zu.

Der Schnitt- bzw. Erntezeitpunkt wirkt sich aber auch auf die Futterkosten aus. In Abhängigkeit vom Nährstoffertrag je ha ergibt sich eine unterschiedliche Verteilung der Kosten für Maschineneinsatz, Düngung, Futterkonservierung etc., bezogen auf die Nährstoffeinheit.

Wieviel Futterfläche wird benötigt?

Bei einer Weideperiode von 150 bis 180 Tagen entfallen etwa 40 bis 50% des gesamten Nährstoffbedarfs auf die Sommer- bzw. 50 bis 60% auf die Winterfütterung.

Aus der Zusammenstellung von Nährstofferträgen in Tab. 38 lässt sich der Bedarf an Futterfläche je Mutterkuh mit Kalb in Abhängigkeit vom Durchschnittsgewicht der Herde und der Bewirtschaftungsintensität überschlägig ermitteln.

Hierzu ein Beispiel:

- Nährstoffbedarf je Mutterkuh mit Kalb bei einem Durchschnittsgewicht von 650 kg : 28.500 MJ NEL
- Nährstoffbedarf bei 165 Weidetagen: etwa 12.900 MJ NEL
- Flächenbedarf bei einem Nährstoffertrag der Koppelweide von 42.000 MJ NEL = 0,31 ha

Tab. 38. Nährstofferträge je ha Futterfläche in MJ NEL

Futterwert/ Konservierungsverfahren	Bewirtschaftungsintensität gering	mittel
Standweide, extensiv	9000	18.000
Mähstandweide	26.000	52.000
Koppelweide	21.000	42.000
Umtriebsweide	26.000	52.000
Grassilage, 20 % TS, mittel	16.000	32.000
Anwelksilage, 35 % TS, gering	19.000	37.000
Heu, Bodentrocknung, mittel	16.000	32.000
Heu, Unterdachtrocknung, gering	19.000	37.000
Maissilage, 27 % TS	–	62.000
Maissilage, 30 % TS	–	75.000
Grassamenstroh/Weidelgras	–	15.000
Gerstenstroh	–	17.000

- Nährstoffbedarf bei 200 Winterfuttertagen: etwa 15.600 MJ NEL (55 %) davon ⅓ (5200 MJ NEL) aus Heu (32.000 MJ NEL/ha) = 0,16 ha und ⅔ (10.400 MJ NEL) aus Grassilage (37.00 MJ NEL/ha) = 0,28 ha
- Futterflächenbedarf insgesamt: 0,75 ha/Mutterkuheinheit.

Winterfütterung

Futterkonserven für den Winter

Während der Wintermonate erhalten die Mutterkühe in erster Linie Heu, Stroh, Gras- und Maissilage sowie gelegentlich auch Zuckerrübenblattsilage, Biertreber und Schlempe.

Wegen der geringeren Baukosten und einer günstigeren Entnahmetechnik haben sich Fahrsilos für die Gärfutterbereitung stark durchgesetzt. Für eine gute Qualität der Grassilage ist neben einem früheren Schnitt ein stärkeres, meist zweitägiges Anwelken auf 35 bis 45 % Trockenmasse und eine rasche Milchsäuregärung erforderlich. Dies wird erreicht durch möglichst kurzes Häckseln mindestens auf Streichholzlänge, sorgfältiges Verteilen und exaktes, schichtweises Festwalzen. Bei Silomais wird eine Häcksellänge von etwa 0,5 cm angestrebt, wobei jedes Korn angeschlagen sein sollte.

Entscheidend für eine verlustarme Konservierung ist ferner zügiges Befüllen, etwa einstündiges Nachwalzen der obersten Schicht und luftdichtes Abdecken möglichst innerhalb eines Tages. Die Ränder müssen sorgfältig abgedeckt und am besten mit Sandsäcken beschwert werden. Eine Gitterfolie obenauf schützt vor Beschädigungen durch Vögel oder Haustiere. Anstelle einer flächigen Abdeckung mit Sand, Erde, Sägemehl etc. haben sich Querbarrieren aus Sandsäcken im Abstand von 2 bis 3 m bewährt. Eine sehr gute Verdichtung und damit weniger Verluste in den Randzonen wird durch schräg gestellte Seitenwände des Fahrsilos erreicht. Bezüglich Bau und Betrieb dieses Silotyps (Traunsteiner Silo) wird auf spezielle Literatur (Perreiter 1990) verwiesen.

Bei wenig angewelktem Material, z. B. Herbstfutter, sollten Silierhilfsmittel eingesetzt werden. Geeignet sind entweder organische Säuren (z. B. Ameisensäure), zuckerhaltige Mittel oder Kombi-Präparate aus Säuren und leicht vergärbaren Kohlenhydraten.

Bei so genannten biologischen Silier-

Tab. 39. Die Konservierungsverluste an Nettoenergie (NEL), umsetzbarer Energie (ME) und verdaulichem Rohprotein setzen sich zusammen aus:

Werbungsverlusten	Veratmung auf dem Feld, Auswaschung, Abbröckeln;
Konservierungsverlusten	Restatmung von Heu und Silagen; Bildung von Gärsaft und Gärgas; Umsetzung bei der Nacherwärmung (sog. Nachgärung);
Rand- und Oberflächenverlusten	faulige, schimmlige, kompostierte Partien.

mitteln werden Milchsäurebakterien bzw. Sporen sowie teilweise Zucker oder Stärke, evtl. in Verbindung mit stärkespaltenden Enzymen, zugesetzt. Gute Zuckerrübenblattsilage zeichnet sich durch geringen Schmutzanteil und guten Geruch aus. Biertreber sind entweder frisch und in kurzer Zeit oder in silierter Form zu verfüttern. Wegen ihrer leichten Verderblichkeit müssen Schlempen rasch, am besten noch warm verfüttert werden. Trotz aller Sorgfalt bei der Futterkonservierung werden Partien bzw. Schichten anfallen, die in der Qualität gemindert oder verdorben sind. Hierbei ist Folgendes zu beachten:

Muffiges, verpilztes Heu oder schimmelige Silage sollten weder an Mutterkühe mit Kälbern bei Fuß noch an tragende Tiere verfüttert werden. Einzelne Schimmelnester müssen entfernt werden.

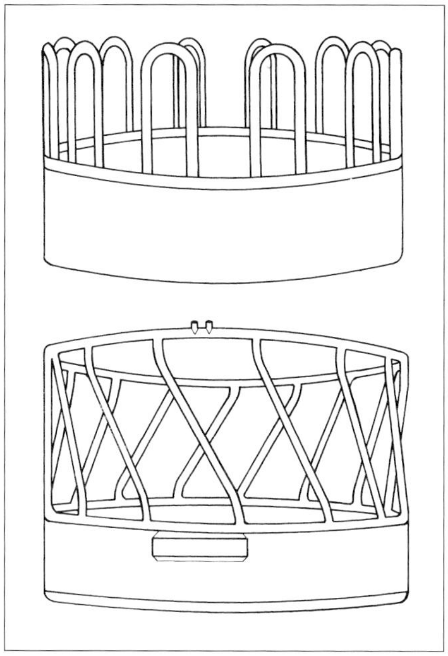

Rundraufen für Raufutter.

Eine hohe Grundfutteraufnahme ist entscheidend

Mutterkühe müssen ihren Nährstoffbedarf in den Wintermonaten fast ausschließlich über betriebseigenes Grundfutter decken. Kraftfutter erhalten sie nur in Ausnahmefällen. Für eine ausreichende Nährstoffversorgung, vor allem in den ersten Wochen nach dem Abkalben ist ein hoher Grundfutterverzehr und eine gute Futterqualität ausschlaggebend. Dies gilt besonders für schwere bzw. Intensivmastrassen und generell für Erstlingskühe. Eine hohe Grundfutteraufnahme wird begünstigt durch:

- lange Fresszeiten bei reichlichem Futterangebot;

Vorratsraufe zur Beifütterung von Heu und Stroh.

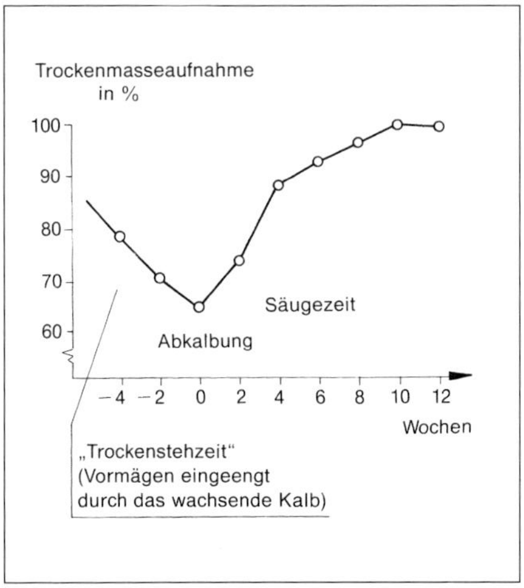

Verlauf des Grundfutterverzehrs vor und nach dem Abkalben (Eidgenössische Forschungsanststalt 1980).

- früher Schnitt des Futters im Schossen bzw. bei Beginn der Gräserblüte und einer Wuchshöhe von etwa 25 cm;
- Gewinnung von Anwelksilage und trockensubstanzreicher Maissilage;
- einwandfreien Geruch und Geschmack des Futters;
- gleichzeitiges Vorlegen mehrerer Futterarten, wie z. B. Heu und Grassilage im Grünlandbetrieb oder Futterstroh zusammen mit Gras- und Maissilage in Ackerbaugebieten;
- zu Beginn einer Futterzeit nach Möglichkeit etwas Raufutter verabreichen oder über eine Vorratsraufe anbieten. Dadurch werden Speichelbildung und Vormagenverdauung gefördert.

Mutterkühe nach dem Abkalben reichlich, hochtragende Tiere knapp füttern

In jedem Fall sollte vermieden werden, dass Mutterkühe gegen Ende der Säugezeit und in den letzten Wochen der Trächtigkeit in stärkerem Maße Fett ansetzen. Ein „Anfleischen“ bzw. eine mastige Fütterung wirkt sich in der Regel nachteilig auf den Geburtsverlauf und die Fresslust der Tiere nach dem Abkalben aus.

Daher sollten energiereiche Futtermittel, wie z. B. Maissilage, in dieser Zeit mengenmäßig reduziert oder ausschließlich nach dem Abkalben verfüttert werden.

Wie die Abbildung auf Seite 89 zeigt, wird dagegen durch eine knappe, bedarfs-

Auswirkung von Energieüberschuss und Energiemangel auf die Fruchtbarkeit beim weiblichen Rind (nach Lotthammer 1980).

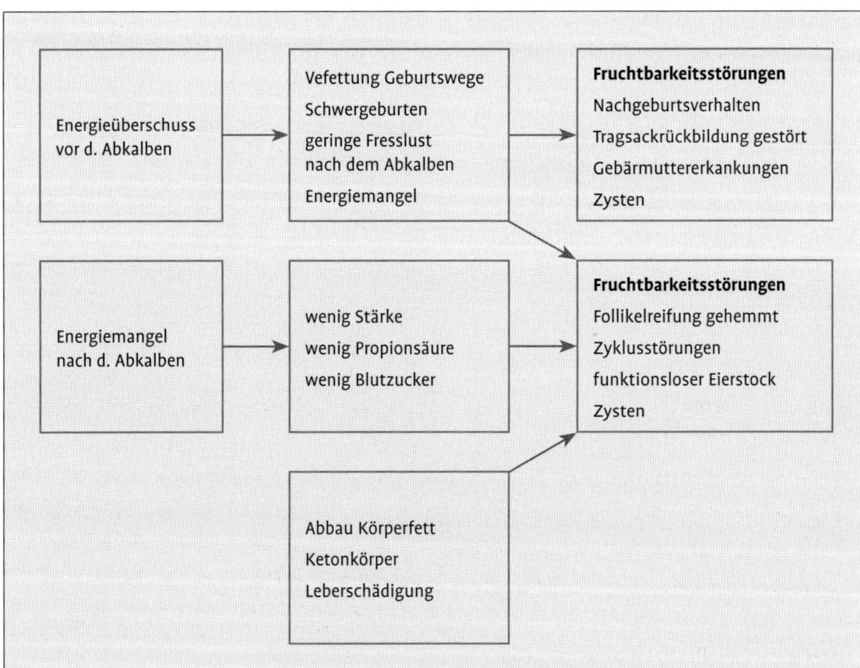

orientierte Nährstoffversorgung im o.a. Zeitabschnitt die Futteraufnahme zu Beginn der Säugezeit gefördert und damit einem zu starken Abmagern der Kühe vorgebeugt. Verlieren die Tiere zuviel Köpersubstanz bis in die Deckperiode hinein, kann es zu Störungen der Eierstockfunktion und zu schlechten Befruchtungsergebnissen kommen (s. Abb. oben).

Wichtig im Hinblick auf eine optimale Kondition der Mutterkühe ist u. a. eine genaue Tierbeobachtung und eine rechtzeitige Korrektur, wenn die Tiere zu rund oder zu mager werden. Als hilfreich in der Praxis erweist sich die in Milchviehherden bewährte Methode der Fütterung nach dem BCS (Body Condition Score)-Bewertungssystem. Hierbei wird die körperliche Verfassung der Kühe beurteilt. Der Notenrahmen spannt sich von 1, d.h. extrem mager bis 5, das bedeutet extrem verfettet mit Abstufungen in Viertelnoten. Nachdem sowohl bei extrem verfetteten als auch bei stark abgemagerten Tieren mit Störungen und Leistungsdepressionen zu rechnen ist, sind diese gesondert zu füttern.

Menüvorschläge für Mutterkühe

Die folgenden Beispielsrationen berücksichtigen die unterschiedlichen Grundfutterverhältnisse in reinen Grünlandgebieten im Vergleich zu Ackerbaulagen mit Restgrünlandnutzung.

Die Rationen sind auf den Nährstoffbedarf etwa 650 kg schwerer Mutterkühe in den letzten Wochen der Trächtigkeit und zu Beginn der Säugezeit (ca. 10 kg Milch) ausgerichtet. Zugrunde gelegt wurden dabei gute bis mittlere Grundfutterqualitäten. Bei geringer Nährstoffkonzentration kann je nach Säugeleistung eine entsprechende Kraftfutterergänzung (s. Seite 91 f.) notwendig werden. Auf das für die einzelnen Rationen passende Mineralfutter wird auf Seite 93, Tab. 44 eingegangen.

Tab. 40. Rationsbeipiele fur Mutterkühe, 600–650 kg, Ackerbaubetrieb

trockenstehend	säugend (Abkalben bis Decken)
10 kg Maissilage (30 % TS) 15 kg Anwelksilage (35 % TS) 3 kg Gerstenstroh (11,8 kg TS; 1113 g RP, 55,7 MJ NEL)	20 kg Maissilage (30 TS) 12 kg Anwelksilage (35 % TS) 1 kg Gerstenstroh (11,3 kg TS; 1352 g RP; 69, 3 MJ NEL)
15 kg Rapssilage, jung 20 kg Maissilage 3 kg Gerstenstroh (10,2 kg TS; 1057 g RP; 57,9 MJ NEL)	20 kg Rapssilage 20 kg Maissilage 2 kg Heu (11,0 kg TS; 1280 g RP; 69,6 MJ NEL
20 kg Kartoffelschlempe 20 kg Rapssilage 7 kg Stroh 1 kg Gerstenschrot (11,0 kg TS; 1366 g RP; 56,1 MJ NEL)	20 kg Schlempe 20 kg Maissilage 5 kg Heu (11,7 kg TS; 1536 g RP; 69,2 MJ NEL)
30 kg Zuckerrübenblattsilage 6 kg Gerstenstroh 2 kg Trockenschnitzel (10,6 kg TS; 1060 g RP; 55,7 MJ NEL)	30 kg Zuckerrübenblattsilage 5 kg Gerstenstroh 1,5 kg Trockenschnitzel 1,0 kg Kraftfutter, 18 % RP (11,9 kg TS; 1313 g RP; 67,1 MJ NEL)
zuzüglich jeweils 150 g Mineralfutter	

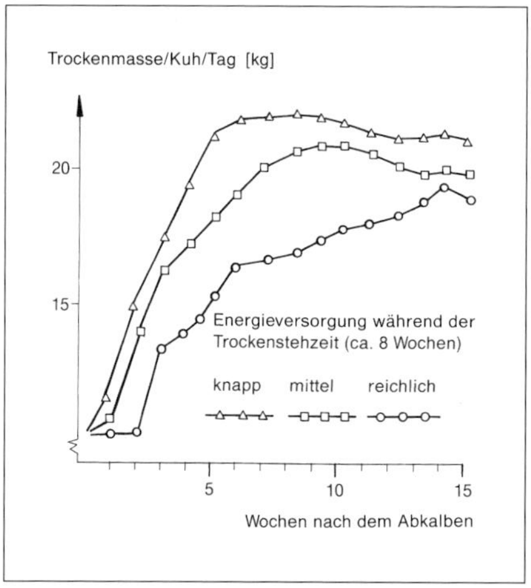

Futterverzehr zu Beginn der Säugezeit nach unterschiedlicher Energieversorgung am Ende der Trächtigkeit (nach Gainsworthy und Topps 1982).

Bei schwereren und leichteren Rassen wird insgesamt mehr bzw. weniger Grundfutter aufgenommen, sodass bei vergleichbaren Qualitäten Nährstoffaufnahme und -bedarf in einem ähnlichen Verhältnis zueinander stehen wie in den o. a. Beispielrationen. Einschränkend gilt jedoch, dass bei 500 kg schweren Kühen das Fassungsvermögen des Pansens und damit die Futteraufnahme im Vergleich zum Körpergewicht günstiger liegt als bei 800 kg schweren Tieren. Insofern brauchen Intensivmastrassen ein nährstoffreicheres Grundfutter und eher eine Kraftfutterergänzung als kleine Robustrinderrassen. Unter diesem Aspekt ist es zweckmäßig, die „betriebsspezifische" Futterration zu ermitteln und die dadurch erreichbare Nährstoffversorgung zu berechnen.

Rationsberechnung – eine Mühe, die sich lohnt!

Zunächst wird die Tagesmenge der einzelnen Futtermittel für die gesamte Herde bzw. für einen Teil der Kühe ermittelt und daraus der „Pro-Kopf-Verzehr" errechnet. Nach Möglichkeit sollten die einzelnen Komponenten, zumindest aber Teilmengen, z. B. der Inhalt einer Frontladerschaufel, einer Schubkarre, ein Heuballen oder ein Silageblock, gewogen werden. Anhaltswerte geben die im Anhang (Seite 134) aufgeführten Messhilfen und Raumgewichte. Eventuell verbleibende Futterreste müssen zurückgewogen werden.

Das folgende Beispiel mag das Verfahren verdeutlichen: Die Grassilage für

Tab. 41. Rationsbeispiele für Mutterkühe, 600–650 kg, Grünlandbetrieb

trockenstehend	säugend (Abkalben bis Decken)
30 kg Anwelksilage (35 % TS) (10,5 kg TS, 1617 g RP; 56,2 MJ NEL)	30 kg Anwelksilage (35 %, jung geschnitten, gute Qualität) 2 kg Heu (12,2 kg TS; 1801 g RP; 64,1 MJ NEL
35 kg Nasssilage (25 % TS) 2 kg Heu (10,5 kg TS; 1458 g RP; 56,6 MJ NEL	20 kg Anwelksilage (35 % TS) 5 kg Heu 0,5 kg Gerstenschrot (11,7 kg TS; 1526 g RP; 64,7 MJ NEL)
15 kg Anwelksilage (35 % TS) 6 kg Heu (10,4 kg TS; 1344 g RP; 53,5 MJ NEL)	35 kg Nasssilage (25 % TS) 2 kg Heu 1 kg Trockenschnitzel (11,4 kg TS; 1564 g RP; 61,2 MJ NEL)
11 kg Heu 1 kg Trockenschnitzel oder Gerstenschrot (10,3 kg TS; 1229 g RP; 53,3 MJ NEL)	12 kg Heu (mittel bis älter) 2 kg Gersten-/Weizenschrot (12,1 kg TS; 1449 g RP; 65,5 MJ NEL)
zuzüglich jeweils 150 g Mineralfutter	

Futtertisch mit einfacher Fressplatzabgrenzung durch Nackenrohr und Holzbohle.

25 Mutterkühe wird mit einem Blockschneider entnommen. Auf der nahe gelegenen Fuhrwerkswaage wird das Gewicht eines Siloblocks, der für zwei Tage reicht, mit 8,8 dt ermittelt. Daraus errechnet sich eine Tagesmenge von 18 kg Grassilage pro Mutterkuh. Hinzu kommen acht Hochdruckballen à 16 kg Wiesenheu für die gesamte Herde, das sind etwa 5,0 kg je Kuh und Tag. Sofern der Trockenmassegehalt der Grassilage bekannt ist bzw. richtig eingeschätzt wird, kann der Nährstoffgehalt der Tagesfutterration mithilfe spezieller Futterwerttabellen (s. Seite 225 f.) errechnet werden. Exakte, betriebsspezifische Werte sind jedoch nur über eine Futteruntersuchung* zu erhalten. Diese ist vor allem bei Grassilage wichtig, evtl. auch bei Verfütterung großer Mengen an Heu. Bei Maissilage lässt sich dagegen durch Feststellung des Trockenmassegehaltes die Nährstoffkonzentration mit ausreichender Genauigkeit abschätzen. Bei der Berechnung der Grundfutterration wird die aufgenommene Trockenmasse im Hinblick auf die Sättigung, die Rohfasermenge zur Überprüfung einer wiederkäuergerechten Fütterung sowie der Rohprotein- und Nettoenergiegehalt ermittelt. Letztlich geht es darum, Nährstoffangebot und Nährstoffbedarf in der kritischen Zeit kurz vor dem Abkalben und in den ersten Wochen der Säugezeit aufeinander abzustimmen, die Ration eventuell zu korrigieren oder durch Kraftfutter entsprechend zu ergänzen.

Reichen die Wintervorräte aus?

Futterplanung und Rationsfeststellung bilden die Voraussetzung für eine gleichmäßige und ausreichende Futterversorgung. Im Rahmen eines **Futtervoranschlages** wird der Rauminhalt der Heu- und Strohvorräte sowie der Gärfutterbehälter ermittelt und mit den auf Seite 234 aufgeführten Raumgewichten multipliziert. Durch Division der jeweiligen „Gesamttonnage" durch die Zahl der Winterfuttertage und Zahl der Mutterkühe einschließlich tragender Kalbinnen und Zuchtbullen lässt sich die maximal mögliche Tagesfutterration ermitteln. Ein anderer Weg besteht darin, die zu Beginn der Winterfütterung ermittelte Futterration für die gesamte Stallhaltungsperiode hochzurechnen und die Mengen der einzelnen Komponenten den tatsächlichen Vorräten gegenüberzustellen.

* Die Kosten einer Futteranalyse liegen bei etwa 35 €. Für die Bestimmung des Trockenmassegehaltes werden etwa 10 € verrechnet, z. T. gelten ermäßigte Sätze

Tab. 42. Nährstoffgehalt einzelner Handelsfuttermittel

Futtermittel	Gehalt in 1000 g g Rohprotein	MJ NEL	MJ ME
Milchleistungsfutter I Energiestufe 3	160	6,70	10,69
Milchleistungsfutter III	250	5,80	9,59
Sojaschrot, Normtyp	446	7,54	12,00
Winterweizen (Körner)	120	7,42	11,67
Wintergerste	104	7,10	11,25
Hafer	107	6,07	9,99
Trockenschnitzel, melassiert	112	6,82	10,84

Relation: 1 kg Kraftfutter liefert Nährstoffe für 2 kg Milch bei folgenden Mischungen:
Milchleistungsfutter I mit 16 % Rohprotein, Energiestufe 2 oder
50 % Milchleistungsfutter III + 50 % Weizen/Gerste oder
20 % Sojaschrot + 77 % Getreide + 3 % Mineralfutter

Kraftfutter nur in Ausnahmefällen?

Es gibt Jahre mit ungünstigem Witterungsverlauf, in denen die Winterfütterung mit überständigem Erntegut, verregnetem Heu oder einer qualitativ nur mäßigen Nasssilage bestritten werden muss. Ähnliches gilt für trockene Jahre, wenn die knappen Vorräte mit Stroh gestreckt oder längerfristig Futtermittel mit geringer Nährstoffkonzentration, wie Schlempe, Biertreber oder Zuckerrübenblattsilage eingesetzt werden müssen.

Um einen stärkeren Abfall der Säugeleistung sowie rasches Abmagern der Kühe nach dem Kalben zu vermeiden, sollte in dieser Zeit in Abhängigkeit von Rasse und Laktationsstadium eine entsprechende Kraftfuttermenge, aufgeteilt in zwei Tagesgaben, verabreicht werden. Für Grünlandbetriebe mit einem ständigen Eiweißüberhang eignen sich stärke-bzw. energiereiche Kraftfuttermittel, wie Getreide oder Trockenschnitzel. Bei Stroh- und Maissilagefütterung in Ackerbaugebieten kommen eiweißreiche Milchviehmischfutter oder entsprechende hofeigene Mischungen in Betracht (s. Tab. 42).

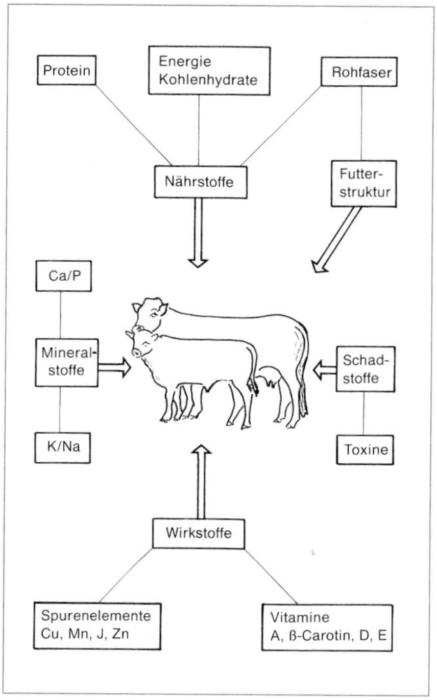

Fütterungseinflüsse auf das Fruchtbarkeitsgeschehen beim Rind.

Sonderbehandlung für Erstlingskühe?

Jungkühe sind, wenn sie ihr erstes Kalb zur Welt bringen, körperlich meist noch nicht ausgereift. Neben der Milchbildung für das Kalb werden noch in erheblichem Umfang Nährstoffe für das eigene Wachstum benötigt. Das Futteraufnahmevermögen ist zudem geringer als bei ausgewachsenen Tieren und z.T. durch den Zahnwechsel behindert. Vielfach magern die Jungkühe nach dem Kalben stark ab und werden erst spät wieder trächtig. Auch die Kälber entwickeln sich meist unterdurchschnittlich. Nach Möglichkeit sollten Erstlingskühe daher für einige Wochen getrennt gehalten werden, um ihnen zusätzlich Kraftfutter anbieten zu können.

Mineralfutter – passend zum Grundfutter

Die Mineralstoffe, Spurenelemente und Vitamine sind auf vielfältige Weise am Körperaufbau beteiligt und erfüllen le-

Tab. 43. Empfohlene Mengenelementversorgung von Mutterkühen in Abhängigkeit von Milchmenge und Futteraufnahme (g/Tag)

Milch kg/Tag	T-Aufn. kg/Tag	Ca	P	Mg	Na	K	Cl
10	12,5	5,0	32	18	14	125	32
15	14,5	66	42	22	18	147	41
Trockenstehend	10,5	34	22	16	10	100	22

Richtwerte für die Spurenelementversorgung und zum Vitaminbedarf von Mutterkühen sowie die entsprechenden Gehalte ausgewählter Futtermittel finden sich im Anhang auf Seite 225 f.

benswichtige Funktionen im Stoffwechsel. Für Mutterkühe ist u. a. eine ausreichende Versorgung mit den Mengenelementen Kalzium, Phosphor, Magnesium, Kalium und Natrium wichtig. Neben der Bedarfsdeckung kommt dem Verhältnis der einzelnen Elemente eine entscheidende Bedeutung zu*.

Ein starkes Überangebot von Kalzium im Vergleich zu Phosphor oder von Kalium zu Natrium kann die Aufnahme und Verwertung des jeweils anderen Elements, aber auch anderer Wirkstoffe, hemmen und zu Störungen führen. Daher sollte das Mineralfutter auf das jeweilige Grundfutter abgestimmt sein.

Der Bedarf an Mengenelementen ist in Tabelle 43 zusammengefasst.

Zu den kalziumreichen Futtermitteln gehören z. B. Kleegras- und Rübenblattsilage. Wenig Kalzium enthalten dagegen Maissilage und Getreide. Hohe Phosphorgehalte finden sich in Getreide und Biertreber, während Maissilage eine geringe Konzentration aufweist. Natriumarm sind in der Regel Wiesen- und Weidegras und das daraus gewonnene Winterfutter. Ferner weist junges Weidegras, besonders

* Das optimale Verhältnis von Ca : P liegt bei 1,6–2,0. Die Relation von Ca : P : Mg : Na sollte 4 : 2 : 1 : 1 nicht überschreiten.

Tab. 44. Mineralfutterkonzept für bestimmte Grundfuttertypen zur Ergänzung des Grundfutters. (6–14 kg Milch-Grundfutterleistung: Tagesabgaben 50–100 g Mineralfutter). Berechnung: DLG-Futterwerttabellen, Mineralstoffe in Futtermitteln-Mittelwerte

Vorherrschende	Mineralstofftyp, Inhaltsstoffe in % (ca.)				
Grundfuttermittel	Kalzium	Phosphor	Natrium	Magnesium	Ca:P-Verhältnis
Luzerne, Rotklee, Rapssilage	8	13	8–10	2–3	0,6:1
Zuckerrübenblatt – grün – siliert	8	13	wenig	2–3	0,6:1
Gras, Heu, Cobs, Grassilage, Weidelgras, Kleegras	10	12	10	3–5	0,8:1
Weidegras (jung, „Tetanieweiden“)	8	13	10	bis 10	0,6:1
Mais (grün), Maissilage	11	9–10	10	2–3	1,3:1
Schlempe, Biertreber	16	5	10	2–3	1:3,2
Schnitzelsilage + Grassilage + Heu	8	13	10	2–3	0,6:1

von intensiv gedüngten Flächen, geringe Magnesiumgehalte auf. In Extremfall kann dies zur Weidetetanie führen.

Für die Wahl des jeweils geeigneten Mineralfutters können die in Tabelle 44 zusammengefassten Empfehlungen gegeben werden:

Bei regelmäßiger Verabreichung von 50 bis 100 g eines handelsüblichen Mineralfutters ist der Spurenelementbedarf der Mutterkühe gedeckt. Dieses enthält in der Regel ausreichende Mengen an Kobalt, Kupfer, Mangan und Zink.

Während Rinder bei den Vitaminen der B-Gruppe – sie werden in erster Linie von den Mikroorganismen im Pansen gebildet – „Selbstversorger" sind, müssen die Vitamine A, D und E bzw. deren Vorstufen laufend zugeführt werden. Dies geschieht während der Sommermonate in ausreichender Menge über die Weide bzw. das Grünfutter. Bei der Werbung und Lagerung des Winterfutters werden diese Vitamine bzw. die Vorstufen z. T. stark abgebaut. Insofern ist eine Ergänzung in den Wintermonaten über vitaminisiertes Mineralfutter* notwendig. Vor allem dem Vitamin A und dem β-Carotin als dessen Vorstufe kommt im Hinblick auf die Fruchtbarkeit der Kühe und Vitalität der Kälber große Bedeutung zu. Bei qualitativ schlechtem Winterfutter, z. B. verregnetem Heu oder hohen Strohgaben, ist eine zusätzliche Verabreichung von β-Carotin, beispielsweise über Grünfuttercobs, oder ein Vitamin A-Stoß drei bis vier Wochen vor dem Abkalben und kurz vor Beginn der Deckperiode zu empfehlen.

Die o. a. Mineralfuttermenge sollte unbedingt eingehalten werden.

Niedrigere Tagesgaben stellen die bedarfsgerechte Versorgung mit Spurenelementen und Vitaminen infrage. Im Winter sollte das Mineralfutter dosiert (beispielsweise für 20 Kühe 2 kg) verabreicht und gleichmäßig über das Grundfutter verteilt werden, z. B. durch Aufstreuen auf die Silage. Im Sommer erfolgt die Mineralfutterversorgung (10 % P) zweckmäßigerweise über Leckschalen. Zusätzliche Salzlecksteine sind empfehlenswert, um den geringen Natriumgehalt des Weidegrases auszugleichen.

** Durch Massieren mit der Zunge wird der Kreislauf aktiviert.

* Im Handel werden auch in den Sommermonaten fast ausschließlich Mineralfutter mit Vitamin A-, D- und E-Zusatz angeboten. Das schadet während der Weideperiode nicht und verteuert die Fütterung nur unwesentlich.

Tab. 45. Beispiel für ein hofeigenes Kälberaufzuchtfutter

22 % Sojaschrot
10 % Leinexpeller oder Leinkuchenmehl
20 % Haferschrot
20 % Gerstenschrot
25 % Weizenschrot
3 % Mineralfutter mit 15 bis 20 % Ca und 4 bis 5 % P.
Bei Verfütterung an junge Kälber sollte das Mineralfutter kupferfrei sein.
Inhaltsstoffe: ca. 20 % Rohproteine und 6,9 MJ NEL.
Staubfreiheit kann durch Zusatz von Sojaöl erreicht werden.

Starthilfe für die Kälber

Kühe zeigen gute Muttereigenschaften, wenn sie sich unmittelbar nach der Geburt um ihr Kalb kümmern, es ablecken** und bereitwillig saugen lassen.

Durch ungehinderten Zugang zum Muttertier können die Kälber frühzeitig und ausreichend mit Biestmilch versorgt werden. Sie erhalten dadurch eine Schutzimpfung, die wirkungsvoller und kostengünstiger auf keine andere Art zu erreichen ist. Unmittelbar nach der Geburt sollte sich der jeweilige Tierbetreuer davon überzeugen, dass das Kalb das Euter des betreffenden Muttertieres aufsucht und tatsächlich Biestmilch säuft. Andernfalls muss nachgeholfen bzw. das Kalb angesetzt werden.

Rasche Entwicklung zum Wiederkäuer fördern

Saugkälber, die ausschließlich Milchnahrung erhalten, sind empfindlich für Verdauungsstörungen bzw. Darminfektionen. Dies gilt vor allem für die Zeit, in der die passive Immunisierung durch die Biestmilch nachlässt und das Kalb erst allmählich einen eigenen, aktiven Impfschutz aufbaut. Sobald der Pansen in Funktion tritt, sind die Kälber diesbezüglich wesentlich robuster. Daher ist die Kälberaufzucht darauf ausgerichtet, die Entwicklung der Jungtiere zum Wiederkäuer zu beschleunigen. Die Kälber sollen alsbald in der Lage sein, größere Mengen an Grundfutter aufzunehmen. Dies wird erreicht durch eine frühzeitige „Mischkost“: Zusätzlich zur Muttermilch erhalten die Kälber alsbald Kraftfutter (ab der 2. Lebenswoche), gutes Heu vom 1. Aufwuchs und Wasser angeboten.

Das **Zusatzfutter** wird im separaten Kälberabteil angeboten. Bewährt hat sich der Einsatz von pelletiertem Kälberaufzuchtfutter mit 18 bis 24 % Rohprotein und 6,4 bis 6,9 MJ NEL.

Hofeigene Mischungen eigenen sich eher für ältere Kälber.

Das Kälberaufzuchtfutter wird in den ersten Lebenswochen zunächst in kleinen Gaben angeboten, sodass der Trog innerhalb eines Tages leergefressen wird. Dadurch lässt sich ein „Ansäuern“ des Futters vermeiden. Ebenso sollte das Kälberheu täglich frisch vorgelegt werden. Entscheidend für eine ausreichende Beifutteraufnahme ist ein bequemer Zugang zur Tränke und die richtige Höhe. Ideal ist eine eigene Tränke im Kälberbereich. Durch die allmähliche Steigerung der Kraftfuttergabe bei den schweren und mittelschweren Rassen auf 1,5 kg je Tier und Tag kann das z. T. starke Wachstumsvermögen der Kälber ausgeschöpft werden. Dieser direkte Weg ist wirtschaftlich günstiger als zu versuchen, durch höhere Kraftfuttergaben bei entsprechenden Umwandlungsverlusten die Milchleistung der Kühe zu steigern.

Jungrinder intensiv oder verhalten füttern?

Der Produktionsrhythmus in vielen Mutterkuhbetrieben ist darauf ausgerichtet, die eigenen zur Nachzucht vorgesehenen Jungrinder, vor allem der mittelschweren Rassen, bereits mit 15 bis 18 Monaten zu belegen bzw. mit 24 bis 27 Monaten erstmals abkalben zu lassen.

Für die Zuchtreife ist dabei weniger das Alter als die körperliche Entwicklung entscheidend. Als Faustregel gilt, dass die Jungtiere zum Zeitpunkt des Belegens etwa $^2/_3$ des rassespezifischen Endgewichts erreicht haben sollten. Andernfalls muss mit Problemen beim Abkalben, geringer Milchleistung und schwach entwickelten Absetzkälbern gerechnet werden. Zudem bleiben die im Hinblick auf ihre

Säugendes Kalb. Typisch die verkehrt parallele Stellung von Kalb und Muttertier.

Farbtafel rechts:

Oben: Mutterkuh und Kälber der Rasse Gelbvieh (Foto: Diethelm Richter, Würzburg).

Unten: Pinzgauer Kuh mit Kalb. Mit Hilfe der Mutterkuhhaltung kann diese in ihrer Existenz bedrohte Rinderrasse erhalten werden.

Tab. 46. Beispielrationen für Jungrinder

Gewichtsbereich 325 kg, 700 g tägliche Zunahmen					
Ration 1			**Ration 2**		
2 kg	Heu		5 kg	Maissilage (30 % TS)	
10 kg	Grassilage (35 % TS)		12 kg	Grassilage (35 % TS)	
1 kg	Gerste/Weizen		0,5 kg	Heu (10 % P)	
100 g	Mineralfutter (12 % P)		100 g	Mineralfutter	
	Trockenmasse	6,1 kg		Trockenmasse	6,2 kg
	Rohprotein	790 g		Rohprotein	840 g
	ME	55,7 MJ		ME	61,9 MJ

Entwicklung zu früh gedeckten Kalbinnen meist ihr Leben lang kleiner als ihre normalen Herdengefährtinnen.

Die weiblichen Tiere sollten im Herbst, vor allem bei knappem Futterangebot und nasskalter Witterung, rechtzeitig aufgestallt werden, um stärkere Gewichtsverluste zu vermeiden.

Nach dem Absetzen sind die zur Zucht vorgesehenen Rinder so zu füttern, dass sie während der Wintermonate zügig weiterwachsen, aber nicht fett werden. Zu mastig aufgezogene Jungrinder weisen vielfach schlechte Befruchtungsergebnisse auf.

Als **Faustregel** für die Aufzucht von Jungrindern der schweren und mittelschweren Rassen in den einzelnen Altersabschnitten kann gelten:

Vom Absetzen bis ca. 15 Monate: Intensive Fütterung mit möglichst gutem Grundfutter und zusätzlicher Kraftfuttergabe. Sollen die Jungrinder mit etwa 18 Monaten belegt werden, sind tägliche Zunahmen von über 700 g anzustreben. Dies kann mit den u. a. Beispielsrationen erreicht werden. Bei Heu- und Grassilagefütterung ist eine Kraftfutterergänzung notwendig, während beim Einsatz begrenzter Mengen an Maissilage darauf verzichtet werden kann.

Etwa 16–22 Monate: mittlere Fütterungsintensität ausschließlich mit Grundfutter. Tägliche Zunahmen um 500 g sind in diesem Abschnitt ausreichend. In den meisten Betrieben fällt dieser Abschnitt in die Weideperiode.

Etwa 23 Monate bis zum Abkalben: verhaltene Fütterung, vor allem im Hinblick auf energiereiche Futtermittel wie bei trockenstehenden Kühen!

Die o. a. Fütterungsgrundsätze gelten auch für Jungrinder der Robustrassen. Auf Silomais und Kraftfutter wird in der Regel verzichtet. Bis zum Alter von etwa eineinhalb bis zwei Jahren sollte dabei den Tieren im Winter qualitativ gutes Grundfutter zur Verfügung stehen.

Prächtig entwickelte Charolais-Färse auf der Herbstweide.

Fütterung der Zuchtbullen

Auktionsbullen im „Hochzeitskleid“ vorstellen?

Die zur Zucht vorgesehenen Jungbullen sind nach Möglichkeit am Ende der Säugezeit von den zur Mast vorgesehenen

328

Tab. 47. Beispielrationen für Jungbullen mit einem Gewicht von ca. 400 kg

Ration	Ackerbaubetrieb		Grünlandbetrieb	
(kg je Tier und Tag)	1	2	3	4
Heu	3	3	–	–
Grassilage	–	–	10	10
Maissilage	10	–	–	–
Futterrüben	–	20	–	–
Getreide (Gerste)	–	3	–	3
Sojaschrot	–	0,5	–	–
Kraftfutter	3	–	1,5	–
Trockenschnitzel	–	–	4	2
Mineralfutter	0,10	0,20	0,15	0,20
	10 % Ca, 12 % P	20 % Ca, 8 % P	10 % Ca, 12 % P	20 % Ca, 8 % P
Rohprotein g	1230	1240	1240	1060
MJ ME	90	90	86	85

(Quelle: Decking 1990, verändert)

Farbtafel links:

Oben: Limousin. Typgerechter und ausgereifter Zuchtbulle (Foto Sambraus, München).

Mitte links: Vogelsberger Rind, auch Rotes Höhenvieh genannt (Foto Sambraus, München).

Mitte rechts: Kuh der Rasse Uckermärcker (Foto Sambraus, München).

Unten links: Piemonteser Bulle -vollbemuskelt und feingliedrig (Foto Sambraus, München).

Unten rechts: Altbulle der Rasse Charolais.

männlichen Absetzern zu trennen. Zuchtbullen sollten nicht zu intensiv gefüttert werden, sonst leidet das Befruchtungsvermögen sowie u. U. die Decklust (beides zählt zu den Gewährschaftsmängeln!). Andererseits müssen Jungbullen der Fleischrinderrassen eine überdurchschnittliche Entwicklung und Bemuskelung erkennen lassen, um entsprechende Verkaufserlöse bei den Zuchtviehauktionen zu erzielen.

Allgemeingültige Empfehlungen sind aufgrund erheblicher rassespezifischer Unterschiede im Hinblick auf den Fleisch- und Fettansatz problematisch. Grundsätzlich dürfte es zweckmäßig sein, selbst bei den **Intensivmastrassen**, den Einsatz energiereicher Maissilage zu beschränken, aber generell ein hohes Niveau bei der Eiweißversorgung anzustreben. Zu Silomais-Heu-Rationen werden etwa 1,2 kg Sojaschrot und je nach Entwicklung der Tiere 1 bis 2 kg Kraftfutter sowie etwa 50 g vitaminisiertes Mineralfutter verabreicht.

Für **schwere bis mittelschwere Rassen**, wie Charolais, Blonde d'Aquitaine, Limousin sowie Fleckvieh und Gelbvieh eignen sich nachfolgende Beispielrationen, die bei einem Lebendgewicht um 400 kg auf tägliche Zunahmen von etwa 1300 bis 1400 g ausgelegt sind. Der Nährstoffbedarf in diesem Gewichtsbereich wird mit 1000 g Rohprotein und ca. 85 MJ ME je Tier und Tag veranschlagt.

Eine Drosselung der Energieversorgung dürfte bei den o. a. Rassen erst im höheren Gewichtsbereich um 500 bis 550 kg in Betracht kommen, während z. B. bei **frühreiferen Angustieren** bereits bei 400 bis

Jungbullen für die Auktion sollten sich optisch gut präsentieren.

Tab. 48. Richtzahlen für die tägliche Energie- und Rohproteinversorgung von Fressern und Bullen der Rasse Fleckvieh und von Kreuzungstieren (mit großen Mastrassen z. B. Charolais, abgeleitet, GfE 1995)

Lebend-masse	tägliche Zunahmen in g											
	800		1000		1200		1400		1600		1800	
	ME	RP	ME	RP	ME	RP	ME	RP	ME	RP	ME	RP
kg	MJ	g	MJ	g	MJ	g	MJ	g	MJ	g	MJ	g
150	36,6	600	40,0	700	43,5	780	47,0	820				
175	40,2	660	43,9	730	47,6	800	51,3	845				
225			51,3	780	55,4	850	59,5	900	63,6	945		
275			58,2	820	62,7	900	67,2	940	71,6	1000	76,1	1040
325			64,7	860	69,5	930	74,4	980	79,2	1050	84,0	1070
375			70,9	890	76,0	960	81,2	1010	86,3	1080	91,5	1100
425			76,7	910	82,2	980	87,6	1030	93,0	1110	98,4	1130
475			82,3	930	88,0	1000	93,6	1050	99,3	1140		
525	81,7	900	87,6	960	93,5	1030	99,3	1080	105,2	1170		
575	86,5	940	92,6	990	98,6	1070	104,7	1110				
625	91,5	990	97,3	1020	103,5	1110	109,8	1150				
650	93,3	1040	99,6	1060	105,9	1150						

450 kg verhaltener gefüttert werden sollte. Günstig sind hier Rationen, die überwiegend aus Grassilage bestehen und mit 2 bis 3 kg Getreide als Kraftfutter ergänzt werden. Tägliche Zunahmen um 1100 g sind im Gewichtsbereich von etwa 400 kg ausreichend. Dabei ist von einem Nährstoffbedarf von ca. 950 g Rohprotein und etwa 75 MJ ME auszugehen.

Der Deckbulle – fit, aber nicht fett!

Meist laufen die Zuchtbullen acht bis neun Monate in der Herde mit und erhalten das gleiche Grundfutter wie die Mutterkühe. Die Verabreichung von „Extraportionen“ ist zumindest während der Weideperiode nicht möglich. Junge Deckbullen sehen

Tab. 49. Richtzahlen für die tägliche Energie- und Rohproteinversorgung von Bullen der Rassen Angus (Losand, Dummerstorf; Spiekers, Bonn)

Lebendmasse	Tägliche Zunahme in g							
	800		1000		1200		1400	
	ME	RP	ME	RP	ME	RP	ME	RP
kg	MJ	g	MJ	g	MJ	g	MJ	g
150–200	39	520	44	590				
200–250	46	590	51	650	57	730		
250–300	53	650	59	720	65	800	73	900
300–350	60	710	66	790	74	880	83	980
350–400	66	760	74	850	83	960	94	1080
400–450	73	810	82	920	93	1040		
450–500	79	860	90	980	103	1130		
500–550	86	900	98	1040				
550–600	93	930	107	1070				

Tab. 50. Richtwerte zur Mineralstoffversorgung von Mastbullen (g/Tier und Tag) im Gewichtsbereich 250 bis 550 kg und tägl. Zunahmen von 1200 g

Lebendgewicht (kg)	Kalzium (g)	Phosphor (g)	Magnesium (g)	Natrium (g)
250	48	23	7	6
350	50	24	8	7
450	52	25	9	8
550 u. mehr	54	27	10	9

Quelle: GfE, BLT Grub, 2002
Detaillierte Empfehlungen zur Versorgung mit Mengenelementen für männliche und weibliche Aufzuchtrinder finden sich auf Seite 231.

daher oft im zweiten und dritten Weidesommer etwas „knochig“ und „fleischleer“ aus. Erst als Altbullen zeigen sie dann ihre volle Muskelfülle. Die Zuchttauglichkeit muss darunter nicht leiden. Dies ist dann nicht der Fall, wenn im Stall z. B. bei Einzelhaltung der Bullen bis zum Beginn der Deckperiode zusätzlich Kraftfutter verabreicht wird. Vor allem Jungbullen bis zum Alter von gut zwei Jahren sollten im Winter etwas angefleischt, aber keinesfalls fett gefüttert werden. Je nach Grundfutter erhalten die Deckbullen

- 1 bis 2 kg Kraftfutter, bestehend aus Gerste, Hafer, evtl. Weizen und Trockenschnitzel sowie Sojaschrot und
- zusätzlich etwa 150 g vitaminisiertes Mineralfutter.

Auch während der Deckperiode im Februar und März sollte mithilfe des Fangfressgitters Kraftfutter verabreicht werden. In dieser Zeit sind besonders bei mäßigem Grundfutter 1 bis 2 kg Grünfuttercobs oder ein Vitaminstoß zum Auffüllen der entsprechenden Wirkstoffreserven zu empfehlen.

Ausmast der männlichen Absetzer im eigenen Betrieb

Ausschlaggebend für die Durchführung der Bullenmast sind die **Anforderungen der abnehmenden Hand** im Rahmen der angestrebten Absatzwege. Dabei müssen die Intensität der Fütterung und das Mast-

Ausmast mit männlichen Absetzern der schweren und mittelschweren Rassen auf ca. 650 kg Endgewicht.

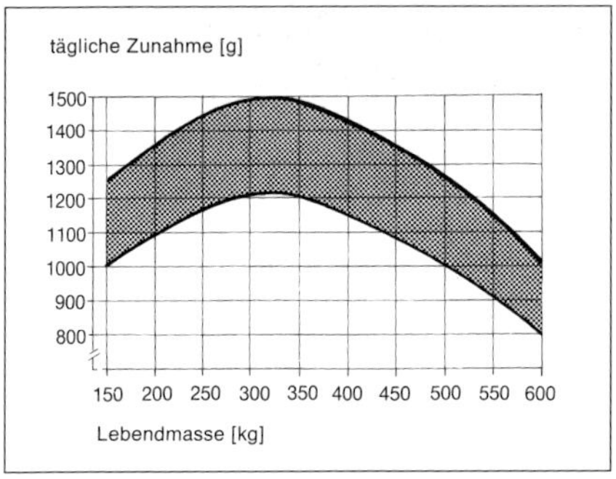

Verlauf der Tageszunahmen von Bullen in Abhängigkeit von Rasse und Typ bei der Intensivmast (nach AID 1048, 1990).

endgewicht auf die jeweilige Rasse bzw. den Typ der Tiere abgestimmt sein.

Handel und Genossenschaften bevorzugen junge, voll ausgemästete Bullen mit gut ausgeformten Schlachtkörpern, leichter Fettabdeckung sowie hellrotem, fein marmoriertem, zartem Fleisch. Besonders gefragt sind Mastendgewichte von ca. 570 bis 630 kg bzw. Zweihälftengewichte von 320 bis 360 kg.

Diese Anforderungen sind am besten mit rahmigen, wüchsigen Absetzern der schweren und mittelschweren Rassen sowie deren Kreuzungen bei intensiver Fütterung während der Hauptmastperiode zu erfüllen. Dadurch wird eine kurze Mastdauer mit einem vergleichsweise geringen Anteil an „unproduktivem" Erhaltungsbedarf erreicht.

Bevorzugte Futterbasis bilden hierfür der Silomais sowie bei entsprechender Kraftfutterergänzung auch Zuckerrübenblatt und Pressschnitzel. Des Weiteren ist auch eine kombinierte Fütterung von Maissilage und Schlempe oder Biertreber möglich.

Ähnliche Qualitäten wie o. a. werden von selbstschlachtenden **Metzgereibetrieben** verlangt, wobei auch schwere Schlachtkörper bei guter Ausformung der wertvollen Fleischpartien akzeptiert und überdurchschnittlich bezahlt werden. Teilweise finden hier ebenso „Rindfleischspezialitäten" bzw. „Premium-Rindfleisch" bestimmter Rassen, wie z. B. Charolais, Limousin oder Angus, laufend oder im Rahmen sog. „Aktionswochen" Eingang in die Angebotspalette. Voraussetzung sind in diesem Fall kontinuierliche Belieferung und gleich bleibende Qualität.

Bei der **Direktvermarktung** gibt es keine speziellen Anforderungen. Diese richten sich danach, was jeweils von den Kunden gewünscht bzw. akzeptiert wird. Für den Direktabsatz kommen sämtliche Mastverfahren und Rassen in Betracht.

Tab. 51. Beispielrationen für die Intensivmast von Bullen der Zweinutzungsrassen mit Maissilage bei mittleren täglichen Zunahmen von 1200 g

Lebendgewicht (kg)	Silage mit 27 % Trockenmasse tägl. Futtermengen (in kg) Kraftfutter 1	Silage	Silage mit 33 % Trockenmasse tägl. Futtermengen (in kg) Kraftfutter 2	Silage
200–250	2,5	9	2,0	9
250–300	2,5	12	2,0	12
300–350	2,5	15	2,0	14
350–400	2,5	18	2,0	16
400–450	2,5	20	2,0	17
450–500	2,5	21	2,0	18
500–550	2,5	22	2,0	19
550–600	2,5	23	2,0	20

Eine tägliche Gabe von ca. 0,3 kg Heu wirkt sich günstig auf die Pansentätigkeit aus.

Gesamtbedarf: Silage mit 27 % Trockenmasse: 58 dt, Kraftfutter 1: 9,0 dt
Silage mit 33 % Trockenmasse: 52 dt, Kraftfutter 2: 7,2 dt

(Quelle: AID „Rindermast", 1044/1990)

Tab. 52. Beispielrationen für die Endmast von Bullen mit Grassilage bei mittleren täglichen Zunahmen von 1250 g (mittelschwere Rassen)

Lebendgewicht kg	Frischsilage (18 % Trockenmasse) tägl. Futtermengen in kg		Anwelksilage (35 % Trockenmasse) tägl. Futtermengen in kg	
	Kraftfutter	Silage	Kraftfutter	Silage
275–325	3,0	20	3,0	11
325–375	3,0	25	3,0	13
375–425	3,5	25	3,0	15
425–475	3,5	29	3,5	15
475–525	4,0	30	3,5	18
525–575	4,5	31	4,0	18
Gesamtbedarf:	Frischsilage:	64 dt,	Kraftfutter:	9,0 dt
	Anwelksilage:	38 dt,	Kraftfutter:	8,3 dt

(Quelle: AID „Rindermast", 1044/1990)

Die Fütterungsintensität muss jedoch auf die jeweilige Rasse zugeschnitten sein und mit dem Qualitätsversprechen in Einklang stehen. Eine Werbeaussage wie „Fleisch von langsam auf der Weide gereiften Tieren" setzt eine extensive Mast voraus.

Nährstoffbedarf und Beispielrationen

Je nach Rasse und Fütterungsintensität wird im Gewichtsbereich zwischen 350 und 500 kg der höchste Fleischansatz erreicht. Danach nimmt die Fetteinlagerung im Schlachtkörper unterschiedlich rasch zu. Nachdem zur Fettbildung wesentlich mehr Futterenergie benötigt wird, wirken sich diese Veränderungen in der Gewebezusammensetzung auf die täglichen Zunahmen aus (s. Abb. links).

Bei Charolais und Blonde d'Aquitaine kommt es z. B. erst relativ spät zu einem stärkeren Fettansatz, während bei frühreifen Rassen, wie Angus oder Hereford, diese Endwicklung in einem wesentlich niedrigeren Gewichtsabschnitt einsetzt. Aus betriebswirtschaftlichen Gründen wird bei schweren und einem Teil der mittelschweren Rassen (Limousin, Fleckvieh, Gelbvieh) eine intensive Mast mit hohen täglichen Zunahmen angestrebt. Hierfür eignet sich vor allem Maissilage mit 30 bis 35 % Trockenmasse. Zur Strukturverbesserung der Ration wird noch Heu und Stroh in geringen Mengen beigefüttert. Besonders wichtig ist dies, wenn höhere Mengen an strukturarmen Futtermitteln, wie z. B. Rübenblatt oder Schlempe eingesetzt werden.

Bei den übrigen Rassen hat sich eine verhaltenere oder sogar extensive Fütterung auch mit weniger konzentrierten Futtermitteln wie Grassilage als zweckmäßig erwiesen.

Anhaltspunkte für den Nährstoff- und Mineralstoffbedarf und die Rationsgestaltung ergeben sich aus den folgenden Tabellen.

Die o. a. Richtwerte gelten für Limousin, Fleckvieh und Gelbvieh mit täglichen Zunahmen von 1200 bis 1300 g und Mastendgewichten zwischen 620 und 650 kg. Bei Charolais und Blonde d'Aquitaine werden in der Hauptmastperiode im Gewichtsbereich zwischen 350 und 680 kg etwa 1400 g Tageszuwachs angestrebt.

In Abhängigkeit vom Tiermaterial sind hier Endgewichte zwischen 650 und 700 kg möglich. Je nach Nährstoffkonzentration im Grundfutter kann die Kraftfuttergabe evtl. auf 3,0 kg erhöht werden. Bei den frühreifen Rassen dürfte das Optimum für die täglichen Zunahmen bei 1000 bis 1100 g liegen. Bei einer höheren

Tab. 53. Beispielrationen für die Intensivmast von Bullen mit Rübenblattsilage bei mittleren täglichen Zunahmen von 1250 g (mittelschwere Rassen)

Lebendgewicht	tägliche Futtermengen in kg			
kg	Kraftfutter 1	Kraftfutter 2	Heu	Silage
150–200	–	2,5	1	7
200–250	–	2,5	1	12
250–300	–	3,0	1	14
300–350	3,0	–	1	20
350–400	3,0	–	1	24
400–450	3,5	–	1	24
450–500	3,5	–	1	26
500–550	3,5	–	1	29
550–600	3,5	–	1	31
Gesamtbedarf:	Silage: 75 dt, Heu: 3,6 dt, Kraftfutter 1: 7,9 dt, Kraftfutter 2: 3,3 dt			
Kraftfutter 1:	100 g Rohprotein, 10,5–11,0 MJME/kg			
Kraftfutter 2:	150 g Rohprotein, 10,5–11,0 MJME/kg			
Im Vergleich zum Silomais höhere Kraftfuttergaben.				
Für eine optimale Funktion des Vormagens sollte 1 kg Heu zugefüttert werden.				

(Quelle: A/D „Rindermast“, 1044/1990)

Tab 54. Rationen zur Endmast von Bullen (300–650 kg Lebendgewicht)

Futtermittel	Tageszunahmen (g)	Futtertage	Futter (kg/Tag)	Gesamtbedarf (dt/Tier)
Zuckerrübenblattsilage, 19 % TS	1300	270	15–35	70
Heu/Stroh			3	8
Trockenschnitzel melasiert			2–3,5	7,5
Sojaschrot bzw. eiweißreiches Ergänzungsfutter für Mastrinder mit 40 % Rohprotein (Normtyp)			0,5	1,4
Mineralfutter, vitaminiert			0,100	0,270
Kartoffelschlempe	1100	320	30–50	130 hl
Heu/Stroh			6	20
Trockenschnitzel melassiert			2–5	11
Sojaschrot (Normaltyp)			0,5	1,6
Mineralfutter, vitaminiert			0,100	0,320
Grassilage, 30 % TS	1200–1300	270	10	27
Maissilage, 25 % TS			5–20	35
Trockenschnitzel melasiert			1–2	4
Sojaschrot (Normtyp)			0,8–1	2,4
Mineralfutter, vitaminiert			0,100	0,270

Fütterungsintensität muss mit einer stärkeren Verfettung gerechnet werden.

Die nachfolgenden Beispielsrationen bilden einen Orientierungsrahmen.

Eine **Mast mit Grassilage** ist bei schweren Rassen aus Gründen der Wirtschaftlichkeit und Schlachtkörperqualität nicht geeignet. Die im Vergleich zu Silomais geringe Nährstoffkonzentration reicht in der Regel nicht für die gewünschte Entwicklung und Ausformung der Schlachtkörper aus.

Die o. a. Mastmethode kommt für mittelschwere, frühreife sowie Robustrinderrassen dann in Betracht, wenn jung geschnittenes, gut angewelktes Siliergut mit hoher Verdaulichkeit und geringem Rohfasergehalt zur Verfügung steht.

Ähnliches gilt für die **Weidemast** von Bullen und Ochsen, die in einigen grünlandstarken Gebieten Norddeutschlands eine lange Tradition hat. Hierbei sollte den Tieren laufend junges, nährstoffreiches Futter zur Verfügung stehen und die Weidefläche dem steigenden Bedarf angepasst werden. Dennoch sind die auf der Weide erzielten Zuwachsleistungen vielfach recht bescheiden. Bei der Weidemast, aber auch bei der ausschließlichen Verfütterung von Grassilage bis zum Schlachttermin, kann es zu einer unerwünschten Gelbfärbung des Körperfettes kommen (Karotineinlagerungen). Hierbei gibt es rassespezifische, aber auch individuelle Unterschiede innerhalb genetisch gleichartiger Gruppen. Soweit dieser rein optische Effekt der „Gelbfettigkeit“ zu stärkeren Preisabschlägen führt, muss die Fütterung in der Endmastperiode (ca. 10 bis 11 Wochen vor der Schlachtung) auf karotinarme Futtermittel wie Silomais, Pressschnitzel, Biertreber oder notfalls Kraftfutter und Heu umgestellt werden.

Optimale Haltungsbedingungen schaffen

Vielfach können für die Ausmast der auf der Weide abgehärteten Absetzer einfache, gut belüftete Kaltställe mit Stroheinstreu genutzt werden. Diese Haltungsform eignet sich vor allem auch für Rassen, bei denen öfter Fundamentmängel auftreten.

Kommen die Absetzer im Herbst direkt von der Weide in einen wärmegedämmten Stall, sollten sie am Rücken geschoren werden. Zweckmäßig ist in jedem Fall eine Parasitenbehandlung.

Bei der Ausmast im Laufstall liegt die optimale Gruppengröße bei zehn bis zwölf Bullen. Für jedes Tier sollte ein Fressplatz zur Verfügung stehen. Bei schweren und mittelschweren Rassen (300 bis 600 kg) wird eine Fressplatzbreite von ca. 0,75 m benötigt.

An Buchtenfläche sind im Einraum-Tieflaufstall 6 bis 8 m^2, im Zweiraumlaufstall ca. 5,0 m^2 und im Vollspaltenbodenstall nach Möglichkeit 2,7 bis 3,0 m^2 pro Tier einzuhalten.

Rindermastring leistet Hilfestellung

Im Hinblick auf eine optimale Rationsgestaltung in den einzelnen Gewichtsabschnitten, geeignete Mineralfutterergänzung, Ermittlung der täglichen Zunahmen und Rentabilitätsberechnungen bieten die regionalen Rindermastringe eine wertvolle Hilfestellung.

Bei den regelmäßigen Beratungen können wichtige produktionstechnische und betriebswirtschaftliche Detailfragen geklärt werden.

Ochsenmast – nur mit Vertrag wirtschaftlich?

Bisher wurden in Mutterkuhbetrieben Ochsen produziert, um auf das Trennen der Herde während der Weideperiode verzichten zu können. Möglicherweise werden in Zukunft einzelne Betriebe verstärkt das Marktsegment „Ochsenfleisch als Premiumprodukt“ nutzen. Die höheren Produktionskosten im Vergleich zu Bullen müssen jedoch im Rahmen geeigneter Liefer- und Abnahmeverträge abgedeckt sein. Die Vorteile von Mastochsen liegen in einer hervorragenden Fleischqualität.

Im Vergleich zu Bullen ist das Fleisch stärker marmoriert, das Bindegewebe weniger fest und die Muskelfasern feiner ausgebildet. Andererseits muss eine stärkere Fetteinlagerung im Schlachtkörper in Kauf genommen werden. Der Markt verlangt gut ausgeformte, hellfleischige Schlachtkörper mit einem Zweihälftengewicht von ca. 310 bis 335 kg. Bei einer Ausschlachtung von 56 bis 57 % entspricht dies einem Lebendgewicht von 550 bis 600 kg, das im Alter von 17 bis 20 Monaten erreicht werden sollte. Gefragt sind die Handelsklassen U und R sowie die Fettklasse 3.

Für den Absatz an Handel und Genossenschaften eignen sich Ochsen der schweren und mittelschweren Rassen. Für die Direktvermarktung gelten die gleichen Feststellungen wie für Mastbullen.

Das Wachstumsvermögen von Ochsen bewegt sich zwischen dem von Bullen und Färsen. Bei gleichem Nährstoffangebot liegen die täglichen Zunahmen im Mittel um ca. 15 % niedriger als bei Bullen. Bis etwa 500 kg Lebendgewicht ergibt sich eine um ca. 10 % schlechtere Futterverwertung. Diese Differenz vergrößert sich mit zunehmender Körperfetteinlagerung.

Gegenüber vergleichbaren Qualitäten bei Mastbullen sind Preiszuschläge von 0,40–0,50 € je kg Schlachtgewicht anzustreben.

Kastration im Gewichtsbereich 180 bis 220 kg

Der Eingriff erfolgt entweder operativ oder unblutig im Alter von 5–7 Monaten (s. Seite 146). Eine spätere Kastration bringt keine Vorteile.

Ochsen werden üblicherweise in Laufbuchten gehalten. Durch den fehlenden Geschlechtstrieb sind die Tiere ruhiger

Tab. 55. Futterplan für Ochsen (Fleckvieh, Gebrauchskreuzungen) bei unterschiedlicher Mastintensität

Mastabschnitt (kg LM)	Tageszunahmen (g)	Trockenmasse-aufnahme, gesamt (kg/Tag)	Grundfutter (kg/Tag)	Kraftfutter[1] (kg/Tag)
1. Hohe Mastintensität			Maissilage (30 % TS) 10,5–11,0 MJ ME/kg	
180–250	1000	5,0–5,6	11–13	2,0
250–350	1100	5,6–6,8	13–17	2,0
350–400	1000	6,8–7,5	17–19	2,0
450–550	900	7,5–8,1	19–21	2,0
2. Mittlere Mastintensität			Grassilage (35 % TS) u. Maissilage (25 % TS) 10,0–10,5 MJ ME/kg	
180–250	1000	4,8–5,5	9–11	2,5
250–350	1000	5,5–6,8	11–15	2,5
350–450	650	7–8	Weide	–
450–550	1000	7,8–8,5	19–21	3,0
550–600	900	8,5–9,0	21–23	3,0

[1] Kraftfutter: 10,5–11,0 MJ ME/kg; Rohprotein ausreichend zur Ergänzung des Grundfutters.
Aufgrund fehlender Bedarfsangaben für Ochsen sollten für die Rohproteinergänzung des Grundfutters die entsprechenden Richtwerte für Bullen zugrunde gelegt werden. Ähnliches gilt für die Mineral- und Wirkstoffergänzung. Zur Förderung der Pansentätigkeit sollten pro Tier und Tag zusätzlich 0,3 bis 0,5 kg Raufutter verabreicht werden.

(Quelle: BLT Grub 1990)

und es kommt zu weniger Verlusten bzw. vorzeitigen Abgängen.

Höhere oder mittlere Mastintensität?
In mittleren bis guten Ackerbaulagen bietet sich eine relativ intensive Fütterung auf Silomaisbasis an. Um eine stärkere Verfettung der Tiere zu vermeiden, sollte bis etwa 350 kg auf hohe Zunahmen, von 350 bis 500 kg verhalten und im letzten Mast-Abschnitt erneut mit höherer Energiedichte gefüttert werden. Mittlere tägliche Zunahmen in der gesamten Mastperiode um 1000 g gelten als ausreichend. Eine Mast mittlerer Intensität eignet sich vor allem für Übergangsstandorte zwischen Grünland- und Ackerbaugebieten. Hierbei erhalten die Ochsen nach dem Absetzen ein Grundfutter mittlerer Energiedichte. Neben Maissilage durchschnittlicher Qualität kommen gute Gras-, Leguminosen-, Rübenblatt- und Getreide-Ganzpflanzensilagen in Betracht. Eventuell kann eine Weideperiode eingeschoben werden. Je nach Nährstoffkonzentration im Grundfutter und angestrebter Mastintensität muss eine entsprechende Energieergänzung der Ration über Kraftfutter erfolgen. Gegenüber Mastbullen liegen die Kraftfuttergaben um durchschnittlich 1 kg je Tier und Tag niedriger. Der folgende Futterplan gibt hierfür Anhaltspunkte.

Durch die bisherige Gewährung einer 2. Prämie in Höhe von 150,– € für über 22 Monate alte Tiere hat die extensive Form der Ochsenmast erheblich an Wettbewerbskraft gewonnen. Dies gilt umso mehr, wenn bei einem Viehbesatz bis zu 1,4 GV/ha Futterfläche und entsprechender Weidenutzung (s. Seite 198) zusätzlich die Extensivierungsprämie beantragt werden kann.

Die optimale Mastintensität bei der Produktion von Ochsen muss jeweils betriebsspezifisch ermittelt werden.

Tab. 56. Mastformen für weibliche Absetzer der schweren und mittleren Rassen

	tägl. Zunahme (g)	Mastendgewicht (kg)
intensive Mast	900	450–500
extensive Mast	600	500–550

(Quelle: BLT Grub 1990)

Ausmast weiblicher Absetzer

Im Vergleich zu Bullen weisen Mastfärsen ein geringeres Fleischbildungsvermögen sowie eine frühere Neigung zum Fettansatz aber insgesamt bescheidenere Futteransprüche auf.

Bei der intensiven Mast werden nach dem Absetzen anfangs weniger konzentrierte Futtermittel wie Grassilage eingesetzt, die dann im mittleren Abschnitt etwa bis zur Hälfte durch Maissilage

Tab. 57. Futterplan für die Färsenmast (z.B. Fleckvieh ca. 850–900 g tägl. Zunahmen)

	Lebendgewicht (kg)			
	250	350	450	500
	Futtermenge		(kg/Tag)	
Maissilage (30 % TS)	4	10	15	16
Grassilage (35 % TS)	10	10	5	5
Wiesengras	–	–	–	–
Heu	1	–	–	–
Kraftfutter 140 g RP, 10,5 MJ ME	0,5	0,5	0,5	0,5
Weizen	–	1,0	1,0	1,0
TS-Aufnahme, kg/Tag	6,0	7,4	7,6	7,9

(Quelle: BLT Grub 1990, verändert)

Gemeinsame Mast von Ochsen und Färsen auf der Weide.

ersetzt werden. Kraftfuttergaben von 1,0 bis 1,5 kg pro Tag gelten als ausreichend.

Die extensive Mast kann ausschließlich mit Grassilage erfolgen. Je nach Qualität des Grundfutters ist gegen Ende der Mast, in den letzten zwei bis drei Monaten, eine Zufütterung von bis zu 1 kg Getreideschrot zweckmäßig. Ferner ist – vor allem in Betrieben mit Sommerkalbung – nach verhaltener Winterfütterung eine 2. Weideperiode evtl. in Verbindung mit einer Endmast im Stall möglich. Mitunter wachsen Mastkalbinnen innerhalb einer Gruppe stark auseinander. Um eine stärkere Verfettung zu vermeiden, sollte über die Schlachtreife der Tiere individuell entschieden werden.

Weidehaltung

Futterwuchs und Futterbedarf in Einklang bringen

Die Möglichkeit des Weidegangs ist eine wesentliche Voraussetzung für die Fleischrinderhaltung.

Während der Sommermonate sollten Mutterkühe ihren Nährstoffbedarf ausschließlich auf der Weide decken und genügend Milch für eine optimale Entwicklung der Kälber produzieren können. Der Weidegang stellt für Rinder die natürlichste und artgerechteste Haltungsform dar. In dieser Zeit verursachen die Tiere wenig Arbeit.

Außerdem liefert die Weide die Nährstoffe am kostengünstigsten. Daher wird in der Fleischrinderhaltung eine möglichst lange Weideperiode angestrebt. Der unterschiedliche Verlauf des Futterwuchses von April bis Oktober ist in Abb. 50 dargestellt. Im Frühsommer entsteht ein erheblicher Futterüberschuss, der durch Schnittnutzung abgeschöpft werden muss. Durch rechtzeitige Silagegewinnung und Heuwerbung kann vermieden werden, dass das Futter überständig wird, verholzt und dadurch rasch an Nährstoffgehalt verliert. Im reinen Grünlandbetrieb können in der Hauptwachstumszeit zwischen Mai und Juni etwa zwei Drittel, und bis zum August ein weiteres Drittel des Winterfutters durch Schnittnutzung von der Weide gewonnen werden.

Im Spätsommer und Herbst lässt der Futterwuchs stark nach. Hinzu kommt der besonders bei Winterkalbung mit zunehmendem Alter und Gewicht der Kälber steigende Nährstoffbedarf der Herde. In dieser Zeit muss eine entsprechend größere Weidefläche zugeteilt werden, d. h. die Besatzdichte* nimmt ab.

Durch geeignete Weideführung während der gesamten Vegetationszeit werden Nutzung und Düngung dem jeweiligen Wachstumsverlauf angepasst.

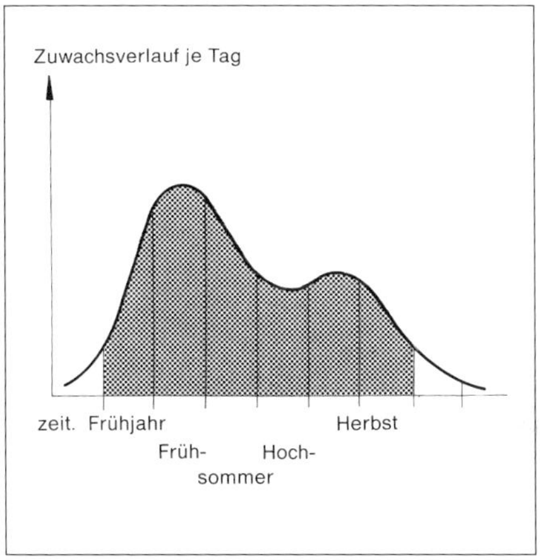

Täglicher Futterzuwachs im Verlauf der Vegetationszeit bei Gräsern (nach Jacob 1987).

Die **Weidereife** ist bei einer Aufwuchshöhe von 20 bis 25 cm erreicht. Gegebenenfalls lässt sich der Eintritt der Weidereife durch die sog. Vorweide in begrenztem Umfang steuern. Durch frühzeitiges, zügiges Überweiden bei einer Wuchshöhe von ca. 5 bis 8 cm tritt eine Wachstumsverzögerung ein. Dadurch kann eine günstigere Verteilung des Futterangebots beim ersten Aufwuchs erzielt werden.

Die **Siloreife** reicht vom Rispen- und Ährenschieben bis zum Blühbeginn der Hauptgräser (Richtschnur: Bierflaschenhöhe). Die **Heureife** liegt beim Schieben der Blütenstände bis zur Blüte der bestandsbildenden Gräser.

Der Übergang von der Silagegewinnung zur Heuwerbung ist gleitend und oft eine Frage der Wetterstabilität.

Koppel- oder Standweide?

Für die Mutterkuhhaltung kommen verschiedene Formen und Intensitätsstufen der Weidenutzung in Betracht, die in Tabelle 58 zusammengefasst sind.

* Besatzdichte = kg Lebendgewicht pro ha Weidefläche bei jeder einzelnen Nutzung. Im Gegensatz dazu Besatzstärke = Großvieheinheiten à 500 kg Lebendgewicht pro ha Weidefläche während der gesamten Weideperiode pro ha.

Tab. 58. Unterschiede zwischen intensiver und extensiver Standweide

Merkmal	Intensiv-Standweite	Extensiv-Standweite
Besatzstärke während der Weidezeit (GV/ha)	5–6	1
N-Dünung/Jahr (kg/ha)	200–350	keine oder nur geringe
Futterabschöpfung im Frühjahr (in % der Weidefläche)	40–50	keine
Netto-Weideleistung (kStE/ha)	4500–5500	1000–500

Am häufigsten finden sich Koppel- und Standweiden.

Extensive Standweiden sind dadurch gekennzeichnet, dass in der Regel keine Schnittnutzung erfolgt und wenig gedüngt, zumindest aber kein anorganischer Stickstoff in Form von Handelsdünger ausgebracht wird. Es findet keine Koppelunterteilung statt und ein Wechsel der Weidefläche erfolgt nur in größeren und unregelmäßigen Zeitabständen.

Im Frühsommer wächst mehr Futter als die Tiere verwerten können, sodass ein Teil überständig wird. Zum Herbst zu reicht das Futter auf der begrenzten Weidefläche nicht mehr aus, sodass die Herde verkleinert oder entsprechend zugefüttert werden muss.

Auf zunehmendes Interesse in der Fleischrinderhaltung stößt daher die **Mähstandweide**. Sie verbindet die Vorteile einer intensiveren Bewirtschaftung der Mähweide mit dem geringen Arbeits- und Materialaufwand der Standweide. Wesentliches Merkmal ist, dass keine strenge Koppelunterteilung erfolgt. In Zeiten starken Futterwachstums wird die Fläche, auf der die Tiere grasen sollen, mithilfe eines Elektrozauns eingegrenzt. Der übrige Teil der Weide dient der Winterfuttergewinnung. Lässt der Futterwuchs nach, wird die eigentliche Weidefläche durch schrittweises Einbeziehen der zunächst gemähten Teilfläche allmählich erweitert. Dabei bleibt die gesamte, sich nach und nach erweiternde Weidefläche der Herde bis zum Ende der Weideperiode ununterbrochen zugänglich. Ruhezeiten gibt es bei diesem System nicht. Vorteilhaft wirkt sich aus, dass die Tiere neben jungem z. T. auch älteres, rohfaserreicheres Futter vorfinden, sodass auf der Standweide ein günstigerer Nährstoffausgleich erzielt werden kann.

Tab. 59. Formen der Weidenutzung

Verfahren	Nutzungsform	Intensitätsstufe
ohne Umtrieb	Standweide	extensiv
	Mähstandweide (= intensive Standweide)	mittlere bis hohe Intensität
mit Umtrieb	Koppelweide Fresszeit 5–7 Tage	mittlere
	Umtriebsweide Fresszeit 3–4 Tage	hohe
	Portionsweide Fresszeit 1 Tag	höchste Intensität

(in Anlehnung an Mack, Stark und Dittrich 1991)

Der Auftrieb der Tiere erfolgt im Frühjahr bereits bei einer mittleren Wuchshöhe des Grases von 5 bis 10 cm. Die Wuchshöhe nimmt zunächst noch bis auf 15 cm zu, sinkt dann aber auf etwa 8 bis 10 cm ab. Diese Mindesthöhe sollte nicht unterschritten werden, sonst steht kein ausreichendes Futterangebot mehr zur Verfügung. Bei einem hohen Geilstellenanteil ist ein Nachmähen in Etappen ab Ende Juni bei trockener Witterung empfehlenswert. Der Arbeitszeitbedarf für Düngung, anteilige Futterkonservierung und Nachmahd ist gegenüber Koppel- und Umtriebsweiden erheblich geringer. Er wird mit 8,5 AKh/ha im Vergleich zu 20 Akh/ha bei intensiver Umtriebsweide angegeben.

Für die Einrichtung von Mähstandweiden eignen sich bevorzugt weidelgrasreiche Pflanzenbestände als ganzjährig trittfeste Flächen. Weidelgras verträgt

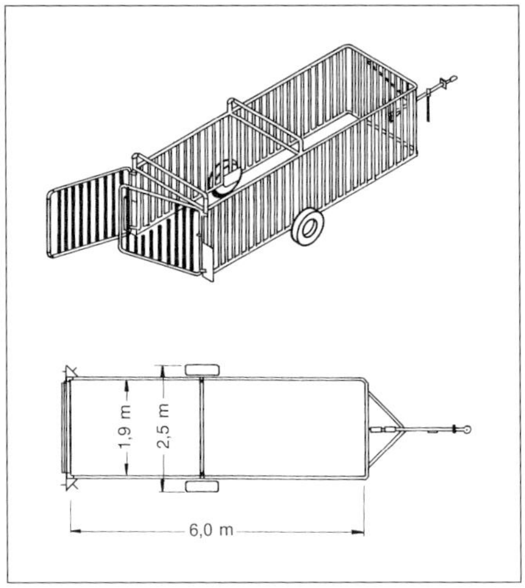

Schleppergezogener Viehtriebrahmen – hilfreich bei räumlich getrennten Weideflächen (nach KTBL 1993).

ständigen Tritt und Verbiss am besten. Je einheitlicher der Pflanzenbestand ist, desto weniger kommt es zum selektiven Grasen der Weidetiere. Neben der Grunddüngung ist hier eine laufende Stickstoffnach-

Spezielle Weidepumpe für die Mutterkuhhaltung. Das Muttertier pumpt das Wasser, sodass das Kalb ebenfalls saufen kann.

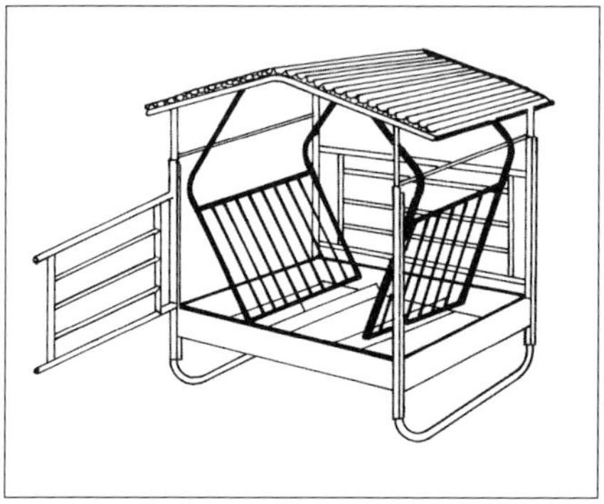

Viereckraufe mit veränderbarer Kammer zur Beifütterung auf der Herbst- und Frühjahrsweide.

lieferung für einen ausreichenden Futterwuchs notwendig. Nach einer „Startmenge" im Frühjahr werden ab Ende Mai im zwei- bis vierwöchigen Turnus weitere Stickstoffgaben ganzflächig ausgebracht. (s. Seite 119). Die Nachdüngung erfolgt bei trockener Witterung zwischen den weidenden Tieren. Ein Abtrieb der Herde ist in der Regel nicht notwendig. Vorsicht ist evtl. geboten, wenn kleine Kälber mitlaufen.

Bei der weit verbreiteten **Koppelweide** wird die gesamte Weidefläche in vier bis sechs Parzellen unterteilt. In der Mutterkuhhaltung sind aufgrund der Herdentrennung im Frühsommer (Winterkalbung) neun bis zwölf Koppeln (2 × 4–6 Koppeln räumlich getrennt) üblich, die im Umtriebsverfahren jeweils fünf bis sieben Tage lang beweidet werden. Zwischen den einzelnen Nutzungen ergeben sich unterschiedliche Ruhezeiten, die in Tabelle 61 zusammengefasst sind.

Eine intensive Weidewirtschaft ist durch kurze Fresszeiten, aber lange Ruhezeiten gekennzeichnet. Sollen z. B. aufgrund knapper Futterfläche die Weideverluste durch Tritt und Verschmutzung im Vergleich zur Koppelweide deutlich verringert werden, bietet sich die – allerdings arbeitsaufwändigere – Form der **Umtriebsweide** mit zwei bis viertägiger Fresszeit und die **Portionsweide** mit täglicher Futterzuteilung (ca. 100–150 m^2 Weidefläche je Mutterkuheinheit) an. Bei einer Gesamtzahl von z. B. zehn Koppeln (2 mal 5 wegen räumlicher Trennung der „männlichen" und „weiblichen" Herde) lassen sich die für die Umtriebsweide charakteristischen vielen Teilflächen leicht durch einen versetzbaren Elektrozaun schaffen.

Wegen des im Vergleich zur Koppel- und Umtriebsweide wesentlich höheren Arbeitsaufwandes kommt diese Weideform nur für flächenknappe Betriebe in Betracht.

Fahrbare überdachte Futterraufe für die Weide.

Tab. 60. Planungsdaten für den Weidebetrieb
1. Flächenbedarf
1,5–3 a Weide je Mutterkuh (MK)-Einheit und Tag, insgesamt rund 0,3–0,5 ha während der Weideperiode je nach Ertragsfähigkeit und Rasse.
2. Besatzstärke
mittlere Intensität:
ca. 3,3 MK-Einheiten je ha Weidefläche = 3 ha Weide/10 Mutterkühe
extensive Bewirtschaftung: 2,0 MK-Einheiten je ha = 5 ha Weide/10 Mutterkühen
3. Besatzdichte
gute Weide, 4 Tage Auftriebsdauer, 1,5 a/Tag = 17 MK-Einheiten je ha
mittlere Weide, 7 Tage, 2,0 a/Tag = 7–8 MK-Einheiten je ha
4. Koppelzahl
24 Tage Ruhezeit, doppelte Koppelzahl wegen Trennung der Herde
$\frac{\text{Ruhezeit + Auftriebszeit}}{\text{Auftriebszeit} \times 2}$
5 Tage Auftriebszeit = 12 Koppeln
7 Tage Auftriebszeit = 9 Koppeln

Faustzahlen für die Zuteilung der Weidefläche

Bei einem Futterverzehr von etwa 60 bis 100 kg Weidegras je nach Rasse werden bei einer Aufwuchshöhe von ca. 20 cm bei Umtriebs- und Koppelweiden unter Berücksichtigung des Weiderests etwa 1,5 a; bei mittlerer Mähstandsweide etwa 2,0 a und bei extensiver Standweide bis ca. 3 a benötigt. Bei der Bewirtschaftung der Weiden kann von den in Tab. 60 aufgeführten Faustzahlen ausgegangen werden. Durch eine dem Aufwuchs angepasste Besatzstärke und Besatzdichte wird die Artenvielfalt des Pflanzenbestandes auf Grünland gefördert.

Beifütterung auf der Weide

Zu Beginn der Weideperiode sollte nach Möglichkeit ein krasser Übergang von der Winterfütterung auf das junge, eiweißreiche und rohfaserarme Gras vermieden werden. Durch Zufütterung von Heu oder Stroh, z. B. mithilfe spezieller Futterkarren oder Rundraufen lässt sich eine wiederkäuergerechte Fütterung weitgehend aufrechterhalten. Auf diese Weise wird starken Durchfällen und gesundheitlichem Stress bei Kühen und Kälbern vorgebeugt. Auch der gelegentlich auf speziellen Standorten auftretenden Weidetetanie kann in Verbindung mit einem magnesiumreichen Mineralfutter (ca. 10 % Magnesium) dadurch begegnet werden.

Bei der beschriebenen Weideführung erhalten die **Mutterkühe** während der Sommermonate weder Kraftfutter noch zusätzliches Grundfutter, abgesehen von Ausnahmesituationen z. B. in sehr trockenen Jahren mit Futterknappheit im Spätsommer. In diesem Fall muss entweder auf der Weide zugefüttert (Heu, Stroh,

Tab. 61. Erforderliche Weideruhe von Mähweiden (Tage)

Jahreszeit	bei Weidenutzung	Silagebereitung	Heugewinnung
Mai bis Juni	19–21	25	30
Juli bis August	25–30	25–30	35–40
September bis Oktober	35–40	35–40	–

Farbtafel rechts:

Oben: Kuh der Rasse Salers (Foto Sambraus, München).

Mitte links: Altbulle der Rasse Blonde d'Aquitaine (Foto Sambraus, München).

Mitte rechts: Weißblauer Belgier (Foto Sambraus, München).

Unten links: Beef Shorthorn. Ausgewachsene Kuh (Foto Sambraus, München).

Unten rechts: Bulle der Rasse Hereford (Foto Sambraus, München).

Zwischenfrucht, Grünmais) oder vorzeitig aufgestallt werden.

Während **Kälber** der mittelschweren und der Robustrinderrassen auf der Weide meist nicht zugefüttert werden, ist dies bei den Intensivmastrassen durchaus üblich. Dieses zusätzliche Kraftfutter ist dann sinnvoll aufgewendet, wenn das Wachstumsvermögen der Jungtiere dadurch besser ausgeschöpft und das höhere Gewicht bei den Absetzern entsprechend honoriert wird bzw. Vorteile bringt, z. B. im Hinblick auf einen bestimmten Auktionstermin oder Deckzeitpunkt.

Für die Weide gibt es spezielle Kraftfutterspender mit einer in Höhe und Breite verstellbaren Schlupfeinrichtung für die Kälber. Der Vorratsbehälter muss zudem so konstruiert sein, dass die Mutterkühe ihn nicht umwerfen können, um an das schmackhafte Kälberaufzuchtfutter heranzukommen.

Kraftfutterspender für Kälber in Selbstbauweise. Die gekröpften Füße und ein entsprechendes Eigengewicht schützen vor dem Umstoßen durch Muttertiere.

Kraftfutterspender für Kälber der Intensivmastrassen auf der Weide. Die verstellbare Schlupfeinrichtung verwehrt den Muttertieren den Zutritt

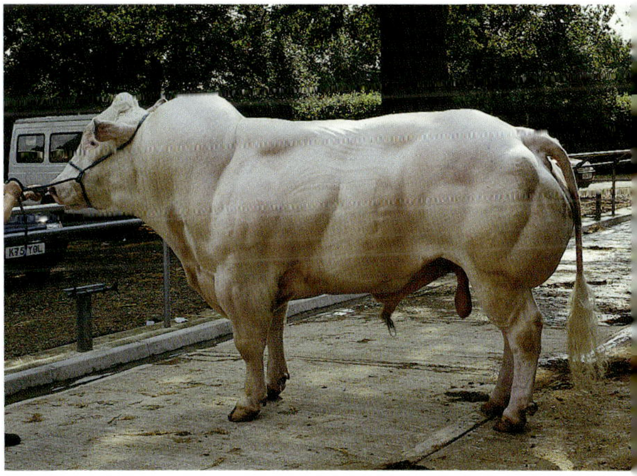

Als Kraftfutter für die Kälber können Eigenmischungen aus gequetschtem Getreide und Trockenschnitzeln oder pelletiertes Zukaufsfutter, z. B. mit 140 g Rohprotein und 12,2 MJ ME (Energiestufe 3), verwendet werden.

Während der gesamten Weideperiode sollten Salzlecksteine zur Verfügung stehen, um den geringen Natriumgehalt im Weidegras auszugleichen sowie aus Sicherheitsgründen ein Rindermineralfutter z.B. mit 10% Phosphor und 16% Kalzium.

Weidepflege und -düngung

Im Sommer unbedingt einmal nachmähen!

Geilstellen werden ungern abgeweidet. Ohne Nachmahd oder Schnittnutzung nimmt der Anteil nicht abgefressener Stellen von Aufwuchs zu Aufwuchs zu. Dadurch steigen die Weideverluste. Vor allem kommt es zur Verunkrautung des Bestandes, die meist an den Geilstellen beginnt.

Im Rahmen der Weidepflege ist dabei ein Nachmähen bei allen Weideformen unbedingt notwendig. Ausnahmen gibt es nur in den Fällen, wenn z.B. der 3. Aufwuchs als Winterfutter konserviert wird. Das Nachmähen wirkt sich zudem günstig auf die Bestandszusammensetzung und dadurch auf die Futteraufnahme aus.

Ein günstiger Zeitpunkt für den Reinigungsschnitt, z.B. bei stärkerem Auftreten des Ampfers, ist immer dann, wenn der Fruchtstand des Ampfers gebildet wird. Nachdem der Ampfersame sehr schnell keimfähig ist und dieser zudem über Jahrzehnte keimfähig bleiben kann, sollte durch eine entsprechend frühe Mahd der betreffenden Stellen ein Aussamen verhindert werden. Die Devise muss deshalb lauten: „Wehret den Anfängen" oder „Ein Ampfer ist einer zu viel". Die Nachmahd entfernt verholzende Pflanzen und die Qualität des nächsten Aufwuchses wird verbessert. Andernfalls kann das Nachmähen auch in einem späteren Vegetationsabschnitt erfolgen. Eine Wiederholung des Nachmähens ist besonders dann notwendig, wenn ein neuerliches Aussamen des Ampfers verhindert werden soll.

Wichtige Gräser haben ihr Reservestoffsystem, das sie für den Wiederaustrieb benötigen, in einem 5–6 cm langen Halmabschnitt oberhalb des Wurzelansatzes. Wichtig ist deshalb, eine genügend hohe

Farbtafel links:

Oben: Jungkuh der Rasse Luing.

Unten: Bulle der Rasse Welsh Black.

Leckschale zur Mineralfutterversorgung auf der Weide.

Stoppel (mind. ca. 6 cm) zu belassen, um den erwünschten Pflanzenarten eine ausreichende Einlagerung von Reservestoffen zu ermöglichen.

Der Wiederaustrieb wird dadurch beschleunigt. Dem kommt im Hinblick auf mögliche Trockenperioden und der Unterdrückung des Ampfers besondere Bedeutung zu.

Das **Verteilen der Kotfladen** auf der Weide ist zwar aufwändig, aber vorteilhaft. Es ist zweckmäßig zu warten, bis diese abgetrocknet sind und hierfür die Wiesenschleppe einzusetzen. In der Regel wird der 1. und 2. Schnitt beweidet und dann die Fläche abgemulcht.

Zudem ist es ratsam, im zeitigen Frühjahr die abgetrockneten **Maulwurfshaufen** zumindest auf den für die Schnittnutzung vorgesehenen Flächen mit einer narbenschonenden Reifenegge abzuschleppen. Ansonsten muss vor allem bei stärkerem Befall mit einem höheren Schmutzanteil im Mähgut gerechnet werden. Dies führt bei Silagegewinnung zu einer schlechteren Konservierung des Futters.

Eine Heuwerbung ist in diesem Fall vorzuziehen. Auf stark befallenen Flächen kann durch Beweiden mit hoher Besatzdichte rasch wieder eine Festigung der Grasnarbe erreicht werden. Durch intensive Standweide und starken Viehbesatz wird der Maulwurf stärker zurückgedrängt bzw. „vergrämt“. Eine Bekämpfung des Maulwurfs scheidet aus, nachdem er unter Naturschutz steht.

Nachsaat

Schäden an der Narbe durch die Beweidung müssen möglichst schnell repariert werden. Bei größeren Kahlstellen ist daher eine Nachsaat mit geeigneten Mischungen unbedingt erforderlich. Es gibt spezielle Nachsaatmischungen für Weideflächen im Agrarhandel. Eine Nachsaat ist allerdings auf regelmäßige Wasserversorgung angewiesen, um sie zum Erfolg zu führen.

Staunasse Grünlandflächen nicht beweiden

Zu den Pflegemaßnahmen auf der Weide gehört auch die Beseitigung von Staunässe durch Drainagen und die Regulierung von Wasserläufen, um Überschwemmungen vorzubeugen. Dies ist allerdings nur möglich, sofern nicht rechtliche Vorgaben aus landwirtschaftlichen Förderprogram-

Einem Überhandnehmen des Ampfers sollte durch selektive Bekämpfung rechtzeitig vorgebeugt werden.

men oder dem Naturschutzgesetz diesen entgegenstehen.

Auf staunassen Flächen wachsen meist nur minderwertige „Sauergräser" wie Seggen und Binsen. Ständige oder zeitweise Vernässung des Bodens hemmt insgesamt das Pflanzenwachstum. Bei hoch anstehendem Grundwasser kommt es zu Trittschäden. Zertretene Grasnarben neigen zur Verunkrautung.

Auf feuchten und gelegentlich überschwemmten Weiden muss auch mit einem verstärkten Parasitenbefall z. B. mit Leberegeln sowie mit Magen- und Darmwürmern gerechnet werden, die zu Leistungsminderungen führen.

Drainieren der Weide vermindert die Leberegelgefahr. Gleichzeitig werden Stechmücken und Bremsen die Brutplätze genommen.

Kalkstickstoff gegen Weideparasiten

Zur Bekämpfung von Weideparasiten, insbesondere der Zwergschlammschnecke als Zwischenwirt des Leberegels sowie von Wurmeiern und -larven, hat sich Kalkstickstoff bewährt.

Neben einer medikamentösen Behandlung befallener Tiere können zur Entseuchung überschwemmter Flächen 3–4 dt gekörnter Kalkstickstoff nach Vegetationsbeginn mit Wiederholung nach dem ersten Umtrieb (3 dt) empfohlen werden.

Ferner ist es zweckmäßig, Nässe- und Überschwemmungsstellen nicht zu beweiden und entsprechend auszuzäunen. Sofern es sich um größere Flächen handelt und der Aufwuchs als Winterfutter benötigt wird, bietet sich die Silagebereitung an. Werden z. B. in einem Bestand mit Flüssigmistbereitung derartige Ektoparasiten festgestellt, sollte keine Frischgülle auf die Futterflächen ausgebracht werden.

Tierische Schädlinge kurz halten

Neben Wühlmäusen und Maulwürfen können auch Feldmäuse bei massenhaftem Auftreten beträchtliche Schäden auf Wiesen und Weiden anrichten. Einer starken Vermehrung der Feldmaus wird durch den Schutz der Greifvögel und das Aufstellen von Sitzstangen auf den befallenen Grünlandflächen vorgebeugt.

Diese 2 bis 3 m hohen Pfähle sollten mit einem 30 bis 45 cm breiten und etwa 3 cm starken Querholz versehen werden, das so anzubringen ist, dass der Greifvogel nach Westen gegen die Hauptwindrichtung sitzen kann.

Gelegentlich sind auf dem Grünland nesterweise Kahlstellen anzutreffen. Ursache hierfür können Larven der Wiesenschnake sein, die die Pflanzen dicht über dem Boden abfressen. Informationen über den Einsatz geeigneter Insektizide bei massenhaftem Auftreten dieser Larven sowie über die Bekämpfung von Wühlmaus und Feldmaus sind beim örtlichen Pflanzenschutzdienst zu erhalten.

Chemische Unkrautbekämpfung – der letzte Schritt!

Als Unkräuter auf dem Dauergrünland gelten:

- gifthaltige bzw. schädliche Pflanzen, wie z. B. Scharfer Hahnenfuß und Herbstzeitlose;
- wertlose oder wegen ihres geringen Futterwertes weniger geschätzte Pflanzen, die als Platz- und Nährstoffräuber fungierten. Hierzu zählen z. B. Ampfer sowie Wiesenkerbel und Bärenklau, wenn diese in größerem Umfang vorhanden sind;
- wertvolle Arten, wenn sie einseitig überhand nehmen und einen bestimmten Anteil am gesamten Aufwuchs überschreiten, wie dies u. a. bei Löwenzahn oder Kümmel der Fall ist.

Ehe eine chemische Unkrautbekämpfung in Angriff genommen wird, sollten die Ursachen einer starken Vermehrung dieser Pflanzen ermittelt und abgestellt werden. Hierfür kommen folgende Bewirtschaftungsfehler in Betracht:

- überhöhte Jauche-, Gülle- oder mineralische Stickstoffgaben;

- „Unterbeweidung“ durch zu geringe Besatzstärke und bevorzugtes Abfressen wertvoller Gräser und Kräuter;
- Verletzung der Grasnarbe z. B. durch zu tiefes Mähen, falsch eingestellte Erntegeräte oder Beweiden bei zu feuchtem Boden. Die zahlreich auf dem Grünland vorhandenen Unkrautsamen keimen dann auf diesen Stellen aus.

Durch Vermeidung derartiger Fehler kann einer Verunkrautung intakter Weideflächen vorgebeugt werden.

Hat die Verunkrautung ein so starkes Ausmaß erreicht, dass auf chemische Mittel nicht verzichtet werden kann, ergeben sich folgende Möglichkeiten:

- Gezielter Eingriff in die Pflanzengesellschaft mit speziellen, nur gegen die unerwünschte Art gerichteten Mitteln. Dies geschieht z. B. bei der Horst- und Einzelpflanzenbekämpfung durch Besprühen mit der Rückenspritze mit selektiven Mitteln oder dem Benetzen mit sog. Dochtstreichgeräten. Die wertvollen bzw. erwünschten Pflanzenarten werden dabei weitgehend geschont, allerdings ist der Arbeitsaufwand bei dieser „selektiven Herbizidanwendung“ im Vergleich zur Flächenspritzung hoch. Dieser ist jedoch vertretbar, wenn die Verunkrautung nicht zu weit fortgeschritten ist. Höhere Flächenleistungen werden dagegen mit dem Rotowiper erreicht, bei dem eine mit selektiven Wirkstoffen vollgesogene Walze die über den Bestand hinausragenden Unkrautpflanzen bestreicht, wie z. B. Ampfer. Das Gerät gibt es in verschiedenen Arbeitsbreiten, es ist am Schlepper angebaut und funktioniert über Bodenantrieb.
- Flächenspritzung mit selektiv, nur gegen die unerwünschten Pflanzenarten wirksamen Unkrautbekämpfungsmitteln, ohne oder mit Nachsaat. Manche landwirtschaftlichen Förderprogramme verbieten allerdings eine Flächenspritzung im Grünland.
- Abtöten des gesamten Bestandes mit einem Total-Herbizid und anschließender Neuansaat. Dieses Verfahren empfiehlt sich erst bei massiver Verunkrautung durch Hahnenfuß, Wiesenkerbel oder Quecke, aber nicht bei Ampfer, da dieser ein Lichtkeimer ist und die Verunkrautung dadurch in der Regel noch zunimmt. Auch dieses Verfahren ist in einigen Bundesländern durch Förderprogrammvorgaben verboten.

Im Hinblick auf das jeweils zweckmäßige Verfahren, den Einsatz geeigneter Mittel und Empfehlungen für regionale bewährte Ansaatmischungen zum schnellen Schließen von Lücken, sollte die Beratung der Landwirtschaftsämter bzw. -kammern in Anspruch genommen werden.

Das Prinzip der Nährstoffbilanz

Grundlage einer zeitgemäßen Düngung bildet die Nährstoffbilanz. Dabei sollen nur die Nährstoffmengen ergänzt werden, die dem Nährstoffkreislauf der Futterflächen entzogen werden. Grundsätzliche Unterschiede in der Düngung verschiedener Weideformen, z. B. zwischen Umtriebs- und Standweide, bestehen nicht. Sie ergeben sich lediglich in der Höhe der Düngergaben.

Bei der Versorgung der Weideflächen ist nicht allein die Menge der einzelnen Nährstoffe, sondern vor allem deren Ausgewogenheit von großer Bedeutung.

Unterstellt man eine alleinige Beweidung während der gesamten Vegetationszeit, fließen ca. 80 % der Nährstoffe wieder über die Ausscheidungen der Tiere auf die Flächen zurück. Dieser Rückfluss reduziert sich, wenn z. B. die Tiere über Nacht im Stall verbleiben, um Kraftfutter aufzunehmen, oder einzelne Schnitte nicht beweidet werden.

Daher ist es weitaus schwieriger, das System der Nährstoffbilanz, welches auf Schnittgrünlandflächen gut funktioniert, auch für Weideflächen anzuwenden. Bei einer 3-schnittigen Wiese oder ganzjähriger Weidehaltung werden bei einem durchschnittlichen Trockenmasseertrag (TM) in Höhe von etwa 80 dt/ha in etwa folgende Nährstoffmengen entzogen:

Tab. 62. Durchschnittlicher Nährstoffentzug pro Jahr im Grünland

Stickstoff	200	(170–300)	kg/ha/Jahr
Phosphat	60	(50–90)	kg/ha/Jahr
Kali	220	(180–300)	kg/ha/Jahr
Magnesium	30	(25–45)	kg/ha/Jahr

Die niedrigeren Werte in der o. a. Tabelle entsprechen ca. 70 dt in trockenen Jahren, die höheren Angaben beziehen sich auf 100 dt Trockenmasseertrag in feuchten Jahren.

Bei Hutungen und sonstigen extensiven Grünlandstandorten müssen diese Werte mehr oder weniger deutlich nach unten korregiert werden. Von diesen Nährstoffmengen ist bei Beweidung jetzt der Rückfluss über die Ausscheidungen der Tiere abzuziehen. Dieser ist davon abhängig, wie viele Schnittnutzungen durchgeführt werden bzw. wie lange die Tiere auf der Weide stehen. Die Rückflussmenge wird am besten durch einen Prozentwert angegeben und ist vom Praktiker aufgrund seiner Erfahrungen zu ermitteln (z. B. 50 % Nährstoffrückfluss). Die Differenz aus Nährstoffbedarf und Nährstoffrücklieferung ergibt den Restdüngerbedarf.

Der restliche Düngerbedarf wird aus der Differenz zwischen dem Nährstoffentzug durch Weide- und Schnittnutzung und der Nährstoffrücklieferung durch wirtschaftseigenen Dünger, wie Stallmist, Jauche oder Gülle, errechnet.

Bei der Kalkulation wurden Bodenuntersuchungswerte bei Phosphor und

Tab. 64. Nährstoffabdeckung durch organische Dünger in kg/ha

Nährstoffergänzungsbedarf	N	P_2O_5	K_2O
(vgl. Tab. 62)	60	35	130
Stallmist 100 dt/ha	20*	30	80
(5,5 kg N; 3 kg P_2O_5, 8 kg, K_2O pro t)			
+ Jauche 10 cbm/ha	45*	–	70
(5 kg N; -; 7 kg K_2O pro cbm)	65	30	150
oder Gülle 20 cbm/ha	60*	30	120
(4 kg N; 1,5 kg P_2O_5, 6 kg K_2O / cbm)			

*) Werte gerundet
Bei dieser Berechnung wurde eine N-Ausnutzung in Höhe von ca. 33 % bei Festmist bzw. von 90 % bei Jauche sowie ca. 70 % bei Gülle zugrunde gelegt.

Kali von mindestens 10 mg pro 100 g Boden unterstellt. Der Ausgleich des Ergänzungsbedarfs sollte in erster Linie über die eigenen Wirtschaftsdünger erfolgen. Diese stammen überwiegend von den Futterbauflächen und sollten daher vordringlich dorthin wieder zurückfließen.

Bei einer Düngung mit 100 dt Stallmist und 10 m³ Jauche pro ha oder einer Gülledüngung in Höhe von 20 m³ lässt sich der Nährstoffrestbedarf, wie in Tabelle 64 ersichtlich, weitestgehend decken.

Fazit: Beide Varianten, Stallmist und Jauche sowie Gülledüngung, sind als gleichwertig zu betrachten.

Langjährige Erfahrungen aus Versuchen sowie aus der landwirtschaftlichen Praxis zeigen, dass der restliche Nährstoffbedarf, auch bei Stickstoff, über eine alleinige organische Düngung ohne den Einsatz eines Stickstoff-Mineraldüngers zu decken ist. Voraussetzung dafür ist je-

Tab. 63. Beispiel einer Nährstoffbedarfs-Ermittlung

	N	P_2O_5	K_2O
Nährstoffentzug netto (bei ca. 80 dt TM-Ertrga/ha)	200	60	220
abzgl. Nährstoffrücklieferung			
(1. Aufwuchs geerntet, Tiere Tag u. Nacht auf der Weide)	80	25	90
geschätzter Rückflusswert ca. 40 %			
abzgl. N-Nachlieferung aus dem Boden	60		
bzw. N-Bindung durch Leguminosen			
= Ergänzungsbedarf	**60**	**35**	**130**

doch das Vorhandensein von Leguminosen. Dies gilt vor allem für Weißklee, der sehr dankbar für eine Beweidung ist, die Grasnarbe stabilisert, das Altern des Bestandes verlangsamt und in trockenen Jahren eine größere Ertragssicherheit bietet als reine Grasbestände. Leguminosen kommen mit weniger Wasser zurecht und liefern mithilfe der Knöllchenbakterien kostenlos Stickstoff. Ein großer Vorteil des Einsatzes von Wirtschaftsdüngern im Grünland ist neben dem idealen Nährstoffverhältnis, das diese bieten, dass sie Leguminosen durch ihre langsame Stickstofflieferung eher fördern als zurückdrängen.

Eine exakte Düngerempfehlung ist letztlich erst aufgrund von Bodenuntersuchungen möglich. Weisen diese Werte unter 10 mg Nährstoffgehalt je 100 g Boden auf, sind Zuschläge zu den errechneten Düngermengen sinnvoll. Andererseits müssen bei hoher Versorgungsstufe entsprechende Abschläge vorgenommen werden.

Die wirtschaftseigenen Dünger liefern die in Tabelle 64 angegebenen Nährstoffmengen. Dabei handelt es sich um Durchschnittswerte mit entsprechender Schwankungsbreite.

Für Rindergülle wurde ein Trockenmassegehalt in Höhe von 7,5 %, für Festmist in Höhe von 25 % unterstellt. Bei einer Umrechnung der Stallmistgaben auf den Rauminhalt von Streufahrzeugen ist von einem spezifischen Gewicht von 8–10 dt/m³ auszugehen. Auf Grünland sind **Stallmistgaben** in Höhe des Restnährstoffbedarfs nach Abzug der Rücklieferung durch die Tierausscheidungen sinnvoll. Die zur Beweidung vorgesehenen Flächen sollten im Herbst abgedüngt werden. Entscheidend ist dabei, dass gut verrotteter Stallmist fein verteilt ausgebracht wird, der im Frühjahr dann noch bei Bedarf „eingerieben" werden sollte. Statt 100 dt/ha/Jahr sind zur besseren Handhabung auch 200 dt/ha/Jahr alle 2 Jahre möglich.

Tab. 65. Gehalt an pflanzenverfügbaren Nährstoffen in Rinderdung (in kg)

	N*	P_2O_5	K_2O	MgO
Festmist (in 10 dt)	5,5	3,0	8	2
Gülle (in 10 m³)	40	15	60	7
(Jauche (in 10 m³)	50	–	70	5

*) gasförmige Lagerverluste in Höhe von 10 % sind bereits berücksichtigt.

In der Mutterkuhhaltung ist es günstig, aus Gründen der Tierhygiene (siehe S. 134) eingestreute Laufställe alsbald nach dem Weideaustrieb zu entmisten und den Wirtschaftsdünger, soweit er nicht für Ackerflächen benötigt wird, bis zum Herbst zu kompostieren. Die in der organischen Substanz gebundenen Nährstoffe, insbesondere der Stickstoff, werden langsam freigesetzt.

Bei Grünland bewertet man die Stickstoffumsatzrate bei allen wirtschaftseigenen Düngern bei langjähriger Anwendung mit 60–70 % des Gesamtstickstoffs.

Sofern bei der Festmistbereitung Jauche anfällt, sollte dieser Stickstoff-Kali-Dünger nur während der Vegetationszeit und in kleinen Mengen von 10–15 m³/ha auf zur Schnittnutzung vorgesehene Flächen ausgebracht werden. Dabei können zum Teil erhebliche Verluste an leicht löslichem Ammoniak-Stickstoff auftreten. Diese lassen sich durch Jauchefahren bei windstillem trübem Wetter wesentlich vermindern. Gleichzeitig wird die Geruchsbelästigung verringert. Ähnliches gilt für die Gülleausbringung. **Unbedingt zu beachten ist hierbei der Gewässer- und Grundwasserschutz.** Das bedeutet: keine Ausbringung im Winter, keinesfalls auf Schnee sowie nicht auf tiefgefrorenen oder wassergesättigten Boden. Wichtig ist eine gleichmäßige Verteilung auf der Fläche und ein Mindestabstand von 5 m zu Oberflächengewässern. Die Gülle kann über die ganze Vegetationszeit, also auch im Herbst, ausgebracht werden, wobei hier die maximale Gabe bei 15 m³/ha liegt. Im Frühjahr und Sommer können auch Güllegaben von bis zu 20 m³/ha verteilt werden; vorteilhaft ist jedoch auch hier eine Beschränkung auf ca. 15 m³/ha.

Insgesamt richtet sich bei allen organischen Düngern die Rückflussmenge nach dem Nährstoffergänzungsbedarf (s. Tabelle 62). Die Höhe der Düngung zur Abdeckung dieses Restbedarfs kann mithilfe der Nährstoffgehalte aus Tabelle 65 ermittelt werden (N-Ausnutzungsgrad beachten!).

Orientierungsrahmen für die Mineraldüngung

Ausschlaggebend für den Nährstoffertrag von Wiesen und Weiden ist in erster Linie die Stickstoffzufuhr. Sie muss jedoch in einem bestimmten Verhältnis zur Phosphat- und Kalidüngung stehen. Allgemeingültige Empfehlungen sind problematisch. Als Faustregel für die Stickstoffzufuhr auf Grünlandflächen gelten 1 bis 2 kg Rein-N je Weidetag und Hektar. Unter Berücksichtigung einer bei Fleischrindern im Vergleich zu Milchvieh geringeren Bewirtschaftungsintensität und einer höheren Nährstoffrücklieferung durch die Ausscheidungen der Mutterkühe bei Ganztagesweide ergeben sich folgende Anhaltswerte:

- 120 bis 150 kg N/ha
- 50 bis 70 kg P_2O_5/ha
- 120 bis 180 kg K_2O/ha

als Mineraldünger oder als Kombination von Handels- und Wirtschaftsdüngern.

Der niedrigere Wert bezieht sich auf eine reine Weidenutzung mittlerer Intensität. Bei den höheren Nährstoffangaben sind ein bis zwei Schnittnutzungen und eine höhere Bewirtschaftungsintensität zugrunde gelegt, wie sie z. B. bei der Haltung schwerer bis mittelschwerer Fleischrinderrassen erforderlich ist.

Der z. B. in Tabelle 63 ermittelte Nährstoffergänzungsbedarf kann auch über eine Mineraldüngergabe abgedeckt werden. Besonders unter der Voraussetzung eines knappen Wasserangebots (geringe Niederschläge), sind durch mineralischen Stickstoff wegen seiner schnelleren Wirksamkeit höhere Erträge zu erzielen als durch organischen Dünger.

Für Weideflächen eignen sich im Prinzip alle Düngemittel. Mineraldünger mit wertvollen Nebenbestandteilen sind zu bevorzugen.

Je mehr Mineralstickstoff gegeben wird, desto mehr Kleearten werden durch die rasche Verfügbarkeit verdrängt. Wie bereits erwähnt, gibt es sehr positive Erfahrungen mit ausschließlich organischen Düngemitteln. Bei zusätzlicher Mineralstickstoffausbring, sollte eine Obergrenze von maximal 80–90 kg Stickstoff im Jahr zusätzlich zur organischen Düngung eingehalten werden, um den Weißklee nicht von den Weiden zu verdrängen. Als mögliche Verteilung kommt bei dreimaliger Beweidung eine Stickstoffgabe von jeweils 30 kg pro Aufwuchs in Betracht. In niederschlagsreichen Gebieten mit wenig Kleeanteil können diese Werte auf bis zu 50 kg Stickstoff pro Aufwuchs, insgesamt aber maximal auf 200 kg Stickstoff pro Jahr gesteigert werden.

Der Preis pro Nährstoffeinheit entscheidet

Bei Ausbringung gleicher Rein-N-Mengen ergeben sich zwischen Kalkammonsalpeter und Stickstoffmagnesia, ebenso wie zwischen Schwefelsaurem Ammoniak und Ammonsulfalsalpeter, keine Ertragsunterschiede. Entscheidend ist vor allem der Preis pro Nährstoffeinheit, wobei zusätzlich enthaltene Nährstoffe, wie Kalzium und Magnesium, zu berücksichtigen sind. Beim Kalkstickstoff kommt zur Düngerwirkung hinzu, dass er auf Dauergrünland zur Bekämpfung des Löwenzahns sowie von Weideparasiten und tierischen Schädlingen eingesetzt werden kann. Mineralische Stickstoffdünger müssen ebenso wie alle Volldünger während der Vegetationszeit ausgebracht werden.

In welcher Form Phosphat und Kali verwendet werden, ob als Einzel- oder Mehrnährstoffdünger, ist auch hier in erster Linie eine Frage der Preiswürdigkeit der Einzelnährstoffe.

Phosphat- und Kalidünger werden am besten im zeitigen Frühjahr ausgebracht, da viele Nebenbestandteile wie Magnesium, Schwefel und andere Nährstoffe auswaschungsgefährdet sind.

Kalk auf Wiesen und Weiden?

Die wertvollen Grünlandpflanzen haben ihr Wachstumsoptimum bei schwach saurer Bodenreaktion. Auf Dauergrünland werden bei schweren Lehm- und Tonböden pH-Werte um 6,0, bei mittleren bis leichteren Böden Werte um 5,5 angestrebt. Auf anmoorigen Flächen können die pH-Werte bei 5,0 und auf reinen Moorböden bei 4,5 liegen. Wird aufgrund der Bodenuntersuchung eine Kalkung der Grünlandflächen empfohlen, eignen sich hier kohlensaure Kalke. Bei gleichzeitig zu niedrigen Magnesiumgehalten sollte kohlensaurer Magnesiumkalk eingesetzt werden. Bezogen auf den Gehalt an CaO liegt die jährliche Höchstmenge bei 20 dt/ha. Insgesamt benötigt Grünland geringere Kalkmengen als Ackerland.

Magnesium und Natrium – düngen oder zufüttern?

Magnesium erfüllt gleichzeitig wichtige Funktionen als Pflanzennährstoff und als Mengenelement im Tierkörper. Hinsichtlich der Magnesiumgehalte im Boden und im Grundfutter gibt es erhebliche regionale Unterschiede. In Süddeutschland mit teilweise auf Dolomit basierenden Böden und hohem Mg-Nachlieferungsvermögen kommt einer Magnesiumdüngung geringe Bedeutung zu. Auf einigen Grünlandstandorten im Bundesgebiet ist dagegen eine Magnesiumunterversorgung der Böden mit sehr niedrigen Gehalten im Grundfutter festzustellen. Im Extremfall kann Magnesiummangel auch bei Mutterkühen zur Weidetetanie führen (s. Seite 133).

In diesen Gebieten sollten Bodenuntersuchungen durchgeführt werden und entsprechend den darauf basierenden Düngeempfehlungen Magnesium-Kainit, Stickstoff-Magnesia oder magnesiumhaltige Mehrnährstoffdünger ausgebracht werden (s. Tab. 66). Zuvor ist aber die Rückführung über die organischen Dünger zu berücksichtigen (s. Tab. 65).

Nachdem Magnesium aus jungem, wasserreichem und rohfaserarmem Weidegras nur in geringen Mengen vom Tierkörper aufgenommen bzw. verwertet werden kann, ist es zweckmäßig, zum Weideaustrieb ein spezielles, magnesiumreiches Mineralfutter zu verabreichen.

Bei einer Natriumunterversorgung des Bodens können durch **Natriumdüngung**, z. B. mit Magnesium-Kainit, die entsprechenden Gehalte im Futter nur unter bestimmten Bedingungen angehoben werden.

Voraussetzung ist, dass der Kaligehalt des Bodens 25 bis 30 mg/100 g nicht übersteigt und im Pflanzenbestand Deutsches Weidelgras, Knaulgras, Weißklee und Löwenzahn in größerem Umfang vorhanden sind. Im Hinblick auf die Natriumversorgung der Mutterkühe und Jungtiere wird daher meist der „direkte" Weg über die Salzlecke auf der Weide und eine Viehsalzgabe von ca. 30 g je Tier und Tag zum Winterfutter gewählt.

Tab. 66. Magnesium- und Natriumversorgung der Böden und Bemessung der Düngung

Gehaltsstufe	mg je 100 g Boden		empfohlene Düngung kg/ha	
	Mg	Na	MgO	Na
niedrig	< 10	< 5	100	180
anzustreben (optimal)	10–20	5–10	50	90
hoch	21–30	> 10	0	0
sehr hoch	> 30	–	0	0

Weideeinrichtungen

Weidezaun

Durch sichere, feste Zäune soll ein Ausbrechen der Weidetiere verhindert und einer Verkehrsgefährdung vorgebeugt werden. Für Errichtung und Unterhalt der Weidezäune ist der Tierbesitzer verantwortlich. Bei Fahrlässigkeit haftet er für eventuelle Schäden. Für Rinder übliche Weidezäune sind genehmigungsfrei. Sie müssen jedoch mit den Bestimmungen des Landschaftsschutzes in Einklang stehen*.

Im Hinblick auf die Hütesicherheit gibt es keine genauen Vorschriften. Strenge Maßstäbe an den Außenzaun sind in der Nähe stark befahrener Verkehrswege, bei hoffernen, schlecht einsehbaren Weideflächen sowie in der Nachbarschaft von für Rinder besonders attraktiven Futterschlägen wie Klee, Mais oder Rüben, anzulegen.

Stacheldraht gilt bei Außenzäunen als sicherste Abgrenzung. Bei Stromausfall hält dieser die Weidetiere eher zurück als ein nicht geladener glatter Draht. Stacheldraht ist in einigen Verwaltungsbereichen für Bullenweiden vorgeschrieben.

Nachteilig ist die Verletzungsgefahr für Mensch und Tier. Daher ist Stacheldraht in einigen Fremdenverkehrsgemeinden an öffentlichen Wegen verboten. Stacheldraht darf grundsätzlich nicht unter Strom gesetzt und nicht als Elektrozaun verwendet werden.

Für Innenzäune zur Koppelunterteilung, aber auch als Außenzaun, hat sich der **Elektrozaun** durchgesetzt.

Bewährt haben sich u.a. in Neuseeland entwickelte Zaunsysteme für Rinder mit starken Eckpfosten, weitem Pfahlabstand und dazwischen angebrachten Stützstäben, durch die ein bis vier Elektrodrähte laufen. Sie arbeiten mit Spannungen von mehreren tausend Volt aber geringen Stromstärken (100 bis 1000 mA). Diese Art von Zäunen ist unschädlich für Mensch und Tier. Aufkommender Bewuchs wird abgesengt, sodass eine hohe Impulsenergie aufrechterhalten wird. Ein derartiger, z.B. aus vier Glattdrähten bestehender Außenzaun gilt als hütesicher. Bezüglich Hütesicherheit ist zu beachten, dass die sog. Schockspannung, der Stromimpuls, den das Tier tatsächlich erreicht,

* Für Naturschutzgebiete gelten Sonderregelungen. Entsprechende Auskünfte sind bei der Kreisverwaltungsbehörde erhältlich.

In weniger verkehrsgefährdeten Gebieten sind drei Elektrodrähte für die äußere Weideeinzäunung ausreichend.

Ein spezielles Knotengitter sowie ein Elektrodraht auf der Innenseite sichern diese Weide an einer stark befahrenen Landstraße.

wenn ein Funke vom Draht unter Überwindung von Luft und Fellbrücke auf das Tier überspringt, hoch genug ist. Je schlechter der Draht und je stärker der Bewuchs, desto mehr fällt die Spannung ab. Es erscheint zweckmäßig, bei Weidebeginn die Geräte auf die stärkste Stufe einzuregeln und diese ca zwei Wochen beizubehalten, damit die Tiere genügend Respekt vor dem Elektrozaun haben.

Grundsätzlich sollten Elektrozaungeräte und -systeme mit VDE-Zeichen, möglichst DLG-anerkannt, verwendet werden.

Batteriegeräte ermöglichen den Einsatz auch auf hoffernen Flächen. Sie sind z. T. auch für größere Zaunlängen geeignet. Die Hütedauer hängt von der jeweiligen Batteriekapazität ab. Die Energiekosten liegen jedoch höher als bei **Netzgeräten**. Letztere eignen sich für hofnahe, arrondierte Weiden. Mit Netzgeräten können umfangreiche Zaunanlagen mit Energie versorgt werden; die Hütedauer ist nicht begrenzt. Als weitere Variante kommen Weidezaungeräte mit Solarzellen in Betracht.

Solarbetriebenes Weidezaungerät.

Elektrozaun contra Stacheldraht

Die Ausführung eines weitgehend „hütesicheren" Außenzauns hängt von der jeweiligen Gefahrenzone und der Geländegestaltung ab. Diesbezüglich können als Anhaltspunkte folgende Empfehlungen gegeben werden (Mack 1991):

Risikobereich I:
Abgelegene Weidegebiete, Flächen an wenig befahrenen Verkehrswegen oder leicht zu kontrollierende Weiden in Hofnähe:

Tab. 67. Anforderungen an den Elektrozaun

	Hütespannung	Impulsenergie
feinbehaarte und sensible Tiere, feuchte Standorte, kurze Zuleitung	2000–4000 V	bis 0,5 Joule
dichtbehaarte Rinder, Robustrassen, trockene Standorte, lange Zuleitung	4000–8000 V	über 0,5 Joule

- zwei Elektrodrähte mit einem Bodenabstand von ca. 45 und 90 cm für Mutterkühe mit kleinen Kälbern oder
- Elektrodraht in ca. 90 cm Höhe, wenn Kühe mit größeren Kälbern weiden.

Risikobereich II:
Mäßig gefährdete Gebiete; die Weiden liegen in größerer Entfernung von stark befahrenen Straßen oder Bahnlinien:

- Außenzaun mit zwei Stacheldrähten jeweils oben und unten sowie in der Mitte einen Elektrodraht oder
- zwei Elektrodrähte und ein Stacheldraht.

Risikobereich III:
Gefährdete Gebiete in der Nähe stark befahrener Verkehrswege. Ein erhöhtes Risiko liegt auch immer dann vor, wenn der Deckbulle auf der Weide mitläuft:

- drei bis vier Stacheldrähte im Abstand von 40 – 75 – 100 cm oder 30 – 55 – 80 – 105 cm bei einem Pfahlabstand von 3,50 bis 4,00 m oder
- drei Stacheldrähte und ein nach innen versetzter Elektrodraht (Isolatoren als Abstandshalter) oder als Alternative zum Stacheldraht ein neuseeländisches Elektrozaunsystem mit vier Glattdrähten,
- weitmaschiges Knotengitter mit ein bis zwei nach innen versetzten Elektrodrähten.

Weidepfähle und Tore

Neben imprägnierten Rundpfählen aus Holz finden gelegentlich auch Betonpfähle Verwendung.

Bei einer Zaunhöhe von ca. 1,00 m werden in Abhängigkeit von Untergrund **Eck-**

Tab. 68. Materialkosten für Zäune und Tränken

	Kapitalbedarf €	Jährl. Kosten €
fester Außenzaun je 100 m	160–240	20
zweidrähtiger Innen-E-Zaun je 100 m	35–40	4
eindrähtiger Innen-E-Zaun je 100 m	30–35	3
1 Elektrozaun-Netzgerät[1] bis 25 km Zaunlänge	300–600	55
1 Elektrozaun-Batteriegerät[1] für 1–3 km Zaunlänge, ohne Batterie	200–350	42
1 Batterie je nach Größe	30–40	35
1 Wasserfass, 1000 l	600–800	40
1 Wasserfass, 2000 l	900–1100	50
1 Selbstbedienungsweidepumpe	230–260	25
1 lfd. m Kunststoff-Tränkeleitung	0,4–0,6	0,5
1 Selbsttränke	30–40	4

[1] Elektrozaungeräte, die „DLG-anerkannt“ sind und das „VDE-Zeichen“ besitzen, können als betriebs- und unfallsicher gelten.

Zur Wasserversorgung auf der Weide dient vielfach ein Wasserfass mit zwei bis drei Tränkebecken. Links eine Vorratsraufe für Raufutter.

pfosten ca. 80 cm und die dazwischen liegenden **Pfähle** ca. 50 cm tief eingeschlagen. Die Eckpfosten sollten seitlich verstrebt werden. Je nach Geländeverlauf kann der **Abstand** zwischen den einzelnen **Weidepfählen** 3,00 bis 6,00 m betragen.

Jede fest eingezäunte Koppel muss an einen **Triebweg** angeschlossen sein. Die Breite ist so zu bemessen, dass die Zufahrt zu den einzelnen Koppeln mit den entsprechenden Maschinen und Geräten (z. B. fahrbares Treibgatter, (s. Seite 109) ohne Schwierigkeiten möglich ist. **Weidetore*** müssen besonders gesichert werden, in Wandergebieten am besten mit Kette und Schloss. Läuft der Deckbulle in der Herde mit, ist ein entsprechendes **Warnschild** anzubringen.

* Müssen Weiden von Fußgängern überquert werden, empfiehlt sich ein Überstieg, ein Winkeldurchlass oder Drehkreuz.

Tab. 69. Richtwerte für den Wasserbedarf auf der Weide

	Tränkwasserbedarf in l je Tier und Tag	
	Mittelwert	**Maximum**
Mutterkühe	50	100–200
Färsen	25	70
Jungrinder bis 1 Jahr	20	30
Kälber bis 6 Monate	15	25

(Quelle: Wesselmann 1992, verändert)

Wasserversorgung und Fütterungseinrichtungen

Eine ausreichende Wasserversorgung ist für die Futteraufnahme und Säugeleistung der Muttertiere von ausschlaggebender Bedeutung. Auch auf der Weide muss Tränkwasser ständig und zur freien Aufnahme zur Verfügung stehen. Weite Wege sind ungünstig, da Kühe innerhalb eines Tages (10–12 Stunden) bis zu elfmal die Tränke aufsuchen.

Zu wenig Beachtung findet bisher noch die Wasserqualität. Gerade Rinder reagieren diesbezüglich empfindlich auf Geschmacksabweichungen bzw. -beeinträchtigungen.

Günstige Versorgungseinrichtungen stellen Quellfassungen, Weidebrunnen sowie Wasserfässer mit Tränkebecken dar. Letztere sollten nach Möglichkeit aus Wasserleitung oder Hofbrunnen befüllt und vor starker Erwärmung geschützt werden. Bei der Nutzung von Oberflächengewässern ist der Tränkebereich vor Verschmutzung mit Kot und Harn vor allem im Hinblick auf die Verbreitung von Parasiten zu schützen. Dies kann durch Auszäunung des Uferbereichs geschehen. Dadurch bleibt der wasserfil-

Rundraufe zur Weidebeifütterung.

ternde Randbewuchs erhalten bzw. wird nicht durch Tritt und Verbiss geschädigt. Zu berücksichtigen sind bei Bachläufen auch gewässeraufwärts liegende Verschmutzungsquellen.

Weidepumpen müssen ausreichend dimensioniert sein, um längere Wartezeiten an der Tränke zu vermeiden. Um Boden- und Narbenschäden sowie Morastbildung im stark frequentierten Tränkebereich zu vermeiden, sollten die Versorgungseinrichtungen versetzbar sein oder wasserdurchlässig befestigt werden.

Als **Fütterungseinrichtungen** auf der Weide kommen Raufen oder überdachte Futterwagen zur Verabreichung von Raufutter, Leckschalen und -steine sowie evtl. Kraftfutterspender für Kälber in Betracht.

Überdachte Vorratsraufe für Rundballen.

Ein **Scheuerpfahl** auf der Weide trägt zum Wohlbefinden und auch zur Schonung des Weidezauns bei.

Nach Möglichkeit sollten auf einer Weide **Schattenplätze** durch Waldrand, einzelne Bäume oder einen einfachen Weideschuppen zur Verfügung stehen.

Ein Sonnen- und Windschutz ist in jedem Fall bei **ganzjähriger Freilandhaltung** notwendig. Zusätzlich müssen diesbezüglich folgende Einrichtungen geschaffen werden (s. auch Seite 74 f.):

- überdachte Futterstelle mit befestigtem Auslauf, um Morastbildung während der Wintermonate zu vermeiden,
- Schutzhütte mit windgeschütztem, gut eingestreutem Kälberbereich, sofern während der Wintermonate Jungtiere geboren werden,
- frostsichere Wasserversorgung durch Bach, Quelle oder großen Trog (der bei starker Kälte evtl. täglich vom Hof aus mit temperiertem Wasser befüllt bzw. täglich für einige Zeit eisfrei gehalten werden muss).

Wenn Rinder die Ohren hängen lassen

Mutterkühe und Kälber sind im Vergleich zur Milchviehhaltung weniger krankheitsanfällig. Dies dürfte auf die naturnahe Haltung und die geringere Stoffwechselbelastung der Muttertiere zurückzuführen sein.

Gegen Infektionskrankheiten und Parasiten sind jedoch auch Mutterkühe und Kälber nicht gefeit. Gefürchtet sind vor allem die „Rindergrippe" sowie Durchfallerkrankungen bei Kälbern.

Insgesamt kommen Vorbeugemaßnahmen in der Fleischrinderhaltung entscheidende Bedeutung zu. Tierärztliche Behandlungen erfolgen in erster Linie dann, wenn Gefahr für das Leben von Muttertieren und Kälbern besteht.

Gesundheitsprobleme bei Kühen und Kälbern

Durch regelmäßige Bestandsuntersuchungen, Ausmerzen von Reagenten und Impfprogrammen konnten in den letzten Jahren und Jahrzehnten bedeutende Erfolge bei der Bekampfung verschiedener Infektionskrankheiten u.a. in der Mutterkuhhaltung erzielt werden. So haben Tuberkulose, Brucellose*, verschiedene Deckseuchen, Maul- und Klauenseuche sowie weitgehend auch die Leukose** ihre Schrecken verloren. Auch im Rahmen des freiwilligen IBR***-Bekämpfungsverfahrens konnten regional beachtliche Fortschritte erzielt werden.

Beim kontrollierten Zukauf von Zucht- und Nutztieren z.B. über die Fleischrinderzuchtverbände werden bezüglich der o. a. Krankheiten entsprechende Garantien gegeben.

Infektiöse Faktorenerkrankungen – Rindergrippe und Durchfall sind gefürchtet

Probleme bereiten vor allem die so genannten infektiösen Faktorenerkrankungen. Diese Krankheiten kommen erst dann zum Ausbruch, wenn Ansteckung und herabgesetzte Widerstandskraft zusammentreffen. Die körpereigene Abwehr wird u.a. durch Stress sowie ungünstige Fütterungs- und Haltungsbedingungen geschwächt.

Besonders gefährdet sind Saugkälber, da deren Infektionsschutz noch unvollständig ausgebildet ist. In den ersten Lebenstagen beruht die Infektionsabwehr hauptsächlich auf den über die Biestmilch aufgenommenen Antikörpern. Allerdings besteht ein spezifischer Schutz nur gegen diejenigen Erreger, mit denen sich das Muttertier bisher auseinander gesetzt hat. Während der Trächtigkeit erfolgt beim Rind noch keine Übertragung von Antikörpern in das Kalb. Entscheidend ist daher eine rasche Biestmilchaufnahme nach der Geburt. Die Konzentration der Schutzstoffe geht innerhalb weniger Stunden stark zurück und das Kalb kann diese auch nur kurze Zeit wirksam aufnehmen.

Rindergrippe

Dabei handelt es sich um ein komplexes Krankheitsgeschehen, das meist mit Fieber, Atembeschwerden sowie Husten einhergeht und bei Jungtieren vielfach zu Totalverlusten führt.

An derartigen Atemwegserkrankungen können verschiedene Virusarten einzeln oder gleichzeitig beteiligt sein. Sie bereiten den Nährboden für nachfolgende bakterielle Infektionen, wie z.B. Lungenentzündungen.

* Brucellose = seuchenhaftes Verkalben, ansteckende, chronisch verlaufende Erkrankung; anzeigepflichtig.

** Leukose = übertragbare unheilbare Krankheiten des blutbildenden Systems; anzeigepflichtig.

*** Infektiöse bovine Rhinotracheitis = Nasen-Luftröhren-Entzündung.

Farbtafel rechts:

Oben: Jungtiere der Rasse Zwergzebu (Foto Baumeister, Stuttgart).

Unten: Bison. Herde auf der Frühjahrsweide (Foto Sambraus, München).

Als die diesbezüglich gefährlichsten Viren gelten:

1. Parainfluenza 3-Virus
2. BRSV
3. BVD/MD-Erreger
4. IBR-Virus

1. **Das Parainfluenza 3-Virus** schädigt die Atemwege, sodass sich Bakterien ansiedeln können.
2. Die **BRSV-Infektion*** wurde lange Zeit unterschätzt. Seitdem die Möglichkeit besteht, dieses Virus direkt nachzuweisen, z. B. durch eine Tupferprobe, hat sich gezeigt, dass viele Krankheitsfälle, die früher als „schwere Rindergrippe" angesehen wurden, in Wahrheit eine BRSV-Infektion darstellen. Auch dieses Virus schädigt insgesamt die Atemwege und kann in schweren Fällen sogar plötzliche Todesfälle durch Erstickung hervorrufen. Ursache ist in diesem Fall, dass die Lungenbläschen regelrecht zerreißen. Die Erkrankung tritt in Betrieben mit und ohne Tierzukauf auf. Regional konnte ein z. T. hoher Verseuchungsgrad festgestellt werden. Die Übertragung erfolgt vermutlich durch direkten Kontakt von Tier zu Tier. Als Faktorenkrankheit tritt die Infektion überwiegend in der kalten Jahreszeit auf. Betroffen sind vor allem Kälber und Jungrinder im Alter von vier Wochen bis vier Monaten. In Ausnahmefällen erkranken auch Rinder bis zum Alter von einem Jahr.
   Während des Krankheitsverlaufes sind innerhalb einer Tiergruppe meist verschiedene Stadien der Erkrankung zu beobachten. Bei einem Teil der Kälber setzen die Symptome plötzlich und sehr heftig ein. Innerhalb weniger Stunden treten Todesfälle auf. Die BRSV-Infektion kann gutartig oder mit Komplikationen verlaufen.
   Bei der gutartigen Verlaufsform ist das Allgemeinbefinden nur geringgradig gestört und kein oder nur geringer seröser Nasenausfluss bzw. Tränenfluss vorhanden. Ferner werden Fieber bis 42 °C, beschleunigte Atmung und trockener Husten beobachtet, während Saugverhalten und Futteraufnahme kaum beeinträchtigt sind. Die Ausheilung erfolgt meist innerhalb von zwei bis drei Tagen. Kennzeichnend für Komplikationen sind hochgradig gestörtes Allgemeinbefinden, Kurzatmigkeit bis hin zu akuter Atemnot und bläuliche Verfärbungen der Schleimhäute. Die Sterblichkeitsrate ist hoch, überlebende Kälber kümmern und husten z. T. über mehrere Wochen hinweg. Vielfach werden Mischinfektionen verschiedener Viren sowie bakterielle Sekundärinfektionen beobachtet (Heckert und Steinhagen 1989).
3. Das **BVD/MD-Virus**** schädigt ebenfalls die Atemwege, hat aber darüber hinaus noch weitere tückische Eigenschaften, u. a. weil es die Abwehrkräfte allgemein schwächt und die betroffenen Tiere somit für andere Infektionen, vor allem für Krankheitserreger aus dem Komplex „Kälber- bzw. Rindergrippe" empfänglich macht. BVD/MD gehört zu den wirtschaftlich bedeutendsten Virusinfektionen des Rindes. Schätzungsweise infizieren sich mehr als die Hälfte aller Rinder im Laufe ihres Lebens damit. Es handelt sich um eine anzeigepflichtige Krankheit. Die Bekämpfung ist durch eine entsprechende Bundesverordnung geregelt. Bei der Bekämpfung gilt es, sog. Dauerausscheider, die selbst nicht erkrankt sind, aber andere Tiere mit dem Virus infizieren können, zu erkennen und auszumerzen. Mittels eines speziellen Antigen-Tests lassen sich diese „Dauerausscheider" herausfinden. Durch ein- und dasselbe Virus kann es zu zwei verschiedenen Krankheitsformen kommen:
   Als **Mucosal disease** (MD) wird eine akut bis chronisch verlaufende, praktisch immer zum Tode führende Erkrankung bezeichnet, die bei meist jüngeren Rindern auftritt, welche in den ersten drei bis vier Monaten der embryonalen Entwicklung im Mutter-

* Bovines respiratorisches Synzytial Virus.

** Bovine Virus-Diarrhöe = Virusdurchfall des Rindes; Mucosal disease = Schleimhauterkrankung.

85 056
98 211
85 082
98 208

Farbtafel links:

Oben: Angus. Altbulle in Ausstellungskondition. Gewicht etwa 1150 kg.

Mitte links: Kühe des Belted Galloway-Schlages.

Mitte rechts: Galloway-Bullen der Farbrichtung „Dun" und „Black".

Unten links: Highland Cattle. Kuh mit Kalb bei Fuß.

Unten rechts: Highland Cattle. Typgerechter Altbulle.

Tab. 70. Impfschema für Impfungen gegen die BVD/MD

Grundimpfung:

Sie besteht in der Regel aus einer zweimaligen Impfung in angemessenem Zeitabstand. Für den Impferfolg ist entscheidend, dass bei weiblichen Zuchtrindern die Grundimmunisierung mindestens 6–4 Wochen vor dem ersten Belegen abgeschlossen ist.

Empfehlungen zum Impfzeitpunkt:

	Kälber von ungeimpften Muttertieren	**Kälber von geimpften Muttertieren**	**übrige Zuchtrinder des Bestandes**
1. Impfung	im Alter von 3–4 Wochen	im Alter von 3–4 Monaten	weibl. Zuchtrinder bis spätestens 6–4 Wochen vor der Besamung bzw. Belegung oder im 8. Trächtigkeitsmonat
2. Impfung	im Alter von 3–4 Monaten	im Alter von 7–9 Monaten	

Wiederholungsimpfungen

Empfehlungen zum Impfzeitpunkt:

Kälber von ungeimpften Muttertieren	**weibl. Zuchttiere**
im Alter von 7 Monaten	bis spätestens 6–4 Wochen vor der Besamung bzw. Belegung oder im 8. Trächtigkeitsmonat

Zur Aufrechterhaltung eines ausreichenden Schutzes ist eine jährliche Wiederholung der Impfung ratsam.

(Quelle: Bayerische Tierseuchenkasse 1998)

leib, also vor Ausbildung ihres eigenen Immunsystems, infiziert worden sind und das Virus ständig beherbergt und ausgeschieden haben. Auslöser für das Auftreten der Krankheit ist nach dem gegenwärtigen Wissensstand eine nochmalige Infektion mit dem BVD/MD-Virus oder eine Veränderung des dauerhaft beherbergten Virus.

Es erkranken jedoch nicht alle dauerhaft infizierten Rinder an MD; weibliche Tiere können auch mehrfach Kälber gebären, die aber ebenfalls dauerhaft mit dem BVD-Virus infiziert sind und den Erreger ständig ausscheiden.

Mucosal disease beginnt mit Fieber. Später tritt starker Durchfall (gelblichbraun/grau) mit raschem Kräfteverfall auf. Außerdem sind geschwürige Veränderungen der Haut (besonders in den Zwischenklauenspalten) und an den Schleimhäuten (Flotzmaul, Nasenöffnungen, Maulhöhle, Vorhaut bzw. Scham) zu beobachten.

Der Tod tritt nach etwa einer Woche (akuter Verlauf) oder nach wochenlangem Siechtum ein (chronischer Verlauf).

Als BVD wird dagegen eine meist milde, selten aber auch schwerwiegend oder gar tödlich verlaufende Erkrankung von Rindern bezeichnet, die zuvor noch keinen Kontakt mit dem Virus hatten.

Auch BVD beginnt mit Fieber, das aber bei Ausbleiben sonstiger Krankheitserscheinungen meist nicht festgestellt wird. Durchfall tritt bei einem Teil der infizierten Tiere auf, hält jedoch in der Regel nur kurze Zeit an (Klee 1991).

* Infektiöse Bovine Rhinotracheitis bzw. Infektiöse Pustulöse Vulvovaginitis.

4. Das **IBR-/IPV-Virus*** hat regional unterschiedliche Bedeutung im Hinblick auf den Verseuchungsgrad der Rinderbestände. Ursache der infektiösen Nasen-Luftröhren-Entzündung und das Bläschenausschlags ist das bovine Herpesvirus Typ 1 (BHV). Diese Virusinfektion kann Rinder jeden Alters befallen. Besonders betroffen sind die Schleimhäute des Atmungs- und Geschlechtsapparates.
In ihrer typischen Form ist die Krankheit charakterisiert durch hohes Fieber, gerötete Nasenschleimhaut, Nasenausfluss, Husten und Speichelfluss. Die starke Schwellung der Nasenschleimhaut führt dann zu Atembeschwerden mit schniefenden Atemgeräuschen.
Weibliche Tiere leiden oft auch unter einer Scheidenentzündung mit geringem, klarem Ausfluss. Auch Verwerfen tritt bei trächtigen Tieren auf. Bei Bullen kommt es zur Entzündung der Schleimhäute des Penis, verbunden mit einer Entzündung und Schwellung der Vorhaut. Todesfälle sind nicht selten. Oft verläuft die Infektion jedoch auch ohne äußerlich erkennbare Krankheitserscheinungen. Während der Infektion werden ansteckungsfähige Viren mit dem Nasenschleim, der Tränenflüssigkeit, dem Schleimhautsekret des Geschlechtsapparats und mit dem Sperma in großer Menge ausgeschieden. Die Übertragung des Erregers erfolgt in den meisten Fällen durch Kontakt von Tier zu Tier. Ein einmal infiziertes Rind bleibt während seines ganzen Lebens Virusträger!
Das tückische an der IBR/IPV ist, dass sich das Virus im Tierkörper gleichsam „verkapseln" kann, ohne dass Antikörper im Blut nachweisbar sind und in diesem Fall eine Infektion nicht erkennbar ist. Vor allem kann das Virus durch Stress bzw. alle Einflüsse, die die Widerstandskraft des Tieres herabsetzen, u. a. durch Transport, Futterumstellungen, Geburt etc., jederzeit wieder aktiviert werden.
Als Sekundärinfektion bei Viruserkrankungen ist vor allem die **Lungenentzündung bei Kälbern** („Kälbergrippe") zu nennen. Die ersten Anzeichen – Fieber und beschleunigte Atmung – werden häufig übersehen, weil das Allgemeinbefinden zunächst kaum beeinträchtigt ist. Erst mit fortgeschrittener Erkrankung, meist nach drei bis vier Tagen, lassen die Kälber die Ohren hängen, saugen wenig und zeigen trüben Nasenausfluss, Husten und mitunter starke Atemnot.
Wichtig ist in diesem Fall, dass die Kälber so rasch wie möglich behandelt werden. Gegen die bakteriellen Erreger können spezielle Antibiotika eingesetzt werden.

Das Schlimmste verhindern

Virusinfektionen haben eines gemeinsam: es gibt dagegen bis heute keine wirksamen Medikamente. Insofern beschränken sich Behandlungsmaßnahmen beim Rindergrippekomplex darauf, das Schlimmste zu verhindern.

Bei leichten Erkrankungen sollte zur Vermeidung von bakteriellen Sekundärinfektionen eine wirksame Antibiotika-Therapie eingeleitet werden. In schweren Fällen muss mit entsprechenden Medikamenten – sofern man die Erkrankung rechtzeitig bemerkt – zunächst die schwere Atemnot gelindert werden.

Wegen des gewöhnlich hohen Fiebers ist eine ausreichende Flüssigkeitszufuhr wichtig (Elektrolyt-Vorratstränke, ggf. Infusion). Ferner können fiebersenkende und entzündungshemmende Mittel sowie im Bedarfsfall geeignete Antibiotika eingesetzt werden. Auch bei rechtzeitigem Eingreifen ist zu berücksichtigen, dass die Therapie unter Umständen langwierig und nicht immer erfolgreich ist. Problematisch sind auch Spätschäden an der Lunge mit entsprechenden Leistungseinbußen.

Vorbeugemaßnahmen und spezielle Bekämpfungsverfahren

Im Hinblick auf Vorbeugemaßnahmen gegen Rindergrippe kommt dem Erregernachweis große Bedeutung zu. Dieser ist heute rasch und problemlos möglich (Nasentupfer- oder Blutproben). Erst aufgrund einer genauen Diagnose können spezifische Muttertierschutzimpfungen bzw. Impfprogramme durchgeführt werden. Ferner müssen ungünstige Umwelteinflüsse soweit wie möglich ausgeschaltet werden. Notfalls muss die Abkalbezeit in die Herbst- oder Frühsommermonate verlegt werden!

Mit Ausnahme der IBR/IPV sowie BVD/MD werden in Problembeständen zweimalige Herdenimpfungen vor Beginn der kalten Jahreszeit im Abstand von vier bis sechs Wochen durchgeführt.

Bei BVD/MD ist im Hinblick auf den Infektionsmodus ein exaktes, längerfristig angelegtes Impfprogramm erforderlich, wie das Schema auf Seite 129 zeigt.

Zum Schutz vor IBR/IPV Infektionen werden in einzelnen Bundesländern freiwillige Bekämpfungsverfahren durchgeführt.

In Fleischrinderherden erfolgt dies in folgenden Schritten:

- Blutuntersuchungen bei allen Tieren eines Bestandes, um von einem bestimmten Mindestalter an festzustellen, ob und in welchem Umfang die betreffende Herde infiziert ist.
- Bei negativem Befund erfolgt die Anerkennung als IBR-unverdächtiger Bestand. Im jährlichen Turnus werden in diesen Herden die Deckbullen einer Blutuntersuchung unterzogen. Bei negativem Befund ist davon auszugehen, dass in der Herde keine Infektion stattgefunden hat.
- Bei geringgradigem Befall sind infizierte Tiere auszumerzen. Zunächst müssen weitere Einzeltieruntersuchungen durchgeführt werden, bis der Status „IBR-unverdächtig“ erreicht ist.
- Bei stärkerem Befall werden die infizierten Tiere geimpft. Auf diese Weise kann die Weiterverbreitung der Infektion bei den Jungtieren unterbunden und im Laufe der Zeit ein IBR-unverdächtiger Bestand aufgebaut werden.

Einzelne Fleischrinderzuchtverbände lassen zu den Auktionen nur noch Tiere aus IBR-unverdächtigen Beständen zu. Außerdem sollten Bullen zum Decken in andere Fleischrinderherden nur verbracht werden, wenn sie in den Herkunftsbetrieben mindestens 14 Tage vorher mit negativem Ergebnis auf IBR untersucht worden sind. Der Beitritt zum freiwilligen IBR-Bekämpfungsverfahren erfolgt entweder über den Fleischrinderzuchtverband oder direkt beim jeweils zuständigen Veterinäramt.

BSE – eine heimtückische Krankheit

Bei BSE (= **b**ovine **s**pongiforme **E**nzephalopathie) handelt es sich um eine unheilbare Erkrankung im Zentralnervensystem des Rindes mit schwammartigen Gewebeveränderungen im Stammhirn. Als Auslöser gelten veränderte Eiweißmoleküle, so genannte Prionen-Proteine. Neuerdings gibt es Hinweise auf eine genetische Komponente, die die Anfälligkeit gegenüber den BSE-Erregern beim Rind beeinflusst. Der Hauptübertragungsweg wird in der Verfütterung von erregerhaltigem Material gesehen, wobei Tiermehl wahrscheinlich die wichtigste Quelle darstellt.

Als weiterer Infektionsweg kommt möglicherweise Milchaustauscher mit kontaminiertem Rindertalg in Betracht. Nicht geklärt ist bisher, ob bei der Entstehung der Prionen-Erkrankung noch weitere, bislang unbekannte Faktoren beteiligt sind. Neben den Begleitumständen einer Infektion ist auch der Weg vom Darm zum Gehirn des Rindes noch unklar.

Im Frühstadium lässt sich die Erkrankung mithilfe von Gewebeproben aus dem Stammhirn feststellen. Erst im Spätstadium, nach einer Inkubationszeit von bis zu 5 Jahren, treten klinische Symptome auf. Neben Verhaltensstörungen wie Ängstlichkeit, Nervosität und Schreckhaftigkeit, kommt es zu einer Überempfindlichkeit gegen Berührung, Lärm und Licht. Im Endstadium treten Bewegungsstörungen, steifer Gang und Schwanken bis hin zum Festliegen auf.

Die Krankheit ist **anzeigepflichtig**. Die Schlachtung verdächtiger Tiere ist unter allen Umständen zu vermeiden. Erkrankte Tiere sowie Folgemaßnahmen im Herkunftsbestand werden entschädigt.

Nach derzeitigem Erkenntnisstand sind die beim Menschen vorkommende Variante der Creutzfeld-Jakob-Krankheit und BSE auf eine gemeinsame Ursache zurückzuführen. Aus Gründen des Verbraucherschutzes ist in der Bundesrepublik seit Januar 2000 bei allen über 24 Monate alten Schlachtrindern die Durchführung eines so genannten BSE-Schnelltests vorgeschrieben. Ferner muss bei der Schlachtung das gesamte so genannte Risiko-Material (Schädel einschließlich Gehirn, Augen und Mandeln; Rückenmark mit Wirbelsäule und Nervenknoten) im Rahmen des Schlachtvorgangs entfernt werden.

Mittlerweile liegen Hinweise dafür vor, dass bei BSE eine Übertragung vom Muttertier auf das Kalb stattfinden kann. Kontakte zwischen kranken und gesunden Tieren führen nach gegenwärtigem Kenntnisstand jedoch nicht zu einer Infektion.

Maul- und Klauenseuche – Gefahr der Einschleppung

Dabei handelt es sich um eine hochgradig ansteckende Viruskrankheit der Klauentiere. Für den Menschen besteht keine Gefahr. Der Erreger tritt in mehreren Typen und zahlreichen Untertypen auf. Eine vorbeugende Impfung erfolgt in der EU seit 1992 nicht mehr.

Infizierte Tiere können schon vor dem Auftreten erster Krankheitssymptome andere Tiere anstecken. Die Inkubationszeit beträgt 2–7 Tage. Es kommt unter anderem zu hohem Fieber, Appetitlosigkeit und Störungen des Wiederkauens. Charakteristisch sind neben dem Speicheln in langen Fäden die erbsen- bis taubeneigroßen Blasen in der Mundhöhle, im Klauenbereich und an den Zitzen.

Die Maul- und Klauenseuche ist in einigen Regionen der Erde nach wie vor verbreitet. Vor allem kann sie sich schnell über große Gebiete und über Ländergrenzen hinweg ausbreiten. Wegen des international starken Handels- und Reiseverkehrs besteht die ständige Gefahr einer Einschleppung. Eine Infektion kann über den Import lebender Tiere sowie tierischer Erzeugnisse, u. a. durch von Reisen mitgebrachte Speisen, sowie durch an Schuhen und Kleidung anhaftende Viren ausgelöst werden. Unter diesem Aspekt ist eine entsprechende Vorsorge im Rahmen betrieblicher Schutzmaßnahmen dringend anzuraten. Im Verdachtsfall muss sofort der Amtstierarzt verständigt werden. Die Maul- und Klauenseuche zählt zu den **anzeigepflichtigen Tierseuchen**.

Blauzungenkrankheit

Diese im Jahr 2006 erstmals in Deutschland aufgetretene Virusinfektion bei Wiederkäuern zählt ebenfalls zu den **anzeigepflichtigen Tierseuchen**. Das Virus tritt in verschiedenen Varianten, d.h. Serotypen auf. Es ist auf Menschen nicht übertragbar. Die Krankheit wird durch winzige, 1 bis 3 mm große Stechmücken, die Gnitzen, übertragen. Beim Stich infizierter Tiere gelangen die Erreger in die Mücke, vermehren sich dort und werden mit den nächsten Saugakten weiterverbreitet.

Vom Stich infizierter Gnitzen bis zum Ausbruch der ersten Krankheitsanzeichen vergehen in der Regel 3 bis 12 Tage. Die Symptome sind ähnlich wie bei der Maul- und Klauenseuche: Hohes Fieber über mehrere Tage, verstärkte Blutfülle in den Schleimhäuten des Kopfes, Ödeme an Augenlidern und Ohren, Schleimhautablösungen am Maul, aber ebenso an Euter und Zitzen, starkes ,schaumiges Speicheln sowie Lahmheit infolge von Entzündungen des Kronsaums. Die Folge sind Leistungseinbußen bis hin zum Verwerfen und Missbildungen der Föten. Bei Schafen kommt es zu einer starken Schwellung der Zunge mit entsprechender Verfärbung, was der Krankheit den Namen gab. Bei Rindern verläuft die Erkrankung selten tödlich. In der Regel heilt sie völlig aus und die Tiere sind dann dauerhaft immun. Gefährdet sind Weidetiere in der wärmeren Jahreszeit. Die Mücken sind besonders in der Morgen- und Abenddämmerung aktiv. Zu ihrer Fortpflanzung benötigen sie Wasser und treten daher vor allem in Flussniederungen, Feuchtgebieten und dort besonders im Bereich von Weidetränken auf. Als Schutz vor Infektionen wurden zunächst Insektizide eingesetzt, um die Stechmücken fernzuhalten und, sofern es zum Saugakt kommt, diese abzutöten. Seit 2007 stehen spezifische Impfstoffe zur Verfügung.

Im Hinblick auf die zunehmende Verbreitung und die wirtschaftliche Bedeutung der Virusinfektion, die zu erheblichen Einschränkungen des Viehverkehrs bei der Vermarktung von Zucht-, Nutz- und Schlachtrindern sowie beim Export geführt hat, wurde 2008 bundesweit die Pflichtimpfung aller Rinder eines Bestandes verordnet. Bei Jungrindern ist eine zweimalige Immunisierung im Abstand von 3 bis 4 Wochen erforderlich, danach eine jährliche Auffrischungsimpfung, die jeweils bis zum Frühsommer, vor dem Auftreten der Gnitzen, abgeschlossen sein muss. Die Impfdaten müssen jährlich einzeltierbezogen in der HIT- Datenbank erfasst werden.

Durchfallerkrankungen bei Kälbern

Dabei sind unterschiedliche Verlaufsformen zu beobachten. Das Erscheinungsbild reicht vom schnellen, heftigen Verlauf mit plötzlichen Todesfällen bis hin zu leichten Formen ohne typische Merkmale. Gefährdet sind die Kälber vor allem in den ersten Lebenswochen. Nach heutigem Kenntnisstand sind bei der Mehrzahl der bestandsweise auftretenden Durchfallerkrankungen Rota-, Corona- und andere Viren z. B. auch BVD/MD-Erreger, bestimmte Colikeime und Kryptosporidien (einzellige Parasiten) als Einzel- oder Mischinfektionen beteiligt. In Einzelfällen können auch Salmonellen (Kälbertyphuserreger) die Ursache bilden.

Nicht die Darminfektionen selbst bestimmen das Krankheitsgeschehen, sondern die dadurch entstehenden Stoffwechselstörungen, die durch den hohen Wasser- und Mineralstoffverlust verursacht werden. Der Körper trocknet aus. Die Folgen sind Eindickung und Übersäuerung des Blutes sowie Beeinträchtigung der Nierenfunktion mit Rückstau von Stoffwechsel- bzw. Ausscheidungsprodukten.

Neben der Verabreichung von Medikamenten gegen bakterielle Durchfallerreger und Stärkung der körpereigenen Abwehrkräfte geht es bei der Behandlung darum, den Wasser- und Elektrolytverlust rasch auszugleichen. Dies ist jedoch bei Laufstallhaltung von Mutterkühen und Kälbern nur unter erschwerten Bedingungen möglich.

Vorteilhaft ist es, wenn beim ersten Auftreten von Durchfällen die erkrankten Kälber zusammen mit ihren Müttern in Einzel- bzw. Sanitärboxen untergebracht werden können. Durch Trennung kranker und gesunder Tiere wird die Infektionskette unterbrochen. Vor allem sind Fangen, Behandeln und weitere Beobachtung der Kälber wesentlich erleichtert.

In Problembeständen haben sich neben der Verbesserung der Hygienebedingungen (s. Seite 134) vorbeugende, z. T. wiederholte Muttertierschutzimpfungen im Abstand von vier Wochen bewährt. Dadurch wird die Bildung und Abgabe möglichst vieler Antikörper über die Biestmilch angeregt. Ferner kann neugeborenen Kälbern eine Schluckimpfung zur Steigerung der Infektionsabwehr verabreicht werden.

Voraussetzung für die Herstellung stallspezifischer Impfstoffe sowie die Behandlung erkrankter Kälber ist auch hier der Nachweis der jeweils beteiligten Erreger. Diesbezüglich stehen entsprechende Testverfahren zur Verfügung. Bei Durchfallerkrankungen älterer Kälber oder bei Jungrindern ist an Kokzidiose zu denken (s. Seite 137).

Besondere Probleme ergeben sich bei durch **Salmonellen** ausgelösten Durchfallerkrankungen. Häufig sind erwachsene Rinder Salmonellenträger ohne selbst sichtbar zu erkranken.

Kälber können dagegen stark betroffen sein bis hin zu Abgeschlagenheit und Verenden innerhalb weniger Stunden nach Krankheitsbeginn. Charakteristisch ist hellgelber Durchfall, der mit Schleimfetzen und später mit Blutbeimengungen durchsetzt ist. Salmonellen können durch die geschädigte Darmschleimhaut in die Blutbahn gelangen und Gelenk-, Hirnhaut und/oder Lungenentzündungen verursachen. Die Salmonellose ist eine **anzeigepflichtige Tierseuche**. Für den Menschen besteht Ansteckungsgefahr. Als bakteriell bedingte Erkrankung ist eine Behandlung mit Antibiotika möglich. Diese gestaltet sich in der Praxis aus verschiedenen Gründen äußerst schwierig und langwierig*.

Auch bei MD/BVD kann es zu unterschiedlich starken Durchfällen bei Kälbern kommen (s. Seite 130).

* Verschiedene Salmonellenarten, Resistenzprobleme, verkapselte Herde im Körper, Probleme mit Dauerausscheidern.

** Keimanreicherung, Entstehung resistenter Bakterienstämme; Keime können durch häufige Tierpassagen „aggressiver" werden.

Erkrankungen bei Mutterkühen

Fruchtbarkeits- und **Stoffwechselstörungen** treten in der Mutterkuhhaltung selten auf.

Regionale Bedeutung hat die **Weidetetanie** u. a. in Fleischrinderherden (KLEE 1992). Beim Zusammentreffen mehrerer ungünstiger Faktoren kann es im Frühjahr und Herbst meist auf Intensivweiden zu Störungen des Magnesiumstoffwechsels kommen. Die Folge sind z. T. heftige Krämpfe und vereinzelt auch Todesfälle. In gefährdeten Gebieten empfiehlt sich die vorbeugende Verabreichung spezieller Mineralfutter mit erhöhten Magnesiumgehalten.

Euterprobleme sind auf wenige, gelegentlich auftretende Einzeltiererkrankungen beschränkt. Zudem haben einzelne, verödete Euterviertel („Dreistrichigkeit") bei weitem nicht die Bedeutung wie in der Milchviehhaltung.

Chronische Durchfälle bei Mutterkühen und Jungrindern können durch Endoparasiten ausgelöst werden. Bei älteren Kühen mit wechselnden oder anhaltenden, oft schaumigen Durchfällen in Verbindung mit fortschreitender Abmagerung ist an **Paratuberkulose** zu denken, eine bakteriell bedingte, aber kaum heilbare Erkrankung. Sie ist für Tierärzte meldepflichtig.

Fazit: In der Regel dürfte es wenig Probleme mit Infektionskrankheiten in der Mutterkuhhaltung geben, wenn folgende Vorbeugemaßnahmen konsequent durchgeführt werden:

- Ställe alsbald nach dem Weideaustrieb entmisten, gründlich reinigen, desinfizieren und austrocknen lassen. Holzteile sollten gekalkt werden. Auf diese Weise lassen sich Infektionsketten unterbinden und „Stallmüdigkeit"** vermeiden.
- Einschleppung von Krankheitserregern durch Zukauf aus kontrollierten Beständen vorbeugen. Kontakt fremder Personen mit der Herde auf das Nötigste beschränken und ggf. betriebseigene Schutzkleidung (Stiefel, Stallmäntel) zur Verfügung stellen. Nach Möglichkeit auf das Ausleihen von Deckbullen verzichten!
- Zukaufstiere sowie von Tierschauen zurückkehrende Tiere etwa drei Wochen von der übrigen Herde getrennt halten. Evtl. Blutuntersuchungen auf IBR/IPV und MD/BVD sowie Kotuntersuchungen auf Endoparasiten durchführen lassen.
- Die Einrichtung eines Quarantänestalls bzw. abgegrenzten Stallabteils mit Sanitärboxen lohnt sich!
- Bei in der Herde auftretenden Problemen die Ursachen ermitteln und ggf. rechtzeitige Schutzimpfungen veranlassen.
- Rat und Hilfe ist bei Hoftierärzten, Veterinärämtern und Tiergesundheitsdiensten zu erhalten. Letztere verfügen u. a. über Fachabteilungen für Aufzuchtkrankheiten und spezielle Laboreinrichtungen.

Parasiten schmälern den Gewinn

Weiderinder sind häufig von Parasiten befallen. Die größte Bedeutung kommt dabei den in Lunge, Leber und im Verdauungstrakt schmarotzenden Wurmarten zu. Besonders gefährdet sind diesbezüglich Kälber und Jungrinder. Aber auch Hautparasiten, wie Läuse und Räudemilben, können zu erheblichen wirtschaftlichen Schäden führen und vor allem bei Rassen mit dichtem Haarkleid zum Problem werden.

Wenn Rinder sich ständig scheuern und kratzen

Stärkerer Befall mit **Läusen** sowie **Saug- und Grabmilben** verursacht heftigen Juckreiz. Wohlbefinden und Gewichtsentwicklung der Rinder werden durch ständige Unruhe z. T. erheblich beeinträchtigt. Die Tiere scheuern und lecken sich, bis die betroffenen Stellen blutig sind. Es bilden sich Krusten, Borken und Ekzeme; mitunter sind Hautschäden die Folge.

Die Übertragung der Milben erfolgt durch Tierkontakte, Einstreu, Stallgeräte und Transportfahrzeuge. Gesunde Bestände werden durch neue, in die Herde verbrachte Tiere infiziert.

Rinder können lange Zeit ohne sichtbare Anzeichen mit Räude infiziert sein. Stärkerer Befall tritt in erster Linie in den Wintermonaten auf. Auch wenn die Tiere während der Weideperiode scheinbar genesen, überdauert ein Teil der Milben die Sommermonate. Nach dem Aufstallen kommt es während der Wintermonate zu einer kräftigen Vermehrung.

Neben der Überprüfung von Zukaufstieren sollte eine laufende Kontrolle auf Ektoparasiten in Fleischrinderherden erfolgen, vor allem bei dichtbehaarten Rassen. Der Nachweis von Läusen, Haarlingen und Milben ist anhand von Hautgeschabseln möglich. Bewährt hat sich die Behandlung befallener Tiere vor Beginn der Weidesaison und im Herbst beim Einstallen z. B. mit Breitbandantiparasitika im „Pour-on-Verfahren“ (s. Seite 136).

Glatzflechte erfordert Sonderbehandlung

Hierbei handelt es sich um eine Hautpilzinfektion. Kennzeichnend sind kreisrunde kahle, borkige Flecken in der Größe eines Geldstücks („Taler“-Flechte). Die Infektion tritt vorwiegend während der Stallperiode auf, begünstigt durch unzureichende Nähr- und Wirkstoffversorgung sowie hohe Luftfeuchtigkeit. Die Übertragung der Pilzsporen erfolgt durch Tierkontakte, aber auch durch die Stalleinrichtung. Auch Menschen können sich anstecken!

Eine Behandlung der Glatzflechte kann durch zweimaliges Einsprühen mit pilz- und sporenabtötenden Mitteln, durch

Tab. 71. Räudemilben bei Fleischrindern

Art	hauptsächlich befallene Körperpartien	Anzeichen für Befall	Besonders gefährdete Altersgruppe
Grabmilben (Sarcoptes) „Kopfräude“	Hals, Kopf Kreuzbein	Hautverdickung Borkenbildung Haarausfall	Saugkälber
Saugmilben (Psoroptes)	Rücken, Becken, später auch Hals und Kopf	dicke Krusten Haarausfall	Kälber und Jungrinder
Nagemilben (Chorioptes) „Fuß- und Steißräude“	Schwanzansatz, Euterspiegel, Fesselbeuge, Schenkelfalten	Rötung der Haut, trockene Schuppen	Ältere Rinder, Kühe

Verabreichung von Medikamenten über das Futter oder mit einem speziellen Impfstoff erfolgen.

Dasseln im Vormarsch

Der Befall mit Dassellarven ist bei Fleischrindern nicht allein auf Importtiere beschränkt. Dasselfliegen kommen auch in Deutschland vor. Sie schwärmen vorwiegend im Juli bis September bei schwülwarmer Witterung. Die Eiablage erfolgt meist an den Flanken der Weidetiere. Die Larven der großen Dasselfliege schlüpfen nach etwa einer Woche und wandern unter Gewebezerstörung in den Wirbelkanal. Dort verbleiben sie bis ausgangs des Winters, um dann durch die Muskulatur unter die Rückenhaut zu wandern. Die Larven der kleinen Dasselfliege gelangen nach dem Durchbohren der Haut zum Schlundkopf und von hier unter die Haut des Rückens.

Die Larven bohren sich eine Atemöffnung nach außen. Von ausgangs des Winters bis Juni werden die Dasselbeulen sichtbar. Die ausgereiften Larven verlassen das Wirtstier durch die Atemöffnung und verpuppen sich auf der Weide. In vier bis sieben Wochen entwickelt sich daraus eine neue Dasselfliegengeneration.

Zur Zeit des Larvenschlupfes zeigen die Rinder Juckreiz, Unruhe und verminderte Fresslust. Wirtschaftliche Schäden entstehen durch geringe Gewichtsentwicklung der befallenen Tiere sowie durch Wertminderung der Häute. Zur Behandlung des gesamten Bestandes ist jeder Tierhalter nach dem „Gesetz zur Bekämpfung der Dasselfliege“ von 1967 verpflichtet, wenn bei einzelnen Tieren Larvenbefall auftritt. Zur Bekämpfung sind spezielle Arzneimittel vorgeschrieben. Diesbezügliche Auskünfte erteilen die Veterinärämter bzw. Tiergesundheitsämter.

Der günstigste Behandlungszeitpunkt in dasselgefährdeten Beständen ist der Spätherbst unmittelbar nach dem Aufstallen. In der Zeit von Dezember bis März, wenn die Dassellarven den Wirbelkanal besiedelt haben, sollte keine Behandlung erfolgen. Absterbende Larven können Lähmungserscheinungen hervorrufen.

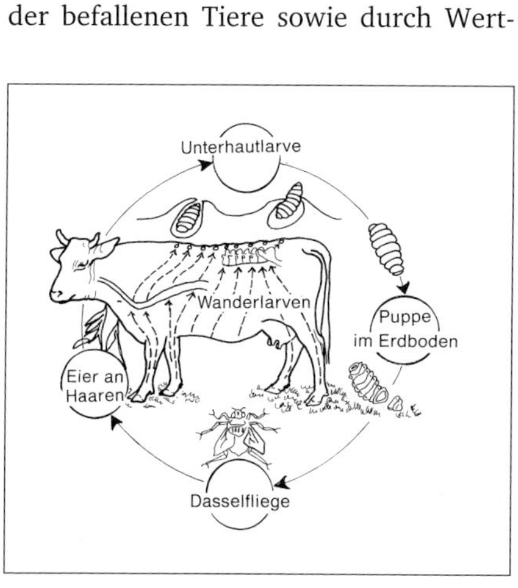

Entwicklungskreislauf der Dasselfliege (nach Rosenberger 1970).

Schutz vor Weidefliegen und Zecken?

Fliegen und Bremsen sind keine Parasiten, können jedoch zur Plage für das Weidevieh werden. Durch die saugenden und leckenden Insekten werden z. T. Krankheiten übertragen. Dies gilt vor allem für Zecken. Gefürchtet ist u. a. die sog. Fleischfliege, die ihre Eier in Wunden ablegt. Die ausschlüpfenden Larven können hochgradige Entzündungen auslösen.

Ein wirksamer Schutz der Weidetiere vor Fliegen lässt sich in der Fleischrinderhaltung durch Verwendung wirkstoffgetränkter Ohrclips erreichen. Die Wirkungsdauer beträgt vier bis fünf Monate.

Weiterhin kommt das Einsprühen der Tiere mit der Rückenspritze oder die Pour-on-Methode in Betracht. Die Präparate sind jedoch nur bis zu 35 Tagen wirksam, sodass die Behandlung drei bis viermal pro Weidesaison wiederholt und die Tiere jeweils fixiert werden müssen.

Bei besonderer Gefährdung des Weideviehs durch Zecken müssen spezielle Präparate entweder über das Futter oder durch Aufsprühen eingesetzt werden.

Auf Verwurmung achten

Lungenwürmer. Die weißlichen, wollfadendünnen, etwa 5 cm langen Würmer besiedeln die großen und kleinen Luftröhrenäste in der Lunge. Sie verursachen z. T. schwere Krankheitserscheinungen, die durch Husten und Atemnot gekennzeichnet sind.

Die Wurmeier gelangen mit den Hustenstößen in das Maul der befallenen Tiere. Sie werden von dort abgeschluckt und mit dem Kot ausgeschieden. Aus den Wurmeiern schlüpfen im feuchten Boden Larven aus, die in wenigen Tagen zu fertigen Würmern heranwachsen. Die Larven werden mit dem Futter aufgenommen, durchbohren die Darmwand und gelangen mit dem Blutstrom in die Lunge.

Wird Lungenwurmbefall festgestellt, ist eine Behandlung im Herbst und im Frühjahr zweckmäßig. Lungenwürmer überdauern vielfach in Jungrindern den Winter und können dann zu Neuinfektionen während der Weideperiode führen.

Magen-Darm-Würmer. Hier handelt es sich um zwirnsfadendünne, ca. 1 cm lange Schmarotzer. Diese entwickeln sich in der Schleimhaut des Labmagens oder Dünndarms aus den während der Weideperiode aufgenommenen Larven. Durch Ausscheidung der Wurmeier über den Kot der Wirtstiere und erneute Larvenbildung bleibt der Entwicklungskreislauf in Gang. Je nach Befallsgrad und Anfälligkeit zeigen infizierte Tiere verminderte Fresslust und vor allem im Spätsommer verstärkt auftretende Durchfälle.

Wirtschaftliche Schäden entstehen in erster Linie durch geringere tägliche Zunahmen bei den Absetzern. Stark verwurmte Tiere erscheinen rau, struppig und fleischleer.

Eier von Magen-Darm-Würmern überwintern z. T. auf den Weiden. Unter diesem Aspekt ist bei nachgewiesenem Wurmbefall eine Herbst- und Frühjahrsbehandlung mit Breitbandantiparasitika erforderlich.

Unter ungünstigen hygienischen Bedingungen können sich **Kokzidien**, mikroskopisch kleine Darmparasiten (einzellige Sporentierchen), derart stark vermehren, dass bei Kälbern mehr oder minder starke, z. T. blutige Durchfälle („Rote Kälberruhr") auftreten, die die Tiere erheblich schwächen. Der Nachweis von Kokzidien ist über Kotuntersuchungen möglich. Wichtig in diesem Fall ist eine rasche Diagnose und Behandlung. Seit kurzem gibt es ein speziell für die Bekämpfung der Kokzidiose bei Rindern zugelassenes Medikament.

Leberegelbefall – ein regionales Problem

Leberegel benötigen im Gegensatz zu den übrigen Endoparasiten einen Zwischenwirt. Ansteckungsfähige Larven des Großen Leberegels entwickeln sich in der Zwergschlammschnecke und werden über deren Ausscheidungen vom Weidevieh mit dem Futter aufgenommen. Über den Darm gelangen die Larven in die Leber und besiedeln als ausgewachsene, etwa 3 cm lange Plattwürmer die Gallengänge. Durch teilweise Zerstörung des Lebergewebes werden Gewichtsentwicklung und allgemeiner Gesundheitszustand der befallenen Tiere z. T. erheblich beeinträchtigt. Leberegel können sich jedoch nur ausbreiten, wenn

- in der Herde bereits infizierte Tiere vorhanden sind,
- mit dem Kot ausgeschiedene Leberegeleier in Gräben, Wasserstellen oder auf staunasse Flächen gelangen, die der Zwergschlammschnecke entsprechenden Lebensraum bieten.

Leberegelbefall lässt sich durch im Kot ausgeschiedene Eier nachweisen. Kotuntersuchungen sollten im Verdachtsfall und bei Zukaufstieren erfolgen. Zu beachten ist, dass die Entwicklung von der Larve bis zum geschlechtsreifen Egel etwa zwei Monate dauert, sodass bei im Herbst infizierten Tieren der Nachweis erst im Laufe der Wintermonate gelingt.

In Gebieten, in denen die Zwergschlammschnecke nicht vorkommt, lassen sich einzelne befallene Tiere, z. B. bei Zukauf, erfolgreich mit speziellen Medikamenten behandeln.

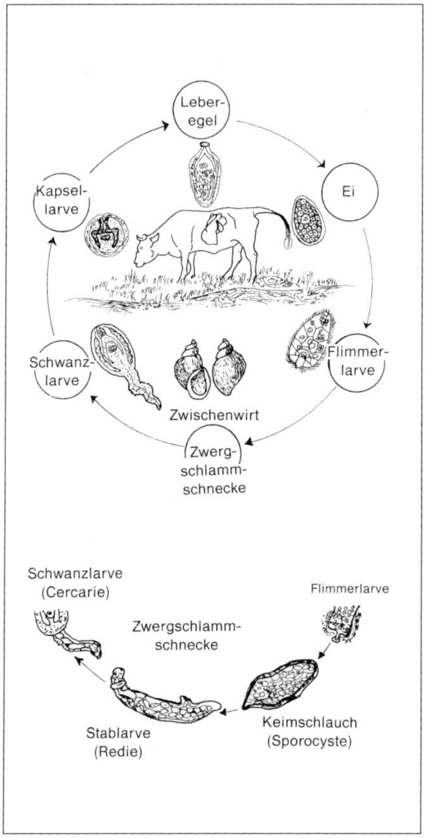

Kreislauf des Großen Leberegels (nach Wetzel 1970).

In gefährdeten Gebieten ist ein längerfristig angelegtes Bekämpfungsprogramm erforderlich. Neben Abtöten der Parasiten im Wirtstier müssen vorbeugende Maßnahmen durchgeführt werden, z. B. Aussparung von Feuchtgebieten als Weidefläche oder Trockenlegung, um den Zwischenwirt auszuschalten.

Fazit: Die neuen Pour-on-Verfahren mit kombinierten Medikamenten erleichtern eine wirksame Endo- und Ektoparasitenbekämpfung bei Fleischrindern. Diese Breitbandantiparasitika werden gewichtsdosiert entlang der Rückenlinie aufgegossen. Sie wirken gegen Lungen-, Magen- und Darmwürmer, Kokzidien, Räudemilben, Läuse und Haarlinge. Gegen Leberegel, Glatzflechte, Dassellarven und evtl. Weidefliegen müssen nach genauer Diagnose spezielle Mittel eingesetzt werden.

Untersuchen und Behandeln von Fleischrindern

Für Impfungen, Blutentnahmen, Parasitenbehandlungen sowie Besamungen und Trächtigkeitsuntersuchungen müssen die Tiere fixiert werden.

Folgende Möglichkeiten kommen hierfür in Betracht:

- **Selbstfang-Fressgitter**
  Dadurch lassen sich Fleischrinder während der Stallperiode bequem fangen und festhalten. Für während der Weidezeit notwendig werdende Behandlungen muss allerdings die gesamte Herde eingetrieben werden.
- **Treibgang mit Fangstand**
  Derartige Einrichtungen sind vor allem für Herdbuchbetriebe zum Wiegen und Selektieren vorteilhaft. Fangstände ermöglichen eine weitgehend gefahrlose Untersuchung und Behandlung von Bullen, Kühen und Jungtieren. Geeignete Konstruktionen sind auf Seite 78 f. dargestellt.
  Tiere lassen sich im Fangstand meist dadurch beruhigen, indem man ihnen mit einer Bürste oder Kardätsche den Rücken massiert.
- **Einfangen mit dem Lasso**
  Diese Methode ist mit erheblicher Unfallgefahr verbunden. Die Kräfte eines derart gefangenen Tieres werden vielfach unterschätzt. Daher sollte der Einsatz des Lassos auf Notfälle, in erster Linie bei Kälbern, beschränkt bleiben.
- **Immobilisation durch Narkose**
  In Einzelfällen, z. B. wenn Tiere ausgebrochen sind und ein Einfangen auf andere Weise nicht möglich ist, kommt der Einsatz eines Narkosegewehrs oder -blasrohrs in Betracht. Rat und Hilfe ist hierbei über die Veterinärämter zu erhalten. Die hierfür erforderlichen Narkotika fallen unter das Betäubungsmittelgesetz.
- **Nottötung durch Fangschuss**
  Ist bei schwerverletzten, wild- oder bösartig gewordenen Tieren zur Abwen-

dung drohender Unfallgefahr bzw. aus Gründen des Tierschutzes eine Nottötung erforderlich, muss ggf. eine Abschussgenehmigung beim zuständigen Ordnungsamt eingeholt werden.

Schwergeburten – teilweise hausgemacht?

Zu Schwergeburten kann es kommen, wenn entweder das Kalb zu groß oder – besonders bei Erstlingen – das Becken des Muttertieres zu eng ist.

Daher sind Informationen über den Geburtsverlauf und das durchschnittliche Geburtsgewicht innerhalb der Linie, aus der die jeweiligen Deckbullen stammen, unbedingt notwendig. Vorsicht ist bei grobknochigen Bullen vor allem beim Einsatz in kleinen Herden geboten.

In größeren Beständen mit mehreren Vatertieren besteht die Möglichkeit, spezielle Leichtkalbebullen bzw. Stiere, deren Vererbungstendenz im Hinblick auf Größe bzw. Geburtsgewicht der Kälber bereits bekannt ist, einzusetzen. Dieses Vorgehen hat allerdings Grenzen, um die Nachkommen von Erstlingen nicht von Generation zu Generation immer kleiner werden zu lassen. Der Einfluss des besten Vererbers bezüglich der Leistungsmerkmale sollte auch hier stets dominieren.

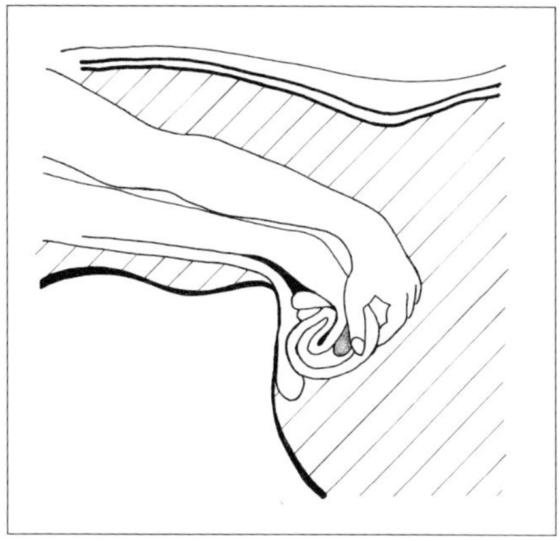

Rektale Trächtigkeitsuntersuchung. Eihautgriff bei einem sieben Wochen trächtigen Rind. Prüfung der Doppelwandigkeit und Ausschnellen des Embryos zwischen Daumen und Zeigefinger (nach Hahn 1989).

Entscheidend ist u. a., dass Erstlinge zum Zeitpunkt des Bedeckens körperlich genügend ausgereift sind. In ungünstigen Futterjahren mit schlecht entwickelten weiblichen Absetzern muss versucht werden, durch Zufütterung die Zuchtreife (s. Seite 95 f.) zu erreichen. Rahmenmäßig zu kleine Tiere sollten nicht zur Nachzucht verwendet, sondern besser durch geeignete Zukauftiere ersetzt werden.

Trächtigkeit und Geburt überwachen

Eine Trächtigkeitsuntersuchung sechs bis acht Wochen nach dem Belegen ist auch in der Fleischrinderhaltung möglich und wünschenswert. Dazu müssen die zu un-

Vorderendlage des Kalbes bei problemlosem Geburtsverlauf. Beide Vorderbeine sind bis zu den Karpalgelenken außerhalb der Scham sichtbar. Komplikationen ergeben sich, wenn ein Vorderbein zurückbleibt (Tierklinik München 1981).

tersuchenden Tiere im Fressgitter fixiert oder in den Fangstand getrieben werden. Im Hinblick auf die damit verbundenen Umstände und die Beunruhigung der Herde bleibt die Trächtigkeitsuntersuchung, vor allem dort, wo der Bulle in der Herde mitläuft, meist auf Einzelfälle beschränkt (z. B. Verkauf von Rindern mit Trächtigkeitsgarantie).

Die Trächtigkeit kann beim Rind u. U. auch durch Blut- oder Harnuntersuchung sowie mittels Ultraschalltest festgestellt werden. Aus Kostengründen bleibt dennoch die rektale Untersuchung* ca. sechs bis acht Wochen nach dem Belegen die Methode der Wahl.

* Abtasten der Gebärmutterhörner vom Mastdarm aus.

Vermehrtes Umrindern – ein Alarmsignal

Wenn dies der Fall ist und der Bulle in der Herde mitläuft, sollte überprüft werden:

- der Nährzustand der Kühe im Hinblick auf die Energieversorgung,
- die Ausgewogenheit und Vollwertigkeit der Fütterung,
- das Deckverhalten des Bullen (z. T. schwierig zu beobachten) und soweit dies in Ordnung ist,
- die Spermaqualität.

Eine Spermauntersuchung bei Deckbullen wird von den zuständigen Tiergesundheitsdiensten durchgeführt.

Kommt es bei einzelnen Tieren zum **Verwerfen**, sollte versucht werden, durch Untersuchung der vorzeitig abgegangenen Frucht, der Nachgeburt und ggf. einer Blutprobe zu klären, inwieweit Infektionen als Ursache in Betracht kommen.

Bei bestimmten Impfungen besteht Versicherungsschutz bei Verwerfen innerhalb einer bestimmten Zeitspanne, sofern eine Infektion durch die o. a. Untersuchungen ausgeschlossen werden kann.

Mutterkühe kalben meist allein

Geburtshilfe ist nur in Ausnahmefällen notwendig. Dennoch sollten Geburts- und Nachgeburtsphase überwacht werden, um im Notfall eingreifen zu können und Kälberverluste so gering wie möglich zu halten. Wichtig sind dabei Geduld, Umsicht, Ruhe und absolute Sauberkeit**.

** Hände und Arme reinigen und desinfizieren. Zur Untersuchung der Geburtswege z. B. hygienisch einwandfreie Folienhandschuhe bereithalten.

Die Überwachung der Geburt, vor allem von Erstlingen, wird durch Schaffung eines Abkalbeabteils bzw. von Abkalbeboxen erleichtert. Problemtiere, z. B. schwach entwickelte Kalbinnen, sollten vor der Geburt in eine Sanitärbox mit Fangeinrichtung verbracht werden.

Die kurz bevorstehende Geburt kündigt sich durch verstärktes Euterwachstum, Einschießen der Milch, Anlaufen der Scham, Einfallen der Beckenbänder und evtl. Abgang zähen Schleims an.

Die Tiere zeigen vermehrt Unruhe, legen sich wiederholt hin und stehen wieder auf. Häufig schauen sie sich nach ihrer Flanke um und schlagen mit einem Hinterbein nach dem Bauch. In dieser Zeit ist bereits das sog. Lockbrummen zu hören. Die Geburt findet in der Regel im Liegen, meist in Seitenlage statt (Sambraus 1982). Mit dem Platzen der Fruchtblase wird der Weitungsprozess der Geburtswege eingeleitet. Bis zur Austreibung der Frucht können bei Kühen zwei bis drei Stunden, bei Erstlingen drei bis vier Stunden vergehen! In dieser Zeit sollte jede unnötige Beunruhigung der Tiere vermieden werden. Die Tierbeobachtung sollte sich darauf konzentrieren, Folgendes festzustellen:

1. Läuft die Geburt normal ab?
2. Wird das Kalb angenommen?
3. Säuft das Kalb?
4. Geht die Nachgeburt rechtzeitig und vollständig ab?

Die meisten Kälber kommen in der sog. **Vorderendlage** zur Welt: Der Kopf ruht auf den ausgestreckten Vorderbeinen, die Klauensohlen zeigen nach unten. Auch eine **Steißlage** ist nicht beunruhigend: zuerst werden die Hinterfüße sichtbar mit nach oben gerichteter Klauensohle.

Anhand der Röhrbeinstärke sind Rückschlüsse auf die Größe des Kalbes möglich. Entscheidend ist bei Vorderendlage, dass nach dem Bersten der Schleimblase beide Beine und nach kurzer Zeit auch das Flotzmaul des Kalbes in der Scham erscheinen. Während der folgenden Presswehen werden dann bei normalem Geburtsablauf die Füße auf gleicher Höhe bleibend bis zu den Fesselgelenken ausgetrieben.

Belecken des Kalbes durch das Muttertier. Beim Neugeborenen wird dadurch der Kreislauf angeregt.

Hilfe ist notwendig, wenn

- ein schweres Kalb mit dem Schulter- oder Beckengürtel stecken bleibt.
  Die Befestigung der Geburtsstricke oder -ketten muss oberhalb der Afterklauen erfolgen. Gezogen wird an beiden Füßen gleichzeitig im Rhythmus der Presswehen. Gleiches gilt für den Einsatz eines mechanischen Geburtshelfers. Günstig ist es, wenn hierbei eine zweite Person in der Schamregion gegenhält, um einem Einreißen der Ränder vorzubeugen. Die Zugrichtung verläuft zunächst parallel zur Rückenlinie und dann nach Austritt von Kopf und Schultergürtel zum Euter des Muttertieres hin. Wichtig ist dabei hygienisch einwandfreies Arbeiten, um Infektionen der Geburtswege zu vermeiden.
- nach dem Bersten der Schleimblase nur ein Fuß in der Scham erscheint und es trotz Presswehen nicht gelingt, das zweite Bein auszutreiben. Durch vorsichtigen Zug muss versucht werden, den hängengebliebenen Fuß zu strecken.
  Wichtig ist hierbei, die eigenen Grenzen sachgerechter Geburtshilfe zu erkennen und ggf. rechtzeitig tierärztliche Hilfe in Anspruch zu nehmen.
- das Kalb zu groß ist, um auf natürlichem Weg geboren zu werden. Dies ist der Fall, wenn etwa eine Stunde nach dem Platzen der Schleimblase nur die Klauenspitzen und direkt darüber das Flotzmaul sichtbar werden.

Während das eigene Kalb in verkehrt paralleler Stellung saugt, „stehlen“ fremde Kälber von hinten oder von der Seite. Dadurch umgehen sie die anale Geruchskontrolle durch die Kuh.

Tab. 72. Saugverhalten von Kälbern, die von der Kuh aufgezogen werden (Durchschnittswerte mehrerer Literaturangaben, aus SAMBRAUS 1991)

Alter der Kälber (Monate)	1	2	3	4	5	6	7–9
Zahl der täglichen Saugvorgänge	8–10	6	5	4	3,5	3	1–2
Tägliche Saugdauer (Minuten)	60–70	50	40	30	20	15	10

- ein Geburtshindernis, z. B. eine Tragsackverdrehung vorliegt. Bei einer manuellen Untersuchung sind spiralig verlaufende Schleimhautfalten zu spüren.
- die Wehentätigkeit zu schnell nachlässt.

In den letztgenannten Fällen ist tierärztliche Hilfe erforderlich.

Kälber saugen bis zu 10mal am Tag

In der Regel leckt eine Mutterkuh ihr Kalb nach der Geburt. Dadurch wird nicht nur dessen Kreislauf aktiviert, sondern auch beim Muttertier der Abgang der Nachgeburt und die Rückbildung des Tragsacks gefördert. Meist steht das Kalb innerhalb kurzer Zeit auf und sucht nach dem Euter. Charakteristisch ist die sog. verkehrtparallele Stellung von Kuh und Kalb. Die Kuh erkennt ihr Kalb zunächst am unverwechselbaren Geruch, wenig später an Lautäußerungen und schließlich am Aussehen (SAMBRAUS 1982). Stehlen fremde Kälber Milch, umgehen sie die Geruchskontrolle dadurch, dass sie sich quer zur Kuh oder von hinten anstellen. Kümmert sich eine Kuh nicht um ihr Kalb und schlägt sie es ab, muss das Muttertier fixiert und das Neugeborene angelernt werden. Bleibt in Ausnahmefällen auch das ohne Erfolg, muss die Kuh angemolken und das Kalb innerhalb von drei Stunden nach der Geburt aus dem Eimer getränkt werden.

Es ist zweckmäßig, für Notfälle 1 bis 2 l Biestmilch einer älteren Kuh, die sich im Lauf ihres Lebens mit verschiedenen Krankheitserregern auseinander gesetzt und entsprechende Mengen Schutzstoffe gebildet hat, einzufrieren.

In den ersten Lebenstagen saugt das Kalb etwa achtmal. Nach 3 Monaten suchen Jungtiere ca. viermal, nach sechs bis neun Monaten noch ungefähr zwei- bis dreimal das Euter der Mutter auf.

„Unterstoßen" eines Kalbes"

Verliert eine Mutterkuh ihr Kalb und soll ein anderes untergestoßen werden – z. B. ein Zwillingskalb aus der eigenen Herde oder ein Zukaufstier* – muss der Eigengeruch des Ersatzkalbes überdeckt werden. Bewährt hat sich dabei das Einreiben mit einer stark riechenden Substanz.

Nach SAMBRAUS (1982) hat sich das Einreiben von Flotzmaul der Kuh und Fell des fremden Kalbes mit einem Salz-Anis-Gemisch bewährt. Anis erschwert die geruchliche Orientierung der Kuh und das Salz reizt die Kuh zum Belecken des untergestoßenen Kalbes.

Eine **Nabeldesinfektion** der neugeborenen Kälber ist in erster Linie bei ungünstigen hygienischen Bedingungen ratsam oder wenn bei einzelnen Tieren die Nabelschnur zu kurz abreißt.

Der **Abgang der Nachgeburt** erfolgt in der Regel innerhalb von sechs bis zwölf Stunden nach der Geburt. Ergeben sich Hinweise, dass Teile der Nachgeburt hängen geblieben sind, muss die Kuh behandelt werden. Andernfalls kommt es zu Gebärmutterentzündungen. Wenn das der Fall ist und sich trüber, eitriger Ausfluss zeigt**, wird die Kuh meist nicht rechtzeitig wieder trächtig. Vor allem bei Schwergeburten und Zwillingskalbungen muss mit Nachgeburtsproblemen gerechnet werden. Daher ist eine Kontrolle der Nachgeburt auf Vollständigkeit zweckmäßig.

* Aus Kostengründen meist ein junges weibliches Kalb von Milch- oder Zweinutzungsrassen.

** Schwanzunterseite und Sitzbeinhöcker sind verschmiert.

Mangelkrankheiten sind selten

Mangelkrankheiten treten vergleichsweise selten in Fleischrinderherden auf. Diese äußern sich vielfach in unspezifischen Anzeichen, wie verringertem Wachstum, Fruchtbarkeitsstörungen oder erhöhter Infektionsanfälligkeit. Die Ursachen sind z. T. schwer zu erfassen. Sind mehrere Tiere in einer Herde betroffen, können Futter-, Blut- oder Harnuntersuchungen hilfreich sein. Als auslösende Faktoren kommen neben einer unzureichenden Mineral- und Wirkstoffversorgung auch Wechselwirkungen mit anderen Nahrungskomponenten sowie Stoffwechselstörungen in Betracht.

Von den akut verlaufenden Mangelkrankheiten tritt in der Mutterkuhhaltung neben der **Weidetetanie** (s. Seite 133) gelegentlich die **Weißmuskelkrankheit** der Kälber auf. Die Ursache ist eine unzureichende Verfügbarkeit von **Vitamin E** und/oder **Selen**.

Bei extremer Unterversorgung mit Selen zeigen die Jungtiere kurze Zeit nach dem Weideauftrieb Bewegungsstörungen und schwitzen z. T. stark. Die Atmung ist beschleunigt. Die Kälber liegen viel. Nach dem Auftreiben stehen sie zitternd mit gekrummtem Rücken und gesenktem Kopf da. Sie bewegen sich unwillig und steifbeinig. Einzelne Tiere verenden plötzlich unter Schreien und Schlagen mit den Beinen. Durch Vitamin E bzw. Selenmangel sind Skelett-, Zwerchfell- und Herzmuskulatur geschädigt. Sofern die Erkrankung nicht zu weit fortgeschritten ist, lässt sich durch Verabreichung von Vitamin E und Selen eine Besserung erreichen. Auch gesund erscheinende Kälber erhalten in diesem Fall vorbeugend eine entsprechende Wirkstoffgabe in Form von Lecksteinen bzw. Leckmasse, die vitaminisiert, mit Spurenelementen angereichert und speziell für Kälber geeignet sein sollte. Evtl. ist besonders bei Grenzertragsböden an den Einsatz mit Spurenelementen angereicherter Handelsdünger zu denken, um u. a. den Selengehalt im Grundfutter anzuheben.

In einzelnen Fällen wurde auch **Zinkmangel** bei Kälbern auf extremen Weidestandorten diagnostiziert. Die Tiere zeigten starke Hautveränderungen in Form von Borken und panzerartigen Hornplatten. Eine Heilung war in diesem Stadium nicht mehr möglich.

Generell muss durch regelmäßige Verabreichung von vitaminisiertem Mineralfutter an Mutterkühe und Kälber Mangelkrankheiten vorgebeugt werden.

Hirnrindennekrose

Die sog. „Sternguckerkrankheit" tritt bei Saugkälbern mitunter nach Verdauungsstörungen oder Futterumstellungen auf. Sie äußert sich in unsicherem, tappendem Gang, Muskelzuckungen u. a. im Kopfbereich und Verdrehen der Augen bei enggestellten Pupillen. Charakteristisch ist vor allem beim liegenden Kalb die starre, nach oben gerichtete Kopfhaltung. Ursache dieser Erkrankung ist eine Stoffwechselstörung im Gehirn in Verbindung mit akutem Vitamin B_1-Mangel.*

In Anfangsstadium kann die Hirnrindennekrose durch eine Vitamin B_1-Zufuhr meist erfolgreich behandelt werden. Bei fortgeschrittenem Verlauf können die Tiere vielfach nicht mehr gerettet werden bzw. überlebende Kälber tragen bleibende Schäden davon.

Neben Maßnahmen zur Vorbeugung von Durchfallerkrankungen sollten Umstellungen beim Kälberaufzuchtfutter bzw. Beifutter stets behutsam vorgenommen werden.

* Normalerweise ist Vitamin B_1 in der Muttermilch in ausreichender Konzentration enthalten. Der Mangel dürfte auf unzureichende Verfügbarkeit, zu geringe Milchaufnahme oder erhöhten Bedarf zurückzuführen sein.

Was bringen Schutzimpfungen und sonstige Vorbeugemaßnahmen

Bei Schutzimpfungen wird der Organismus künstlich mit abgeschwächten oder abgetöteten Krankheitserregern infiziert. Dadurch kommt es zur Bildung spezifischer Abwehrstoffe (aktive Immunisierung). Erfolgt danach eine natürliche Infektion, ist der Körper immun und erkrankt nicht bzw. nicht so schwer. Allerdings dauert es in der Regel mindestens acht bis 14 Tage, bis ein belastbarer Impfschutz beim betreffenden Tier gege-

Farbtafel rechts:

Oben: British Longhorn (Foto Sambraus, München).

Mitte links: Dexter-Kuh (Foto Sambraus, München).

Mitte rechts: Fjäll-Rind (Foto Sambraus, München).

Unten links: Brahmann-Rind (Foto Sambraus, München).

Unten rechts: Ausgewachsene Kuh der Rasse Pustertaler Schecken (Foto Sambraus, München).

ben ist. Dabei ist außerdem eine Erhöhung der individuellen Abwehrkräfte auch unspezifischer Art zu beobachten. Dies ist vielfach bei Viruserkrankungen wichtig.

Im Gegensatz zur aktiven Immunisierung kann eine passive Schutzimpfung durch Injektion fertiger, von anderen Tieren im Blutserum produzierter Antikörper durchgeführt werden. Dadurch kann bereits erkrankten Tieren geholfen bzw. deren Infektionsabwehr entscheidend gestärkt werden.

Neben der zur Pflicht gewordenen Impfung gegen die Blauzungenkrankheit sind in der Fleischrinderhaltung folgende Schutzimpfungen empfehlenswert:

- gegen bestimmte Erreger des Rindergrippekomplexes, u. a. **BRSV, BVD/MD** und ggf. **IBR/IPV**;
- gegen **Kälberdurchfälle** als Muttertier- und Schluckimpfung bei Kälbern je nach Diagnose;
- gegen **Tollwut** in gefährdeten Weidegebieten.

Die **Viruserkrankung Tollwut** wird u. a. durch Füchse und Dachse, Hunde sowie Katzen übertragen. Zwischen Biss und Ausbruch der Krankheit vergehen beim Rind zehn bis 80, u. U. sogar bis zu 200 Tage. Wenn sichtbare Anzeichen vorliegen, ist die Krankheit unheilbar. Eine Übertragung auf den Menschen ist möglich. Daher besteht **Anzeigepflicht** beim Auftreten von Tollwut. Die Krankheit beginnt beim Rind wenig charakteristisch. Vielfach zeigen sich nur Futterverweigerung und sog. „stille Wut" mit Lähmungserscheinungen. Mitunter kann es zu Unruhe, starker Erregung, vermehrtem Speichelfluss sowie gieriger Futter- und Wasseraufnahme kommen. Die Tiere sind nach kurzer Zeit nicht mehr in der Lage, die Nahrung abzuschlucken. Die Krankheit führt dann nach einigen Tagen zum Tod.

Als weitere Maßnahmen zum Schutz der Rinderbestände vor verlustreichen Krankheiten sind zu nennen:

- Laufende Bestandsuntersuchungen auf **Rindertuberkulose**. Nach der Tuberkuloseverordnung ist der Tierbesitzer verpflichtet, alle über zwei Jahre alten Rinder im dreijährigen Turnus auf Tbc untersuchen zu lassen.
- **Brucellose**. Auch diesbezüglich gibt es eine einschlägige Verordnung. Danach sind alle ein bis zwei Jahre alten Rinder im Abstand von bis zu drei Jahren zu untersuchen.
- **Leukose**. Entsprechende Blutuntersuchungen erfolgen im Turnus von zwei Jahren.
- freiwilliges **IBR/IPV**-Bekämpfungsverfahren (s. Seite 131).

Die Organisation der Untersuchungen liegt in den Händen der Veterinärämter.

Ein Teil der Schutzimpfungen und Vorbeugemaßnahmen werden von den Tierseuchenkassen getragen bzw. bezuschusst. Daher ist es notwendig, dass Fleischrinderhalter, die einen Bestand neu aufbauen, dies der Tierseuchenkasse und dem zuständigen Veterinäramt mitteilen.

Die Zuchtbuchordnungen der Fleischrinderverbände schreiben u. a. vor, dass für Zuchttiere eine Bescheinigung über die Tuberkulose-, Brucellose- und Leukoseunverdächtigkeit des Herkunftsbestandes vorliegen muss. Voraussetzung für die Beschickung von Auktionen und Tierschauen ist in der Regel auch die Beteiligung am freiwilligen IBR/IPV-Bekämpfungsverfahren.

Enthornen, Klauenpflege, Kastration

Durch **Enthornen** der Rinder lässt sich die Verletzungsgefahr für Mensch und Tier entscheidend verringern. Neben der Züchtung genetisch hornloser Tiere eignet sich für die Zwecke der Mutterkuhhaltung das Ausbrennen der Hornanlage beim Kalb. Dabei ist der Stress für die Tiere umso geringer, je früher das Enthornen erfolgt. Einige Hersteller bieten Brennstäbe mit unterschiedlichem Durch-

messer an, sodass der Eingriff bei kleinen Kälbern exakt auf die Hornanlage begrenzt werden kann. In jedem Fall sind die Vorschriften des Tierschutzgesetzes zu beachten.

Das Enthornen von Kälbern ohne Betäubung ist nur bis zum Alter von 6 Wochen erlaubt. Ältere Tiere müssen ca. 15 bis 20 Minuten vor dem Eingriff eine Betäubungsspritze erhalten. Bei der Brennmethode ist folgendermaßen zu verfahren:

- Entfernen der Haare um die Hornanlage, um exakt und schnell arbeiten zu können;
- Reinigung des Brennstabes von Haut- und Haarresten vor jedem Einsatz am Tier mittels Drahtbürste; Brennstab sauber ablegen;
- sichere Fixierung des Kalbes;
- erhitzten Brennstab so lange zentral auf die Hornanlage aufdrücken bis ein kupferfarbener Ring entsteht;
- Hautscheibe mit der Hornanlage ausheben, ansonsten können „Krüppelhörner" nachwachsen.

Für Zwecke der Mutterkuhhaltung besonders vorteilhaft sind Akkugeräte, die sich mit einer Hand bedienen lassen, erst in Funktion treten, wenn sie auf die Hornauflage aufgedrückt werden und für das Ausbrennen nur sehr kurze Zeit benötigen.

Auf die Verwendung von Ätzkalistiften sollte in der Mutterkuhhaltung im Hinblick auf die Gefahr von Euterverletzungen verzichtet werden.

Auf ähnliche Weise wie bei der Brennmethode kann die Hornanlage auch mithilfe eines Heißluftgebläses mit spezieller Enthornungsdüse zerstört werden. Das fönartige Gerät wird auf ca. 600 °C aufgeheizt und für einige Sekunden auf die Hornanlage aufgesetzt. Der Vorteil besteht darin, dass dabei keine offene Wunde entsteht und sich keine Nachwirkungen für die behandelten Kälber ergeben.

Bei älteren Tieren, vor allem bei Kühen, erfolgt das Enthornen durch Absägen der Hörner. Dies stellt eine rein tierärztliche Maßnahme dar, die unter örtlicher Betäubung durchgeführt wird.

Klauen regelmäßig kontrollieren

Im Hinblick auf Klauenwuchs und -abnutzung bestehen innerhalb einer Herde individuelle Unterschiede. Ungleichmäßiges Abwachsen der Klauen kann krankheitsbedingt sein. Zu lange Klauen, vor allem im Zehenbereich, müssen gekürzt werden, andernfalls kommt es zu Formveränderungen des Klauenschuhs. Hierdurch ändern sich die Belastungsverhältnisse. Quetschungen, Entzündungen der Lederhaut, Zerrungen von Sehnen und Bändern, Schwellungen im Kron-, Fessel- und Ballenbereich bis hin zu Sohlengeschwüren können die Folge sein und zu Lahmheit führen.

Zweckmäßig ist es, eine Kontrolle und ggf. Korrektur der Klauen bei einzelnen Tieren vor Beginn der Weideperiode und im Herbst beim Absetzen vorzunehmen.

Lahmende Tiere sollten möglichst rasch behandelt werden. Die Klauenpflege umfasst das Entfernen des überschüssigen Wand- und Tragrandhorns sowie das Ausschneiden von Klauenspalte und -sohle. Entscheidend ist, dass die Wölbung der Sohlenfläche erhalten bleibt bzw. wiederhergestellt wird, um überhöhten Druckbelastungen in diesem Bereich vorzubeugen.

Empfehlenswert ist der Besuch eines Klauenpflegekurses. Ansonsten stehen für einen sachgerechten Klauenschnitt Fachkräfte mit optimaler Geräteausstattung zur Verfügung.

An Klauenerkrankungen können in der Fleischrinderhaltung Klauen- bzw. Ballenfäule sowie Panaritium Probleme bereiten. Die jeweils betroffenen Bereiche sind auf Seite 146 dargestellt.

Die **Klauen- bzw. Ballenfäule** beginnt mit einer nässenden, übelriechenden Entzündung der Zwischenklauenhaut. Sie kann sich bis zum Ballenhorn der angrenzenden Klaue ausdehnen. Die Erkrankung führt zu einem beschleunigten Hornwachstum im Wand- und Sohlenbereich, vorwiegend der hinteren Außenklaue. Infolge von Klauenverwachsungen, Quet-

Farbtafel links:

Oben: Hornlose Mutterkuh der Rasse Fleckvieh mit Kalb bei Fuß.

Unten: Murnau-Werdenfelser. Eine Rasse, die durch die Mutterkuhhaltung vielleicht erhalten bleibt.

A) Klauenfäule beginnt mit einer nässenden, übelriechenden Entzündung der Haut im Zwischenzehenbereich.
B) Panaritium ist eine Entzündung zwischen den Zehen, also oberhalb der Zwischenklauenhaut, und zeigt sich in einer harten Schwellung in der Mitte der Fesselbeuge und im Bereich des Kronensaumes.
C) Bevorzugte Stellen der Mortellaro-Krankheit im Klauenbereich.

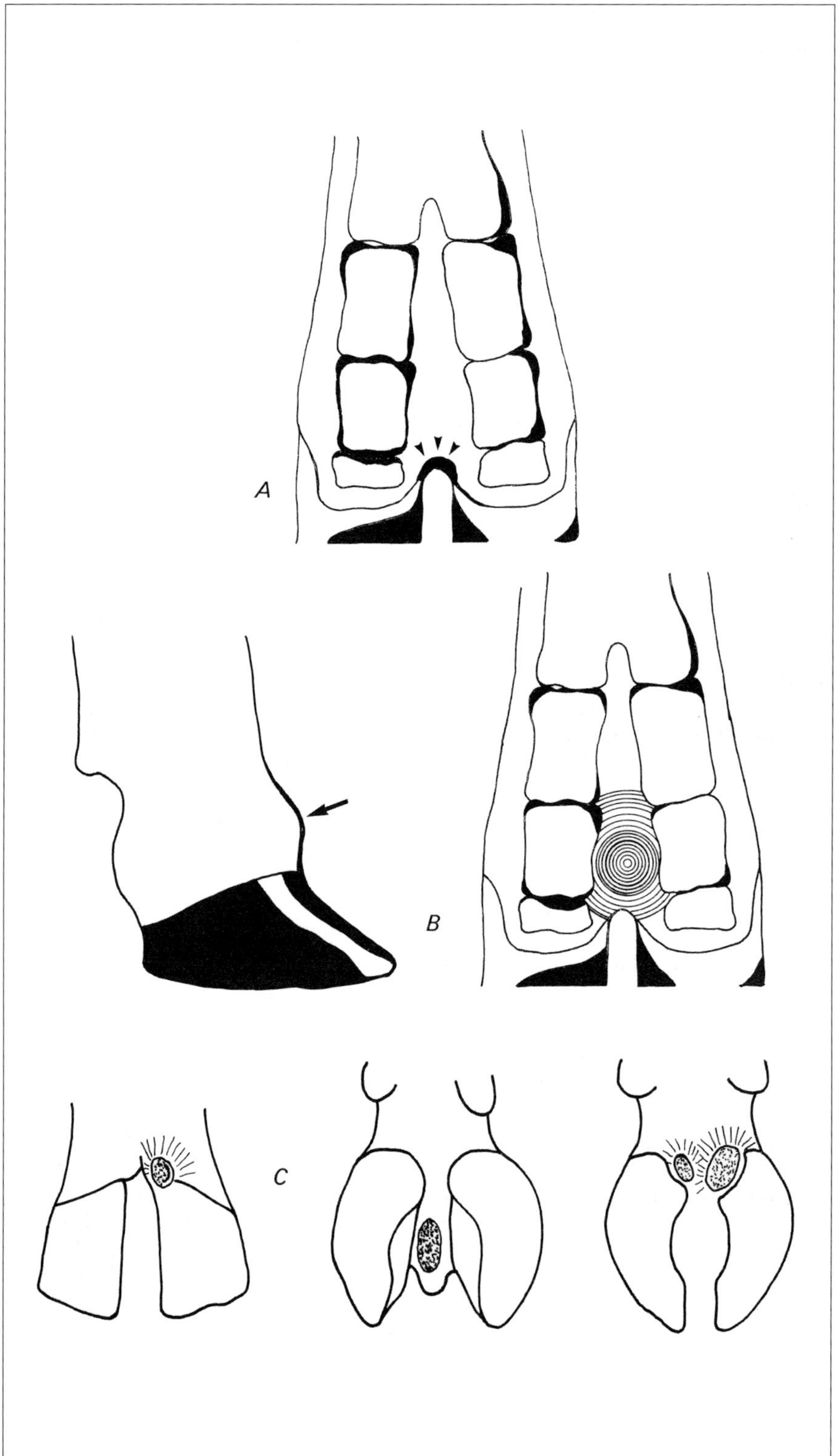

schungen und Verletzungen der Lederhaut (des sog. „Lebens") haben die Tiere Schmerzen. Letztlich können Löcher in der Sohle (sog. Sohlengeschwüre) entstehen.

Ursache der Klauenfäule sind Bakterien, die auf feuchten unsauberen Lauf- und Liegeflächen besonders bei höheren Temperaturen und wenig Luftzutritt gedeihen. Insofern kommt entsprechenden Vorbeugemaßnahmen entscheidende Bedeutung zu.

Eine Behandlung der Erkrankung ist durch jährlich zweimalige Klauenbäder mit 5–8 %iger Kupfersulfat- und 8 %iger Zinksulfatlösung sowie durch rechtzeitiges Ausschneiden möglich.

Als **Panaritium** wird eine Entzündung zwischen den Zehen oberhalb der Zwischenklauenhaut mit einer harten Schwellung in der Mitte der Fesselbeuge oberhalb des Zwischenklauenspalts bezeichnet. Ursache ist eine bakterielle Infektion. Durch eine frühzeitige Antibiotikabehandlung geht die Entzündung, ohne Schäden zu hinterlassen zurück. Andernfalls können Teile der Zwischenklauenhaut zerstört werden, was zu einer andauernden Lahmheit führt. Das Klauenwachstum ist dadurch nicht verändert.

Gelegentlich kann auch die **Mortellaro-Krankheit** in Fleischrinderherden auftreten. Charakteristisch hierfür sind oberflächliche, offene, scharf umrandete Hautentzündungen im Zwischenklauenbereich und am Kronrand (s. Seite 146).

Die Haare im Grenzbereich der Entzündung stehen meist aufrecht und sind länger ausgebildet. Die Ursache der Erkrankung ist unbekannt. Vielfach bringt eine Behandlung der befallenen Stellen mit entzündungshemmenden Mitteln, z. B. Acridin-Farbstoffspray oder Blauspray, Erfolg.

Klauenrehe, eine Stoffwechselkrankheit der Lederhaut, die zu Veränderungen der Hornbildung und Verformungen des Klauenschuhs führt, kommt bei Fleischrindern selten vor. Neben Fütterungsfehlern dürfte eine entsprechende erbliche Disposition die Ursache sein. Einzelne von Klauenrehe befallene Tiere sollten ausgemerzt werden.

Besonders gefährdet im Hinblick auf Klauenerkrankungen sind Herden, die in schlecht eingestreuten Tieflaufställen oder auf feuchten Weidestandorten gehalten werden.

Kastration

Der Eingriff erfolgt am günstigsten im Alter von fünf bis sieben Monaten. Die Kastration zu einem späteren Zeitpunkt bringt keine Vorteile. Unterschieden wird zwischen der blutigen und der unblutigen Methode („Kluppen"). Laut Tierschutzgesetz müssen die Tiere in jedem Fall betäubt werden. Während der Weideperiode bietet sich in erster Linie die unblutige Kastration mit der sog. Kluppzange an. Durch Abquetschen der Blutgefäße – einschließlich der Samenstränge – wird die Versorgung der Hoden unterbunden. Die Keimdrüsen stellen nach kurzer Zeit ihre Tätigkeit ein, die Tiere verhalten sich ruhiger. Die Vorteile dieser Methode liegen in der geringen Infektionsgefahr und der einfachen Handhabung. Schwachpunkte des Verfahrens sind gelegentlich auftretende schmerzhafte Quetschungen und Blutergüsse.

Die chirurgische Methode ist in der Regel der sicherere, aber aufwändigere Weg. Bei der blutigen Kastration sollten die Tiere vier bis fünf Tage auf Stroh aufgestallt werden, um das Infektionsrisiko zu verringern.

Zuchtviehverkauf oder Rindfleischproduktion für Feinschmecker

Als Verkaufsprodukte aus der Mutterkuhhaltung fallen Zuchtvieh und weibliche Tiere zur Bestandsergänzung sowie Absetzer zur Weitermast, Baby-beef, ausgemästete Rinder und Schlachtkühe an.

Vermarktung von Zuchtvieh

Die in Herdbuchbetrieben erzeugten Zuchttiere werden über Auktionen oder direkt ab Hof durch Vermittlung der jeweiligen Geschäftsstellen der Fleischrinderzuchtverbände vermarktet.

Absatzveranstaltungen für Zuchtbullen der schweren und mittelschweren Rassen finden in den einzelnen Bundesländern im Spätherbst und ausgangs des Winters statt.

Im Hinblick auf die stark verbreitete Winterkalbung herrscht diesbezüglich die größte Nachfrage in den Monaten Januar bis März. Teilweise werden bei den Versteigerungen auch weibliche Zuchttiere angeboten. Der Verkauf von Jungrindern, tragenden Kalbinnen und Kühen zum Bestandsaufbau bzw. zur Nachzucht erfolgt bisher überwiegend ab Stall. Ähnliches gilt für Jungbullen der Robustrinderrassen.

Produktionsziel nicht ausschließlich auf Zuchtviehverkauf ausrichten!
Die zunehmende Verbreitung der Mutterkuhhaltung, vor allem auch in den neuen Bundesländern, hat zu einer verstärkten Nachfrage nach Zuchttieren der Fleischrinderrassen geführt. Die im Jahr 2003 erzielten Zuchtviehpreise bei Auktionen und Stallverkäufen sind in Tabelle 73 zusammengefasst. Zwischen einzelnen Rasseblöcken bestehen dabei erhebliche Preisunterschiede. Die künftigen Produktions- und Absatzmöglichkeiten für Zuchtvieh sind abhängig von der weiteren Verbreitung der einzelnen Rassen und deren Einbindung in eine Qualitätsrindfleischerzeugung.

Stehen für den Aufbau einer Herdbuchzucht unter Berücksichtigung der Standortverhältnisse mehrere Rassen zur Wahl, sollte vorher mit dem zuständigen Zuchtverband Rücksprache genommen werden, um regionale Marktlücken bzw. -nischen erkennen und nutzen zu können.

Die Chancen für den Verkauf teurer Zuchtbullen sind nicht zuletzt im Hinblick auf die derzeitige Ertragslage der Landwirtschaft begrenzt. Ein hohes Qualitäts- und Leistungsniveau in der Herdbuch-

Tab. 73. Fleischrinder-Zuchtviehpreise 2003 (in €, ohne MWST)

	Bullen	Kühe	trag. Rinder	Jungrinder
Blonde d'Aquitaine	2333,–	1252,–	1168,–	514,–
Charolais	1767,–	1295,–	892,–	808,–
Uckermärker	1838,–	1095,–	952,–	644,–
Fleckvieh	1837,–	1063,–	892,–	672,–
Limousin	1835,–	1137,–	1105,–	896,–
Angus	1756,–	1365,–	862,–	725,–
Hereford	1979,–	871,–	950,–	666,–
Salers	1675,–	–	1014,–	595,–
Galloway	1212,–	711,–	823,–	773,–
Highland Cattle	1314,–	1536,–	952,–	740,–

zucht kann generell als wichtigste Voraussetzung für vergleichsweise günstige Verkaufserlöse für Zuchttiere gelten. Dennoch sollte eine Mutterkuhhaltung nicht ausschließlich auf den Zuchtviehabsatz ausgerichtet sein. Zweckmäßig ist vielmehr eine Kombination mit anderen Verkaufsprodukten, wie Baby-beef, Absetzern oder ausgemästeten Tieren.

Präsentation entscheidend

Um bei Auktionen Erfolg zu haben, müssen Zuchttiere unbedingt „führig" sein und in einem guten Nähr- und Pflegezustand vorgestellt werden. Dazu gehört u. a. ein sauberes, glänzendes Haarkleid ohne Kahlstellen, rechtzeitige Ektoparasitenbekämpfung sowie Schur und Klauenpflege. Nervöse Bullen sind in der Mutterkuhhaltung kaum verkäuflich, ebenso wenig wie Tiere mit Hautparasiten.

Auch im Rahmen von Ab-Hof-Verkäufen sollten Zuchtrinder optimal präsentiert werden. Empfehlenswert sind gesonderte Buchten bzw. Stallabteile möglichst mit Auslauf. Führigkeit, zumindest aber ein ruhiges Temperament, sind verkaufsfördernd. Bei Tierschauen und Auktionen dürfte sich ein fachgerechtes Fitting (Waschen, Scheren, Fönen) in aller Regel auszahlen. Hierbei lassen sich besondere Vorzüge von Zuchttieren betonen, z. B. die wertvollen Muskelpartien an Keule und Rücken besonders zur Geltung bringen.Voraussetzung ist, dass die Tiere nicht nur gut führig sondern soweit mit Menschen vertraut sind, dass sie sich im Fangstand an allen Körperpartien berühren lassen.

Körung bedeutet Herdbuchqualifikation

Die Körung männlicher Zuchttiere erfolgt im Alter von 11 bis 18 Monaten.

Als Vorbereitung für die Körung wird bei bestimmten Rassen, z. B. Angus, Blonde d'Aquitaine, Charolais, Fleckvieh, Hereford, Limousin und Salers, ein Relativzuchtwert Fleisch (RZF) aufgrund entsprechender Beschlüsse des Bundesverbandes Deutscher Fleischrinderzüchter und -halter e. V. berechnet. Liegt für einen Bullen kein RZF aus der letzten offiziellen Zuchtwertschätzung vor, so ist nach ebenfalls bundeseinheitlicher Regelung ein Näherungszuchtwert (RZF*) zu berechnen, in den alle bisherigen Informationen aus der Fleischleistung, wie z. B. tägliche Zunahmen, Bemuskelungsnoten etc. einfließen. Dadurch ist die überregionale Vergleichbarkeit der geschätzten Zuchtwerte sichergestellt.

Die Körkommission bei Zuchtviehveranstaltungen besteht aus dem Zuchtleiter, einem Vertreter der Veterinärverwaltung und in der Regel zwei Züchtern. Den Vorsitz der Körkommission führt jeweils der Zuchtleiter bzw. im Verhinderungsfall ein von ihm Beauftragter.

Die Aufgabe der Körkommission besteht darin, die Bewertung der Leistungsmerkmale „Typ", „Bemuskelung" und „Skelett" sowie die Einstufung der Bullen in Wertklassen vorzunehmen.

Beurteilt wird jeweils die altergemäße Entwicklung, der Fleischansatz und die äußere Erscheinung im Hinblick auf rassetypische Merkmale (Typ) und evtl. vorhandene Formmängel (Skelett). Für Bemuskelung und äußere Erscheinung wird jeweils eine Note vergeben.

Sonderregelungen gelten für die Körung von Bullen der Robustrinderrassen. Für die Nutzung extremer Grünlandstandorte kommt den Merkmalen Anspruchslosigkeit und Widerstandsfähigkeit größere Bedeutung zu als hohen täglichen Zunahmen. Angestrebt wird hierbei lediglich eine Mindestentwicklung.

Die Kommission ist ferner für die Bewertung und Einstufung weiblicher Verkaufstiere bei Auktionen zuständig.

Ferner werden seitens der Fleischrinderlandesverbände Sammelkörungen durchgeführt, wobei meist Bullen aus mehreren Zuchtbetrieben vorgestellt werden, sowie Stallkörungen, bei denen ein oder mehrere Bullen aus einem Zuchtbetrieb bewertet werden.

Ein Bulle kann nur einmal gekört werden.

Das Ergebnis der Körung (Typ, Bemuskelung, Skelett, tägliche Zunahmen, In-

Tab. 74. Ergebnisse der Fleischleistungsprüfung im Feld (Körung 2003)

	Anzahl Bullen	Gewicht kg	Alter Tage	tägl. Zunahme Gramm
Blonde d'Aquitaine	24	595	397	1408
Charolais	444	611	406	1415
Uckermärker	11	541	429	1170
Fleckvieh	354	615	409	1403
Limousin	437	553	430	1244
Angus	241	555	421	1248
Hereford	43	572	430	1251
Salers	11	541	429	1170
Galloway	47	484	681	707
Highland Cattle	12	466	699	652

dex, RZF) ist in die Zuchtbescheinigung einzutragen. Im Einzelfall kann bei der Körung auf die Gewichtsermittlung und Berechnung der täglichen Zunahmen verzichtet werden.

Durch die Körung der Bullen und die Einreihung in Wertklassen in Verbindung mit dem Relativzuchtwert Fleisch (RZF) erhalten Herdbuchzüchter entsprechende Orientierungs- und Entscheidungshilfen bei der Auswahl geeigneter Zuchttiere.

Zuchtbuchführung

Zu den ureigenen Aufgaben der Fleischrinder-Landesverbände gehört die Zuchtbuchführung. Für jede der betreuten Rassen gibt es ein eigenes Zuchtbuch und ein entsprechend festgelegtes Zuchtprogramm.

Das Zuchtbuch ist sowohl für reinrassige Rinder als auch für eingetragene Zuchttiere in einzelne Abteilungen gegliedert. Die Zuordnung der Zuchttiere in eine Abteilung erfolgt bei der Eintragung in dieses Register unter Berücksichtigung von Abstammung und Leistung. Seit 01. 10. 2002 wird dabei unterschieden zwischen

- Rassen, für die ein Relativzuchtwert Fleisch berechnet wird
- Rassen ohne Zuchtwertschätzung auf Fleischleistung, z. B. Robustrinder
- sonstige Rassen wie z. B. Zwergzebu

Neben der Herdbuchführung bieten die Fleischrinderzuchtverbände folgende Serviceleistungen an:

- Inanspruchnahme aller Verbandseinrichtungen, insbesondere Beschickung der Absatzveranstaltungen;
- Durchführung von Leistungsprüfungen, Zuchtwertschätzung und Selektion;
- Teilnahme an Zuchtprogrammen, z. B. Einsatz von Sperma einzelner Spitzenbullen im Rahmen der gezielten Paarung oder Durchführung von Embryotransfers bei züchterisch besonders wertvollen Kühen;
- Beratung der Mitglieder in Fragen der Zucht, Produktionstechnik und Vermarktung;
- regelmäßige Information über aktuelle Entwicklungen auf dem Gebiet der Fleischrinderzucht und -haltung, z. B. über Mitteilungsblätter, Versammlungen, Lehrfahrten, Fortbildungsveranstaltungen, Tierschauen etc.

Bei den Fleischrinderzuchtverbänden werden auch Haltungsbetriebe, z. B. Rindermast- und Fressererzeugerbetriebe aufgenommen. Da hier nur ein Teil der Serviceleistungen beansprucht wird – z. B. keine Herdbuchführung sondern in erster Linie die Beschickung der Absetzer- und Nutzrinderversteigerungen – gelten ermäßigte Gebührensätze.

Was die Mitgliedschaft im Zuchtverband bringt und was sie kostet

Für Zuchttiere können im Vergleich zum Nutzvieh- und Schlachtrinderverkauf in der Regel höhere Erlöse erzielt werden. Allerdings erfordert die Herdbuchzucht auch einen größeren organisatorischen und finanziellen Aufwand.

Durch Zukauf geeigneter weiblicher Tiere, langjährige Selektion und Verwendung überdurchschnittlicher Vatertiere muss ein qualitativ hochwertiger Tierbestand aufgebaut werden.

Zuständig für die Herdbuchführung bei den einzelnen Rassen sind aufgrund tierzuchtrechtlicher Regelungen ausschließlich die Fleischrinder-Landesverbände. Deren Einzugsgebiet erstreckt sich teilweise auf mehrere Bundesländer. Aufgabe der sog. Bundesrasseverbände ist es, die Verbreitung der betreffenden Rasse zu fördern und entsprechende Informations- und Werbeveranstaltungen durchzuführen.

Bei den Mitgliedsbeiträgen der Landesverbände gibt es regionale Unterschiede.

Die Gebührenordnung kann z. B. folgende Regelungen enthalten:

- Grundbeitrag für Herbuchbetriebe 80, €
- Beitrag je Bestandskuh
  - f. LKV-Mitglieder* 2,50 €
  - f. übrige HB-Betriebe** 6,-- €
- Beitrag je Herdbuchbulle 5,-- €
- Pauschalbeitrag für Gebrauchshalter und Vorbereitungszuchten 35,-- €

Hinzu kommen Gebühren für Tierverkäufe über Versteigerungen oder ab Stall im Rahmen des Kommissionsgeschäfts sowie für die Ausstellung von Abstammungsnachweisen, soweit die betreffenden Tiere nicht über die Verbandsgeschäftsstelle abgerechnet werden. Einzelheiten sind in einer Gebührenordnung festgelegt, die Bestandteil der jeweiligen Verbandssatzung ist.

Zu den Kosten der Herdbuchzucht zählt ferner der Werbeaufwand z. B. in Fachzeitschriften oder die Teilnahme an Tierschauen oder Ausstellungen, um als Herdbuchzuchtbetrieb bekannt zu werden.

Auflagen in der Herdbuchzucht

Laut Zuchtbuchordnung der Landesverbände müssen in Herdbuchbetrieben folgende Aufzeichnungen und Leistungsprüfungen durchgeführt werden:

- **Deckeinteilung**
  Gegenüber dem Verband ist die Bedeckung jeder einzelnen Kuh nachzuweisen. Dies geschieht entweder im Rahmen einer Sammelliste, aus der hervorgeht, welcher Deckbulle den einzelnen Kühen zugeteilt wurde, oder mithilfe von Deck- bzw. Besamungsscheinen.
- **Markierung der Kälber**
  Laut Viehverkehrsverordnung ist jedes Kalb innerhalb von 7 Tagen nach der Geburt durch eine Lebensohrmarke (identische Marke in linkes und rechtes Ohr) zu kennzeichnen, in das Bestandsverzeichnis des Betriebes einzutragen und an die zentrale Tierdatenbank zu melden. Einzelheiten des Verfahrens sowie der Bezug dieser Lebensohrmarken sind auf Seite 51 dargestellt.

Neben der Ohrmarkennummer, dem Geburtsdatum und Geschlecht des Kalbes werden Abstammung sowie Farbe und Abzeichen in das Jungviehregister eingetragen.

Wichtig ist hierbei der **Vermerk über den**

- **Geburtsverlauf** bei jeder Kuh, der wiederum Rückschlüsse auf die Vererbungstendenz des eingesetzten Deckbullen zulässt.

Der folgende Schlüssel findet für die Beschreibung des Geburtsverlaufs Verwendung:

0 = Kalbung allein ohne Hilfe
1 = ein Helfer, leichte Geburtshilfe
2 = mehrere Helfer oder Hilfsgeräte
3 = tierärztliche Hilfe oder Operation

* In Mitgliedsbetrieben der Landeskontrollverbände erfasst der Leistungsoberprüfer alle züchterisch relevanten Daten und leitet sie per EDV an die Verbandsgeschäftsstelle weiter.

** Die erforderlichen Daten werden direkt vom Herdbuchbetrieb an die Verbandsgeschäftsstelle übermittelt.

Deckeinteilung.

Fleischrinder Verband Bayern e.V.

Jüdtstr. 1, 91522 Ansbach, Tel.: 0981/48841-0, Fax: 0981/48841-11

DECKEINTEILUNG 200

für die Rasse ____________________ des Betriebes ____________________

in ____________________ Straße ____________________

Kuh: Name, LKV-Nr. **DE 09 ... .**	**zugeteilt den Bullen:** Name u. Ohrmarken-nummer	**Tierabgang und Ursache** Datum (Name des Käufers)

Ich bestätige die Richtigkeit der oben angegebenen Tierdaten.

____________________ den ____________ ____________________

Ort Datum Unterschrift des Züchters

❍ **Feststellung des Geburtsgewichts**
Soweit vom Verband nicht ohnehin vorgeschrieben, ist die Wiegung der neugeborenen Kälber zweckmäßig, vor allem bei extrem schweren, aber auch bei sehr kleinen Tieren.

❍ **Geburtsmeldung**
Die Meldung an den Verband muss innerhalb einer festgelegten Zeitspanne, z.B. in Form einer Sammelliste erfolgen. Die Geburtssammelmeldung wird mit der dort vorliegenden Deckeintei-

Fleischrinder Verband Bayern e.V.

Jüdtstr. 1, 91522 Ansbach, Tel.: 0981/48841-0, Fax: 0981/48841-11

GEBURTSSAMMELMELDUNG 200__

für die Rasse ____________ des Betriebes ____________

in ____________ Straße ____________

Mutter - LKV-Nr. DE 09	ged. v. Bulle Name, Ohrmarke	Kalbedatum	Anzahl Kalbungen	Geschl. ml. / wbl.	Farbe Verbleib	Kälbernummer DE 09 ... .

Bitte Kalbevorgang laut Schlüssel am rechten Rand eintragen:
(Schlüsselzahlen siehe **Rückseite**)

Ich bestätige die Richtigkeit der oben angegebenen Tierdaten.

____________ den ____________ ____________
Ort Datum Unterschrift des Züchters

Geburtssammelmeldung.
0 = keine Angaben
1 = ohne Hilfe oder Helfer
2 = zwei oder mehr Helfer oder Benutzer mechanischer Hilfsmittel
3 = tierärztliche Geburtshilfe ohne operativen Eingriff
4 = Operationen (Kaiserschnitt, Fetotomie)

lung und mit der rassespezifischen Trächtigkeitsdauer verglichen.
Die väterliche Abstammung gilt grundsätzlich dann als gesichert, wenn die Kuh, von der das betreffende Kalb stammt, innerhalb einer Brunstperiode nur von einem Bullen gedeckt bzw. besamt wurde.
Bei Unstimmigkeiten ist die Abstammung mittels DNA-Analyse nachzuweisen. Andernfalls gilt die Abstammung des Tieres als unbekannt.

❍ **Zu- und Abgänge von Kühen**
Abgänge von Kühen sind der Verbandsgeschäftsstelle ebenso zu melden wie Zukäufe von Zuchttieren.
Die vorgeschriebenen Meldungen werden zum Teil direkt durch den Züchter vorgenommen. Bei Mitgliedsbetrieben der Landeskontrollverbände erfassen die Leistungsprüfer die entsprechenden Daten und leiten diese per EDV an die jeweiligen Herdbuchstellen der Fleischrinderzuchtverbände weiter.
Daraus ergeben sich dann z. B. unterschiedliche Mitgliedsbeiträge je Bestandskuh.

❍ **Betriebsherdbuch (Stallbuch)**
Es bildet die Grundlage für das bei der Verbandsgeschäftsstelle geführte Zuchtbuch*. Für jedes Zuchttier sind Name, Nummer der Lebensohrmarke, Geburtsdatum, Farbe, Abzeichen, Abstammung, Deck- bzw. Besamungsdaten sowie bei den Kälbern Gewichtsentwicklung, Abweichung vom Herdendurchschnitt und Verbleib einzutragen. Verantwortlich für die Richtigkeit der Angaben ist der Herdbuchbetrieb. Weiterhin werden im Stallbuch Körpermaße, Gewicht, Bewertung und Beschreibung des betreffenden Tieres registriert. Die Stallbuchführung kann auch auf EDV-Datenträgern erfolgen.

* In der Regel auf EDV-Datenträgern.

❍ **Feldprüfung: Gewichtsentwicklung und Relativzahl**
Die täglichen Zunahmen und die Über- bzw. Unterlegenheit des Einzeltieres im Vergleich zum Durchschnitt der Jahrgangsgefährten bilden ein wichtiges Leistungsmerkmal bei Fleischrindern. Alle Herdbuchbetriebe** sind verpflichtet, die so genannte Feldprüfung jährlich bei der gesamten Nachzucht durchführen und vom Verband überwachen zu lassen. Die Ermittlung des Absetzgewichtes erfolgte bisher bei den einzelnen Verbänden im Alter zwischen sechs und zwölf Monaten. Gemäß der Verordnung über die Leistungsprüfungen und die Zuchtwertschätzung vom 28. 9. 1990 werden die täglichen Zunahmen bei Fleischrindern bundeseinheitlich auf der Basis des 200- und 365-Tage-Gewichts ermittelt.
Durch diese Standardisierung ergibt sich u. a. eine bessere Vergleichbarkeit der Leistungsergebnisse zwischen einzelnen Betrieben. Beim 200-Tage-Gewicht kommt die Säugeleistung der Mutter stärker zum Ausdruck, während das „Jährlingsgewicht“ mehr von der Wachstumsintensität des betreffenden Jungtieres beeinflusst ist.
Die so genannte **Relativzahl** stellt eine einfache Form der Zuchtwertschätzung innerhalb einer Herde dar. Für die Gruppe der männlichen und weiblichen Jahrgangsgefährten wird jeweils der Durchschnitt der täglichen Zunahmen ermittelt und die Abweichung des Einzeltieres von diesem 100-Punkte-Vergleichswert errechnet.

** Ausnahmen sind möglich bei Robustrassen.

❍ **Mastleistungsprüfung auf Station**
Bei einzelnen Fleischrinder-Landesverbänden wird ein Teil der zur Zucht vorgesehenen Fleischrinderbullen einer Eigenleistungsprüfung auf Station unterzogen. Das Einstellalter beträgt sechs bis sieben Monate.
Festgestellt werden dabei die täglichen Zunahmen und die Nährstoffaufnahme während der mindestens 120-tägigen Prüfperiode unter standardisierten Fütterungsbedingungen, die Gewichtsentwicklung seit der Geburt sowie verschiedene Körpermaße. Außerdem erfolgt eine subjektive Beurteilung des Schlachtkörperwertes am lebenden Tier.
Die Stationsprüfung bringt im Vergleich zur Feldprüfung bei der Zuchtwertschätzung auf Mastleistung ein höheres Maß an Sicherheit und bessere Vergleichbarkeit der Ergebnisse. Von der Eigenleistungprüfung, obwohl finanziell aufwändig, wird vermehrt Gebrauch gemacht. Vorzüge und Mängel der für den Zuchteinsatz vorgesehenen Jungbullen treten bei einheitlichen Fütterungs- und Haltungsbedingungen deutlich erkennbar in Erscheinung.

❍ **Zuchtleistungsprüfung**
In den Mutterkuhherden werden das Erstkalbealter, die Zwischenkalbezeit,

Tab. 75. Zuchtbuchabteilungen für Rassen mit Zuchtwertschätzung

Herdbuch-Bullen			
	Hauptabteilung A		**Hauptabteilung B**
1.	Vater Hauptabt. A	1.	Vater mind. Hauptabt. B
2.	Mutter Hauptabt. A	2.	Mutter mind. Vorbuch (Abt. C)
3.	RZF oder RZF* ≥ 95	3.	erfüllt bei der Verbandskörung nicht die Bedingungen für Hauptabteilung A bzw. nicht zur Verbandskörung vorgestellt
4.	bei der Körung in den Merkmalen „Typ“ und „Skelett“ mind. jeweils Note 6 und in der Summe ≥ 13		
5.	365-Tage-Gewicht muss vorliegen		
6.	Bluttypenkarte oder anderes anerkanntes Verfahren der Abstammungssicherung		
Herdbuch-Kühe			
	Hauptabteilung A		**Hauptabteilung B**
1.	Vater Hauptabt. A	1.	Vater mind. Hauptabt. B
2.	Mutter mind. Vorbuch (Abt. C)	2.	Mutter mind. vorbuch (Abt. C)
3.	in den Merkmalen „Typ“ und Skelett“ mind. jeweils Note 6		
4.	Eine Eigenleistung aus der Feldprüfung liegt vor		
5.	RZF liegt vor		
			Vorbuch (Abt. C)
		1.	Vater mind. Hauptabt. B
		2.	Mutter mind. Vorbuch (Abt. D)
		3.	Bewertung in Typ, Bemuskelung und Skelett jeweils mind. Note 5
			Vorbuch (Abt. D)
		1.	Identifikation
		2.	Bewertung in Typ, Bemuskelung und Skelett jeweils mind. Note 5

die Anzahl geborener Kälber sowie die Muttereigenschaften erfasst. Hierzu wird z. B. die Zahl der Kalbungen in Relation zur Anzahl der aufgezogenen Kälber gesetzt. Die „Kalbeformel“ 3/4 bedeutet z. B.: drei Abkalbungen, eine Zwillingsgeburt und alle Kälber wurden bis zum Absetzen aufgezogen.

❍ Exterieurbewertung, Maße und Gewichte

Alle im Zuchtbuch registrierten Kühe und Bullen sollten nach Typ, Bemuskelung und Skelett bewertet werden. Dies geschieht nach einem bundeseinheitlichen 9-Punkte-System (s. Seite 156). Voraussetzung für die Eintragung in die

Exterieurbewertung bei Fleischrindern
Die Bewertung erfolgt nach Typ, Bemuskelung und Skelett. Hierfür werden jeweils bis zu 9 Punkten vergeben. Die Höchstpunktzahl steht für eine vorzügliche Ausprägung der einzelnen Kriterien und entspricht der Idealvorstellung. Die Punktzahl 1 wird für eine völlig ungenügende Merkmalsausbildung oder bei schwerwiegenden Mängeln vergeben.
Unter **Typ** ist der Gesamteindruck eines Tieres im Hinblick auf das Zuchtziel einschließlich Rahmen und Harmonie des Körperbaus zu verstehen. Aus der Typnote geht hervor, inwieweit das betreffende Tier als rassetypisch gelten kann. Zur Objektivierung der Typbewertung werden in der Regel das Gewicht und verschiedene Körpermaße (vgl. Abb. unten) herangezogen.
In die **Bemuskelungsnote** geht vor allem die Ausprägung der wertvollen Teilstücke in Keule, Rücken und Lende, sowie in der Schulterpartie ein. Zu berücksichtigen ist ferner das Alter des Tieres, der Verfettungsgrad sowie rassespezifische Besonderheiten.
Das **Skelett** und hierbei insbesondere die Gliedmaßen und Klauen sind für die Nutzungsdauer und Leistungsfähigkeit der Tiere und somit für die Wirtschaftlichkeit der Fleischrinderrassen von entscheidender Bedeutung.
Die Begriffe Skelett bzw. Form – die letztgenannte Bezeichnung wird nach wie vor bei den Zweinutzungsrassen verwendet – sind identisch.
Zweck der Exterieurbewertung ist es, bereits am lebenden Tier den zu erwartenden Fleischansatz abzuschätzen und evtl. vorhandene körperliche Mängel, die die Nutzungsdauer der Tiere beschränken können, frühzeitig zu erkennen. Sie bilden im Hinblick auf das **Zuchtziel** unter Berücksichtigung objektiver Leistungsdaten die Grundlage für Selektionsentscheidungen bei Zucht- und Nutztieren.

Hauptabteilung A des Herdbuchs ist z. B. die Mindestnote 6 jeweils in den Merkmalen Typ und Skelett.
Zusätzlich zur Bewertung werden Körpermaße, in erster Linie die Widerristhöhe und das Gewicht ermittelt und im Zuchtbuch registriert. Soweit es sich nicht um ausgewachsene Tiere handelt, sollten die o. a. Daten mit der entsprechenden Altersangabe versehen werden.

Körpermaße beim Rind.

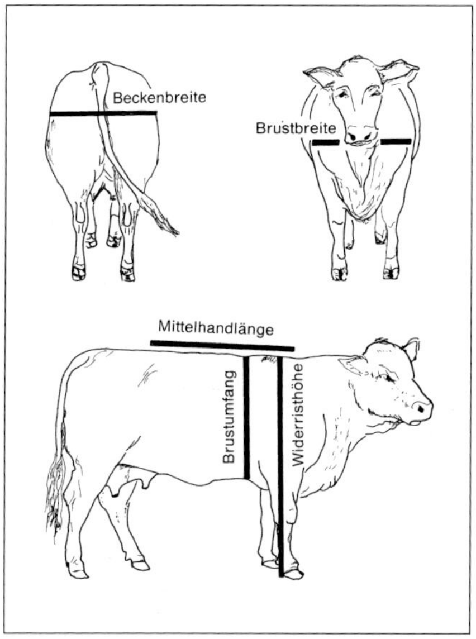

Meist erfolgen Bewertung, Messen und Wiegen der Zuchttiere turnusmäßig bei der jährlichen Feldprüfung; andernfalls ist dies in bestimmten Zeitabständen bei der jeweiligen Verbandsgeschäftsstelle zu beantragen. Die Angaben sind für die Zuchtbescheinigung sowie für Auktions- und Ausstellungskataloge von Bedeutung.

Vorherdbuchbetriebe

Für die so genannten Vorbereitungszuchtbetriebe gelten grundsätzlich die gleichen Auflagen hinsichtlich Registrierung der Kälber, Führung von Stallbuch und Jungviehregister, Teilnahme an Leistungsprüfungen etc.

Erfolgt der Bestandsaufbau aus einer bereits vorhandenen Gebrauchsherde bzw. werden Tiere ohne entsprechenden Abstammungsnachweis zugekauft, können rassetypische Kühe in das Vorherdbuch bzw. in die Abteilung D des Zuchtbuchs

Tab. 76. Zuchtbuchabteilungen für Rassen ohne RZF

Gemäß BDF-Beschluss vom 6./7.06.1994

Herdbuch-Bullen Hauptabteilung A		Hauptabteilung B
Elite gekört	gekört	Nicht gekört/ nicht vorgestellt
1. Vater Elite	1. Vater Elite	1. Vater mind. im Herdbuch-Hauptabteilung B geführt
2. Bewertung der Mutter in Typ, Bemuskelung und Skelett mind. jeweils Note 6	2. Mutter in Herdbuch-Hauptabteilung A geführt (bzw. hier auch Bullenmutter)	2. Mutter mind. im Vorbuch (Abteilung C) geführt
3. Mutter mit Mindestleistung in den Zuchtwertteilen Fleischleistung* und Zuchtleistung	3. selbst 88 Indexpunkte oder mehr	3. selbst weniger als 88 Indexpunkte oder
4. selbst 106 Indexpunkte oder mehr	4. in den Merkmalen „Typ" und „Skelett" mind. jeweils die Note 5	4. in den Merkmalen „Typ" und/oder „Skelett" unter Note 5
5. in den Merkmalen „Typ" und „Skelett" mind. jeweils die Note 6		
6. Bluttypenkarte oder anderes anerkanntes Verfahren der Abstam mungssicherung		

* gilt nicht für diejenigen Robustrassen, bei denen die Selektion auf Gewichtsentwicklung keine Bedeutung hat

eingetragen werden, sofern bei der Bewertung nach Typ, Bemuskelung und Skelett mindestens die Note 4 erreicht wurde.

Voraussetzung für ein stufenweises Höherrücken in Bezug auf die einzelnen Herdbuchabteilungen ist u.a., dass ein Vatertier verwendet wird, das mindestens in der nächst höheren Abteilung eingetragen ist.

Die weiblichen Nachkommen, die 1. Tochtergeneration, aus Vorherdbuchkühen (Abteilung D) und einem eingetragenen Herdbuchbullen mit der Mindestqualifikation „Hauptabteilung B" können, sofern die geforderte Exterieurbewertung erreicht wurde, in der Abteilung C des Herdbuchs geführt werden.

Bei der 2. Tochtergeneration ist bei entsprechender Bewertung die Eintragung in die Hauptabteilung A und beim Erreichen bestimmter Mindestleistungen bereits eine Qualifikation als Elite-Kuh, d.h. als Bullenmutter, möglich.

Zur Erzeugung von Zuchtbullen, die in etablierten Herdbuchbetrieben eingesetzt werden, sind somit mindestens drei im

Herdbuch-Kühe **Hauptabteilung A**		**Hauptabteilung B**
Bullenmutter 1. Zwei Vorfahren-generationen	1. Zwei Vorfahren-generationen	1. Zwei Vorfahren-generationen
2. Bewertung in Typ, Bemuskelung, Skelett mindestens jeweils 6	2. Bewertung in Typ, Bemuskelung, Skelett mindestens jeweils 5	
3. selbst Mindestleistung in den Zuchtwertteilen Fleischleistung* und Zuchtleistung		
		Vorbuch (Abt. C)
		1. Vater mind. Herdbuch-Hauptabteilung B
		2. Mutter mindestens Vorbuch (Abt. D)
		3. Bewertung in Typ, Bemuskelung, Skelett mind. jeweils 5
		Vorbuch (Abt. D)
		1. Identifikation
		2. Bewertung in Typ, Bemuskelung, Skelett mind. jeweils Note 5

* gilt nicht für diejenigen Robustrassen, bei denen die Selektion auf Gewichtesentwicklung keine Bedeutung hat

Zuchtbuch eingetragene Generationen (Abteilung D, C und A) erforderlich. Die betreffende Bullenmutter muss in Hauptabteilung A Elite geführt sein.

Ein für die Mehrzahl der Fleischrinderrassen zutreffendes Schema für die Zuchtbucheinteilung und Eintragungsbedingungen ist auf Seite 157 f. wiedergegeben. Sonderregelungen gelten für Angus und die Zweinutzungsrassen. Darüber hinaus können an die Herdbucheintragung von Kühen weitere Mindestanforderungen im Hinblick auf die Zuchtleistung, die Relativzahl der Nachkommen oder den Zuchtwert gestellt werden.

Entscheidend für die Auswahl von Herdbuchkühen sind in jedem Fall problemlose Geburten, rasches Wiederträchtigwerden sowie günstige Muttereigenschaften. Eine Euterbewertung findet nicht mehr statt. Dennoch sollten Mutterkühe ein festsitzendes Euter mit normal geformten, weder zu langen noch zu dicken Strichen aufweisen.

DNA-Typisierung

Von jedem Zuchtbullen, der in Herdbuchbetrieben eingesetzt wird, erfolgt seit 2002 statt der bisher angelegten Bluttypenkarte eine DNA-Typisierung. Die zuverlässige

Tab. 77. Absetzerpreise 2003 (in €/kg ohne MWST)

Rasse	männl. < 200 kg	250 kg	> 300 kg	weibl. < 200 kg	250 kg	> 300 kg
Charolais	3,35	2,68	2,35	2,12	1,83	1,60
Charolais-Kreuzungen	3,01	2,64	2,41	1,86	1,71	1,54
Limousin	2,87	2,65	2,40	1,99	1,81	1,61
Limousin-Kreuzungen	2,87	2,62	2,39	1,68	1,66	1,53
Fleckvieh	(2,80)[1]	2,50	2,32	–	1,55	1,24
Fleckvieh-Kreuzungen	2,91	2,32	2,02	1,37	1,29	1,34
Angus	2,67	2,32	2,11	1,43	1,21	1,09
Angus-Kreuzungen	2,58	2,21	1,97	(1,96)	(1,33)	(1,84)

[1] (...) kg-Preis in Klammern: geringe Tierzahlen

Identifikation der Zuchttiere ist eine wesentliche Voraussetzung dafür, dass ein Zuchtfortschritt erzielt werden kann.

Vermarktung von Absetzern zur Weitermast

Bis vor einigen Jahren wurden Absetzer vielfach direkt oder durch Vermittlung von Händlern an Mastbetriebe verkauft. Nunmehr haben fast alle Fleischrinderzuchtverbände spezielle Auktionen eingerichtet, über die Mitgliedsbetriebe überzählige Nutzrinder vermarkten können. Diese Absatzveranstaltungen finden meist in den Herbst- und Wintermonaten statt. Zum Auftrieb kommen z. T. mehrere Hundert männliche und weibliche Absetzer der schweren und mittelschweren Fleischrinderrassen sowie Kreuzungstiere. Jungrinder der Robustrassen werden in der Regel ab Hof vermittelt.

Je nach Rasse, Alter und Geschlecht wiegen die Auktionstiere meist zwischen 250 und 400 kg. Besonders gefragt von

Bei den Absetzerauktionen werden Gruppen annähernd gleichwertiger Tiere versteigert.

Tab. 78. Verkauf der Absetzer nach Rassenzugehörigkeit über Auktionen und ab Hof in der BRD, 2003

Rasse	männl. Auktion	ab Hof	weibl. Auktion	ab Hof
Angus	40		48	
Angus-Kreuzungen	11		5	
Charolais	355		201	
Charolais-Kreuzungen	1810		955	
Fleckvieh	24		13	
Fleckvieh-Kreuzungen	22		20	
Limousin	242		147	
Limousin-Kreuzungen	2076		1111	
Sonstige	461		69	
Anzahl insgesamt	**5041**	**7446**	**2569**	**7052**
	12.487		**9621**	
		22.108		

Mästern und Händlern sind gut veranlagte Nutzrinder im Gewichtsbereich um 300 kg.

Durch die Auktionen wurde es erst möglich, auf breiter Basis qualitätsgerechte Preise für Absetzer von Spezialmastrassen sowie Kreuzungen zu erzielen und eine Notierung bzw. Marktübersicht für diesen Bereich zu schaffen.

Neben einer weitgehenden Absatzsicherung hat der Marktbeschicker den Vorteil, dass der Verband das Inkassorisiko trägt. Aufgrund fester Auktionstermine ist es den Erzeugerbetrieben möglich, die Abkalbungen in der Herde darauf auszurichten. Dadurch können Tiere im optimalen Gewichtsbereich angeboten werden.

Die Auktionen kommen zudem den Wünschen der Mäster und Händler entgegen. Sie bieten optimale Auswahl- und Vergleichsmöglichkeiten unter bereits vorselektierten Tieren.

Aufgrund eines umfangreichen Angebots hinsichtlich Gewicht, Genetik und Herkunft gleichartiger Tiere können größere, einheitliche Gruppen von Tieren zusammengestellt werden. Es besteht Versicherungsschutz gegen Transportschäden; ferner werden Garantien hinsichtlich des Gesundheitsstatus der Auktionstiere gegeben. Die Herkunftsbetriebe müssen tuberkulose- und brucellosefrei sowie leukoseunverdächtig sein. Ein Teil der Absetzer hat bereits vor der Versteigerung eine Grippeschutzimpfung erhalten. Bei einigen Verbänden werden sämtliche Tiere bei der Anlieferung gegen Parasiten behandelt. Als weitere Serviceleistung kann auf Wunsch des Käufers ein Medikament gegen Transport- und Umstellungsstress verabreicht werden.

Ein Großteil der Tiere ist hornlos bzw. enthornt, was sich bei der Zusammenstellung der Mastgruppen ebenfalls günstig auswirkt.

Für einen reibungslosen Versteigerungsablauf sind umfangreiche Vorbereitungen seitens des jeweiligen Fleischrinderzuchtverbandes erforderlich. Hierzu zählen Werbemaßnahmen, Beantragung der tierärztlichen Bescheinigungen für die Marktbeschicker, Organisation von Sammeltransporten, Erstellung von Transportplänen für eine gestaffelte Anlieferung bis hin zur Sicherstellung der veterinärpolizeilichen Auftriebsüberwachung. Aufwändig ist u. a. der Aufbau von Sammel- und Gruppenbuchten, Fangboxen, Treibgängen und Vorführringen mit mindestens

1,40 m hohen, massiven Gattern sowie das Wiegen, Sortieren und Kennzeichnen der freilaufend angelieferten Tiere. Die Gruppeneinteilung erfolgt dabei nach Geschlecht, Rasse, Gewicht und Typ bzw. Fleischansatzvermögen.

Entscheidend für das Gelingen einer derartigen Auktion ist u. a. die Überwachung des Abtriebs sowie ein geordneter Abtransport.

In Tabelle 77 und 78 sind die 2003 bei Absetzerversteigerungen in einigen Bundesländern erreichten Auftriebszahlen und Durchschnittspreise zusammengefasst.

Die Preise für männliche und weibliche Absetzer haben annähernd wieder das Niveau vor der BSE-Krise erreicht.

Verkauf ausgemästeter Rinder und Schlachtkühe

Die Absatzmöglichkeiten von Schlachtrindern und Rindfleisch der Spezialmastrassen müssen vor folgendem Hintergrund gesehen werden:

Preisdruck überwunden?

Der Rindfleischmarkt in Deutschland war in der Vergangenheit lange Zeit durch Überschüsse und einen entsprechenden Preisdruck gekennzeichnet, eine Situation, die sich durch die BSE-Krise 2000/2001 wesentlich verschärft hat.

Im Jahr 2002 lag die Bruttoeigenerzeugung bei Rind- und Kalbfleisch in Deutschland bei 1,38 Mio t. Importiert wurden zudem aus der EU sowie aus Drittländern 240.000 t vorwiegend qualitativ hochwertiges Rindfleisch von Spezialmastrassen. Bei einer Gesamtexportmenge von 557.000 t ergab sich ein Inlandsverbrauch von 1.016 Mio. t Rind- und Kalbfleisch.

Nach Frankreich ist Deutschland der zweitgrößte Rindfleischproduzent in der EU, bildet aber im Hinblick auf den Pro-Kopf-Verbrauch des Schlusslicht in der bisherigen 15er-Gemeinschaft. (s. Grafik)

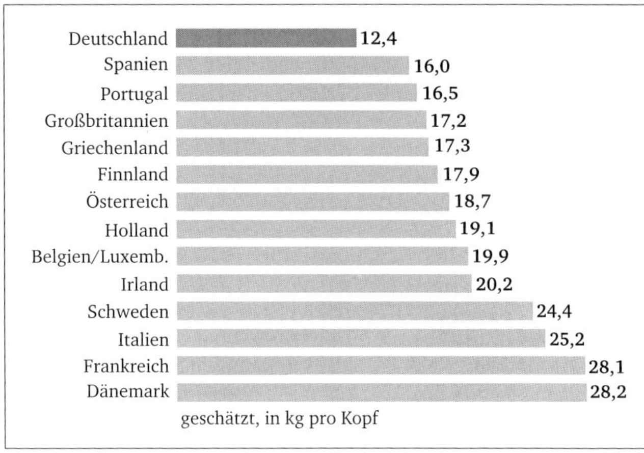

Pro-Kopf-Verbrauch bei Rindfleisch in einzelnen Ländern der EU (2003).

Lag der Selbstversorgungsgrad bei Rind- und Kalbfleisch in Deutschland 2001 noch bei 170 %, so betrug er 2002 140 % und ging 2003 auf 123 % zurück.

Dies führte erwartungsgemäß zu einer deutlichen Entspannung auf dem Rindfleischmarkt.

Die weitere Entwicklung deutet auf eine rückläufige Rindfleischerzeugung bei leicht steigender Nachfrage hin.

In der EU erreichte der Verbrauch an Rind- und Kalbfleisch mit 7,55 Mio. Tonnen im Jahre 2002 nahezu die Bruttoerzeugungsmenge von 7,56 Mio. Tonnen. Seitdem ist die Staatengemeinschaft mehrere Jahre in Folge Nettoimporteur für Rindfleisch. Für die nächsten Jahre wird eine Fortsetzung dieser Entwicklung erwartet – leicht steigender Rindfleischverbrauch bei einem Produktionsrückgang um schätzungsweise 3 %. Die Gründe hierfür sind in einer zunehmenden Konkurrenz zwischen der Erzeugung regenerativer Energien sowie nachwachsender Rohstoffe einerseits und der Produktion von Nahrungsmitteln und Viehfutter andererseits zu sehen.

Auch wenn künftig die Importe zunehmen dürften, wird mittelfristig im Hinblick auf die Absatzmöglichkeiten und das Preisniveau mit einer günstigen Entwicklung auf den Rindfleischmärkten in der EU und in Deutschland und darüber hinaus weltweit gerechnet.

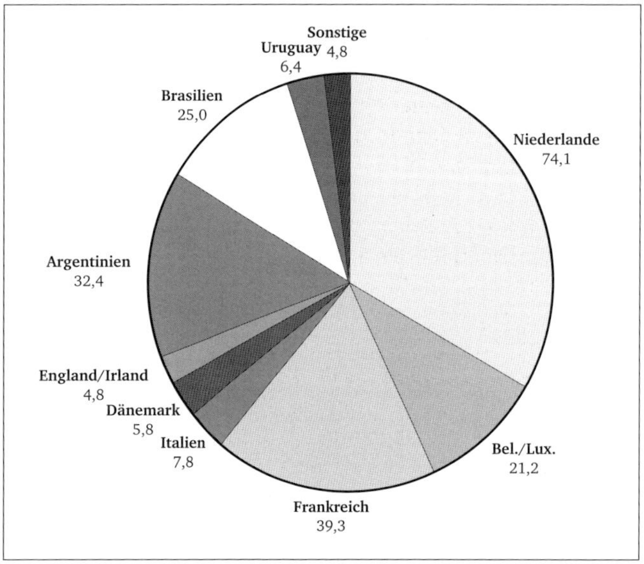

Rindfleischimporte in die Bundesrepublik Deutschland 2002 (in Tsd.t).

Hochwertiges Rindfleisch überwiegend aus dem Ausland?

Trotz einer wieder deutlich gestiegenen Rindfleischnachfrage in Deutschland wurde der Pro-Kopf-Verbrauch, der 1999, dem Jahr vor der BSE-Krise, bei rd. 15,2 kg lag, noch immer nicht erreicht. Diesbezüglich wird eine weitere Erholung bzw. Aufwärtsentwicklung erwartet. In einem bestimmten Umfang dürfte auch, sicherlich konjunkturabhängig, die Nachfrage nach qualitativ hochwertigem Rindfleisch zunehmen. Dieses Marktsegment, insbesondere optimal gereifte Edelteile von speziellen Fleischrinderrassen für Gastronomie und Feinkostläden werden nach wie vor in größerem Umfang importiert. Hauptlieferanten im Jahr 2002/2003 waren neben den Benelux-Staaten vor allem Frankreich, Argentinien, Brasilien und Uruguay (s. Grafik). In größerem Umfang eingeführt wurden bisher u. a. Teilstücke gut ausgemästeter Ochsen der Rassen Angus und Hereford sowie deren Kreuzungen.

Ein Grund für den erheblichen Importanteil bei hochwertigem Rindfleisch ist darin zu sehen, dass es sich bei etwa 80 % des im Bundesgebiet erzeugten Rindfleisches gleichsam um ein „Nebenprodukt der Milchviehhaltung" handelt. „Hauptrindfleischlieferanten" sind Mastbullen der Milch- und Zweinutzungsrassen. Rd. 45 % der Schlachtrinderzahlen entfallen auf diese Kategorie, dann folgen mit etwa 39 % die Schlachtkühe. Bei den restlichen 16 % handelt es sich überwiegend um nicht tragend gewordene Kalbinnen und nur ein geringer Teil besteht derzeit aus optimal ausgemästeten Ochsen und Färsen.

Des Weiteren kann zumindest bei der Standardware der ausländischen Konkurrenz bezüglich Fleischreifung, Sortierung und Zuschnitt meist nur wenig entgegengesetzt werden.

Emblem der Erzeugergemeinschaft für Qualitätsrindfleisch in Niedersachsen.

Fernziel: Erzeugergemeinschaften für Fleisch der Spezialmastrassen

Spezielle Vermarktungseinrichtungen für den Absatz ausgemästeter Tiere der Fleischrinderrassen und deren Kreuzungen sind in den einzelnen Bundesländern erst in Ansätzen vorhanden.

Herbe Rückschläge gab es auf diesem Gebiet durch die BSE-Krise. Erschwert wird eine Bündelung des Angebots durch die unterschiedliche Dichte und mitunter ungünstige Struktur der Mutterkuhhaltung. Die einzelnen Betriebe liegen oft weit verstreut voneinander, sodass hohe Erfassungskosten anfallen; das Angebot ist aufgrund verschiedener Rassen uneinheitlich und zudem saisonal unterschiedlich. Insofern konnte den Anforderungen von Großabnehmern hinsichtlich Menge,

Einheitlichkeit und Kontinuität bisher kaum Rechnung getragen werden.

Mit der stärkeren Verbreitung der Mutterkuhhaltung sind die Fleischrinderzuchtverbände gefordert, u. a. durch überregionale Zusammenarbeit Absatzorganisationen zu schaffen und mit ausländischen Markenfleischproduzenten in Wettbewerb zu treten. Durch horizontalen Verbund gleichartiger Betriebe bezüglich Rasse, Kategorie und Ausmästungsgrad sowie gestaffelte Abkalbezeiten in den angeschlossenen Herden muss versucht werden, gleichmäßige Angebotsmengen zu erreichen. Wichtig ist in diesem Zusammenhang eine unverwechselbare Aufmachung bzw. Verpackung mit einem bestimmten Logo, wie es z. B. auf Seite 162 unten wiedergegeben ist.

Bis diese Vermarktungseinrichtungen funktionsfähig sind, müssen die üblichen Absatzwege, wie selbstschlachtende Metzgereien, Handel, Genossenschaften sowie konventionelle Erzeugergemeinschaften für Schlachtvieh, in Anspruch genommen werden.

Hauptproblem: qualitätsgerechter Preis

Mit jungen, gut ausgemästeten Tieren spezieller Fleischrinderrassen lassen sich auch hierzulande Spitzenqualitäten erzeugen, die importiertem „Premium-Rindfleisch" in keiner Weise nachstehen. Die Vorzüge der Spezialmastrassen im Hinblick auf Schlachtausbeute, Anteil wertvoller Teilstücke und Genußwert des Fleisches werden in der Regel von den Marktpartnern anerkannt. Die Schwierigkeit besteht darin, diese Qualität entsprechend honoriert zu bekommen. Handel und Genossenschaften sind meist nur bereit, den Preis für gehobene Standardware, der von Schlachtrindern der Milch- und Zweinutzungsrassen bestimmt wird, zu bezahlen.

Gerade auf dem Gebiet des Vieh- und Fleischhandels findet der alte Grundsatz „der Gewinn liegt im Einkauf" nach wie vor Anwendung.

Beim Absatz an Genossenschaften und Erzeugergemeinschaften stellt die Geschlachtetvermarktung in der Regel die günstigste Vermarktungsform dar. Im Vergleich zum lebenden Tier erlaubt sie eine wesentlich zuverlässigere Beurteilung der Schlachtkörperqualität. Eine hohe Schlachtausbeute und eine günstige Klassifizierung kommen dabei dem Erzeuger zugute. Das geltende Handelsklassenschema (s. Tab. 80) bietet derzeit allerdings keine ausreichende Grundlage für eine qualitätsgerechte Bezahlung. Ein Vorteil der Geschlachtetvermarktung besteht ferner darin, daß die Unkostenpauschale vielfach um die Hälfte niedriger liegt als beim Lebendviehverkauf.

Höhere Erlöse für Spezialmastrassen sind auf Dauer nur im Rahmen spezieller Abnahme- und Lieferverträge, z. B. durch Beteiligung an Markenfleischprogrammen zu erzielen. Der Fleischrinderhalter kann sich dabei auf genau festgelegte Qualitätsanforderungen bezüglich Kategorie, Endgewicht, Ausmästungsgrad, Produktionsmenge und Liefertermine einstellen.

Tab. 79. Modell: Mutterkuhhaltung – Vermarktung im horizontalen Verbund

10 Betriebe in einer Region:		
jeweils 25–40 Mutterkühe		
Insgesamt 270 Kälber,	4 Abkalbeperioden	– März/April
davon 40 weibl. Nachzucht		– Mai/Juni
230 Verkaufstiere	jeweils 4–6 Betriebe	– Sept./Okt.
14–16 Monate alt		– Dez./Jan.
♂ 530–550 kg		
♀ 470–500 kg		
Okt.–Juli: **bei 14-tägiger Erfassung jeweils 10 Tiere**		

Tab. 80 Handelsklassen für Rindfleisch

1. Fleischigkeit: Entwicklung der Profile am Schlachtkörper- und der wesentlichen Fleischpartien.			2. Fettgewebe: Dicke der Fettschicht auf der Außenseite des Schlachtkörpers und auf der Innenseite der Brusthöhle.	
Fleischigkeitsklasse	**Beschreibung**	**Ergänzungen**	**Fettgewebeklasse**	**Beschreibung**
1	**2**	**3**	**1**	**2**
E vorzüglich	Alle Profile konvex bis superkonvex; außergewöhnliche Muskelfülle	Keule: stark, ausgeprägt Rücken: breit und sehr gewölbt bis in Schulterhöhe Schulter: stark ausgeprägt	1 sehr gering	Keine bis sehr geringe Fettabdeckung
U sehr gut	Profile insgesamt konvex, sehr gute Muskelfülle	Keule: ausgeprägt Rücken: breit und gewölbt bis in Schulterhöhe	2 sehr gering	Leichte Fettabdeckung; Muskulatur fast überall sichtbar
R gut	Profile insgesamt geradlinig; gute Muskelfülle	Keule: gut entwickelt Rücken: noch gewölbt aber weniger breit in Schulterhöhe Schulter: ziemlich gut entwickelt	3 mittel	Muskulatur mit Ausnahme von Keule und Schulter fast überall mit Fett abgedeckt; leichte Fettansätze in der Brusthöhle
O mittel	Profile geradlinig bis konkav; geringe Muskelfülle	Keule: mittelmäßig entwickelt Rücken: mittelmäßig entwickelt Schulter: mittelmäßig entwickelt bis fast flach	4 stark	Muskulatur mit Fett abgedeckt, an Keule und Schulter jedoch noch teilweise sichtbar; einige deutliche Fettansätze in der Brusthöhle
P gering	Alle Profile konkav bis sehr konkav; geringe Muskelfülle	Keule: schwach entwickelt Rücken: schmal mit hervortretenden Knochen Schuler: flach mit hervortretenden Knochen	5 sehr stark	Schlachtkörper ganz mit Fett abgedeckt; starke Fettansätze in der Brusthöhle

Einreihung in Handelsklassen

Das Handelsklassenschema berücksichtigt bei allen Kategorien die Ausbildung der wertbestimmenden Körperpartien Keule, Rücken und Schulter sowie den Verfettungsgrad.

Die Fleischigkeitsklasse wird durch die Profile von Keule, Rücken und Schulter geprägt.

Die Fettgewebeklasse wird durch den Verfettungsgrad bestimmt, der sich aus Fettansatz und Fettabdeckung ergibt. Maßgebend für die Beurteilung des Fettansatzes ist die Ablagerung von Fettgewebe in der Brusthöhle. Die Fettabdeckung ist durch die Stärke des Auflagefettes (subkutanes Fettgewebe) charakterisiert. Mit zunehmender Stärke des Auflagefettes nimmt auch der Anteil des intermuskulären Fettes (Fettgewebe zwischen den Muskelbündeln) und des intramuskulären Fettes (Marmorierung) zu.

Absatz an Metzgereien und Direktvermarktung

Qualitätsgerechte Preise für gut ausgemästete Bullen, Färsen und Ochsen sind in erster Linie beim Verkauf an selbstschlachtende Metzgereien sowie im Rahmen der Direktvermarktung zu erzielen. Bei Metzgern, die Rindfleischspezialitäten in ihrem Sortiment führen, weisen vor allem die Rassen Angus, Charolais und Limousin einen hohen Bekanntheitsgrad auf. Bei den anderen Fleischrinderrassen sollte versucht werden, evtl. über eine Probeschlachtung ins Geschäft zu kommen. Vereinbarungen über Ausmästungsgrad, Endgewicht sowie Nüchterungsdauer bei der hier üblichen Lebendvermarktung sind zweckmäßig. In der Regel fallen bei der Metzgervermarktung nur geringe Unkosten, z. B. die halbe Schlachtviehversicherung und der Beitrag zum Absatzfond an. Für Werbemaßnahmen der Metzgereien kann rassespezifisches Informationsmaterial über die Fleischrinderlandesverbände oder die Bundesrasseverbände zur Verfügung gestellt werden.

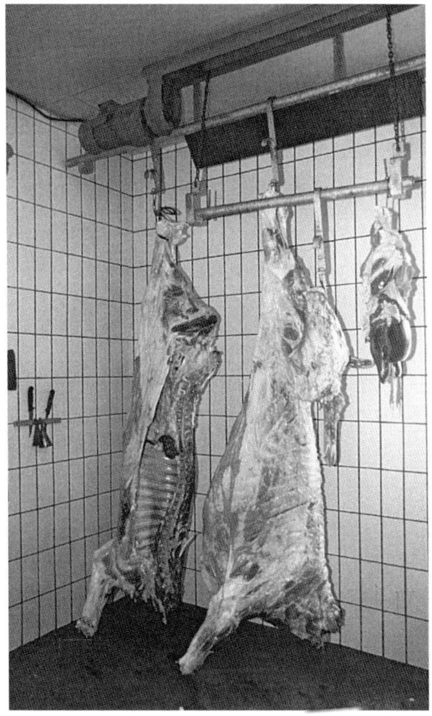

Günstig ist es, wenn die Tiere möglichst stressarm in einer nahegelegenen Metzgerei geschlachtet werden können.

Schlachtkühe gut angefleischt verkaufen

Abgehende Kühe der Fleischrinderrassen, sofern sie gut bemuskelt aber nicht fett sind, lassen sich in der Regel günstig im Rahmen der Geschlachtetvermarktung absetzen. Ältere Kühe sollten dann ausgemerzt werden, wenn die Säugeleistung, gemessen an der Relativzahl des letzten Kalbes, deutlich nachläßt. Solche Muttertiere sind dann weitgehend „abgeschrieben" und meist nur noch als Verarbeitungsware geeignet.

„Bio-beef" aus ökologisch betriebener Mutterkuhhaltung

An einzelnen Standorten mit entsprechendem Kundenpotential ergeben sich mitunter gute Absatzmöglichkeiten für Qualitätsrindfleisch aus dem ökologischen Landbau. Gerade die Mutterkuhhaltung bietet günstige Voraussetzungen für eine Umstellung. Entscheidend ist, dass sich die Betriebsleiterfamilie mit den erforderlichen Produktionsstandards und der speziellen Prozessqualität identifiziert. Da in der Mutterkuhhaltung ohnehin Laufställe vorhanden sind und meist Weidehaltung betrieben wird, ist eine Umstellung mit vergleichsweise geringem zusätzlichem Aufwand im Hinblick auf die hierbei vorgeschriebene Haltung verbunden.

Produktionsziel ist in erster Linie die Ausmast der Absetzer als Ochsen und Färsen im Rahmen der Direktvermarktung oder der Absatz über regionale Verbände des ökologischen Landbaues.

Folgende Anforderungen werden an ökologisch wirtschaftende Betriebe gestellt:

- Laut EG-Öko-Verordnung 1 ist Rindern im Hinblick auf eine artgerechte **Haltung** freie Bewegung, z. B. im Laufstall sowie viel Luft- und Tageslicht durch Auslauf im Freien zu gewähren. Der Liegebereich muss mit Stroh oder ver-

Tab. 81. Mindeststall- und Laufhofflächen für Rinder nach EG-Öko-VO[1)]

	Stallfläche (den Tieren zur Verfügung stehende Nettofläche)		Außenfläche (Freigeländeflächen außer Weideflächen)
	Lebendgewicht (kg)	Mindestfläche (m^2/Tier)	(m^2/Tier)
Zucht- und Mastrinder und Equiden	bis 100	1,5	1,1
	bis 200	2,5	1,9
	bis 350	4,0	3
	über 350	5 (mindestens 1 m^2/100 kg)	3,7 (mindestens 0,75 m^2/100 kg)
Mutterkühe		6	4,5
Zuchtbullen		10	30

[1] EG-Öko-Verordnung 2092/91, 2000

gleichbarem Material eingestreut sein. Bei Weidegang im Sommer ist kein Laufhof während der Wintermonate erforderlich. Ganzjährige Freilandhaltung ist nach der oben angegebenen Verordnung möglich.

❍ Grundlage der **Futterversorgung** im ökologischen Landbau ist der Aufwuchs im eigenen Betrieb. Der Viehbesatz muss unter 2 GV/ha Futterfläche liegen. Der Einsatz von Zukaufsfuttermitteln und Futtermittelzusatzstoffen wie z. B. Mineralfutter und Vitaminen ist im Anhang der o. a. EG-Öko-Verordnung geregelt. Fütterungsantibiotika, gentechnischveränderte Organismen sowie mithilfe der Gentechnik hergestellte Substanzen dürfen grundsätzlich nicht verwendet werden.
Der Kraftfuttereinsatz beschränkt sich auf Jungvieh und Mastrinder. Die Kraftfuttermischungen bestehen im Regelfall aus Öko-Futtergetreide, Körnerleguminosen sowie einem Mineralfutterzusatz.

❍ Bezüglich **Tiergesundheit** kommt **vorbeugenden Schutzmaßnahmen** oberste Priorität zu. Durch artgerechte Haltung, Abhärtung, Frischluft, Sonne, Bewegung und geeignete Rassenwahl soll die Gefahr von Erkrankungen reduziert werden. Bei der Tierbehandlung haben homöopathische Tierarzneimittel Vorrang. Der Einsatz konventioneller allopathischer Medikamente ist bei Erkrankung eines Tieres zulässig, aber mit doppelter Wartezeit bis zur Vermarktung des tierischen Produktes. Ist bei den konventionellen allopathischen Tierarzneimitteln keine Wartezeit angegeben, so sind mindestens 48 Stunden Wartezeit einzuhalten. Jede Tierbehandlung ist, wie im konventionellem Landbau, in einem Stallbuch zu dokumentieren. Ein prophylaktischer Medikamenteneinsatz ist nicht zulässig.

❍ Bei der **Grünlandbewirtschaftung** und im **Ackerbau** wird in erster Linie Wirtschaftsdünger (Stallmist, Jauche, Gülle) eingesetzt. Mineraldünger und chemische Pflanzenschutzmittel sind nicht zugelassen. Zur Optimierung des pH-Wertes darf kohlensaurer Kalk eingesetzt werden. Bestimmte Phosphor- und Kalidünger sind nach Anhang II der EG-Öko-VO mit Zustimmung der jeweiligen Kontrollstelle zulässig. Beim Grünlandaufwuchs sollen die Leguminosen gefördert werden. Dadurch kann eine gute Stickstoffversorgung des Grünlandes sichergestellt werden.
Im Futterbau wird anstelle von Silomais ein- bis mehrjähriges Kleegras angesät und Ganzpflanzensilage erzeugt.

Zur Eiweißversorgung während der Winterfütterung empfiehlt sich der Anbau von Futtererbsen. Im Ackerbau wird besondere Sorgfalt auf die Bodenbearbeitung gelegt. Untersaaten und Zwischenfrüchte haben große Bedeutung. Die Regulierung von Wildkräutern erfolgt in der Regel durch Einsatz des Striegels. Die Hauptunkrautbekämpfung erfolgt durch Kleegras mit mehrmaligem Schnitt.

- Im Hinblick auf **Kennzeichnung und Kontrolle** wurden die Grundregeln für eine ökologische Agrarwirtschaft für den pflanzlichen und tierischen Bereich in der o.a. EU-Öko-Verordnung festgelegt. Vorrangig ist u.a. der Schutz des ökologischen Landbaus, die Sicherstellung eines lauteren Wettbewerbs sowie eine Steigerung des Verbrauchervertrauens.
  In der Verordnung sind Rahmenvorschriften zur Kennzeichnung und Werbung für diese Produkte sowie ein Verfahren zur Überwachung und Einhaltung der einschlägigen Vorschriften festgelegt. Die Verantwortung hierfür unterliegt den einzelnen Mitgliedsstaaten.
  Die Begriffe „Ökologischer Landbau" und „Biologischer Landbau" sind somit durch die EU-Öko-Verordnung gesetzlich geschützt.
  Nur wenn der Betrieb nach der EU-Öko-Verordnung wirtschaftet, von einer unabhängigen staatlich zugelassenen Kontrollstelle überprüft wurde und ein entsprechendes Zertifikat erhalten hat, darf er seine Produkte als Ökoprodukte kennzeichnen. Diese Kontrolle muss jährlich im Betrieb wiederholt werden und ist kostenpflichtig.
  Auf allen Erzeugnissen, die mit einem Hinweis auf dem ökologischem Landbau vermarktet werden, muss die Code-Nummer der letzten verantwortlichen Kontrollstelle angegeben sein.
  Für die weitere Kennzeichnung der Produkte hat sich in Deutschland das Biosiegel auf dem Markt etabliert. Auf vielen Packungen ist das Siegel mit „BIO nach EG-Öko-Verordnung" zu finden (siehe nebenstehende Abbildung). Die Verwendung dieses Zeichens ist kostenfrei, muss aber bei der Öko-Prüfzeichen-GmbH angezeigt werden.
  Daneben können bei entsprechender Mitgliedschaft auch die geschützten

Qualitätszeichen für Bio-Produkte.

Baby-beef von solchen Milchmastrindern zählt zu Recht zu den Spitzenqualitäten.

Warenzeichen der Ökoverbände genutzt werden. Zusätzlich haben einige Bundesländer regionale Herkunfts- und Qualitätszeichen für die Ökoprodukte aus ihrem Land entwickelt. Dafür gelten besondere Vorschriften.

- Die **Vermarktung** erfolgt als Absetzer oder als ausgemästete Tiere (siehe S. 158 und 161), im Rahmen der Direktvermarktung, über den Handel und spezielle Erfassungsstellen der Ökoverbände.

  Meist wird im ökologischen Landbau die Produktion von Ochsenfleisch dem von Bullenfleisch vorgezogen. Begründet wird dies durch eine bessere Fleischqualität aufgrund der stärkeren Marmorierung. Nachdem die Nachfrage nach Öko-Lebensmitteln seit Jahren steigt und beim Absatz erhebliche Zuwachsraten zu verzeichnen sind, haben sich auch die Marktchancen für Bio-Rindfleisch verbessert.

Vermarktung von Baby-beef

Die Erzeugung von Baby-beef in Verbindung mit der Direktvermarktung stellt neben dem Zuchtviehabsatz einen der finanziell interessantesten Produktionsschwerpunkte im Rahmen der Mutterkuhhaltung dar. Für Betriebe in dicht besiedelten Regionen, insbesondere in der Nähe größerer Städte sowie in Fremdenverkehrsgebieten, ergeben sich diesbezüglich ideale Standortbedingungen. Unter Baby-beef wird das **Fleisch ca. zehn Monate alter und 270 bis über 300 kg schwerer Rinder** verstanden, die auf der Weide mit Muttermilch und Gras aufgezogen und unmittelbar bzw. kurze Zeit nach dem Absetzen geschlachtet werden.

In den Bestimmungen über die gesetzlichen Handelsklassen findet der Begriff Baby-beef keine Verwendung. Dieses fällt in die Kategorie junges Rindfleisch bzw. Jungbullen- oder Färsenfleisch. Seitens der EU-Kommission wird für Fleisch über 8 Monate, aber maximal 12 Monate alter Rinder die Verkehrsbezeichnung „Jungrindfleisch" vorgeschlagen. Obwohl sich die Bezeichnung „Baby-beef" auch in Deutschland stärker durchgesetzt hat, ergeben sich u. U. bei der Werbung neuer Kunden Probleme im Hinblick auf unerwünschte Gedankenverbindungen (Schlachten ganz junger Kälber). Günstiger wäre es, in diesem Zusammenhang von jungen **„Milchmastrindern"** zu sprechen. Unter der Bezeichnung **„Swiss Prim Beef"**, **„Naturabeef"** bzw. **„Beef-natur"** ist Baby-beef in der Schweiz bzw. in Österreich zu einem begehrten Markenartikel geworden.

Baby-beef ist keine rassespezifische Bezeichnung. Besonders eignen sich hierfür Absetzer frühreifer Rassen, wie z. B. Angus und Hereford, weil die Tiere bereits frühzeitig die nötige Schlachtreife erreichen.

Günstig auf den Erfolg dieses Produktionsverfahrens wirkt sich neben der Frohwüchsigkeit der Kälber eine relativ hohe, lang anhaltende Milchleistung der Muttertiere aus.

Aufgrund veränderter Preisverhältnisse für Fresser und ausgemästete Tiere werden für die Baby-beef-Produktion auch zunehmend Limousin- und Charolaisrinder sowie Kreuzungen mit Zweinutzungsrassen verwendet. Die größte Bedeutung kommt hierbei nach wie vor angusblütigen Tieren zu, während eine diesbezügliche Vermarktung von Absetzern der Robustrinderrassen aufgrund der geringen Schlachtgewichte auf Einzelfälle beschränkt ist.

Exklusive Rindfleischspezialität

Baby-beef wird von Kennern als exklusives Qualitätsrindfleisch geschätzt. Es ist zart wie Kalbfleisch, weist aber bereits weitgehend das typische Rindfleischaroma auf. Besondere Bedeutung kommt dabei neben altersbedingten Faktoren, wie Feinfaserigkeit in Verbindung mit einem geringen Bindegewebsanteil, der Marmorierung zu. Eine fein verteilte Fetteinlagerung, wie sie vor allem für frühreife Rassen charakteristisch ist, wirkt sich günstig auf Geschmack und Saftigkeit des Fleisches aus.

Ausschlaggebend für den hohen Genusswert von Baby-beef ist zudem eine optimale Fleischreifung.

Ein entscheidendes Kaufargument für eine Reihe von Kunden bildet aufgrund eines zunehmenden Gesundheitsbewusstseins und veränderter Ernährungsgewohnheiten die **naturnahe Aufzucht** und artgerechte Haltung der Tiere mit reichlich gebotenen Bewegungsmöglichkeiten.

Neben der Direktvermarktung hat sich in der Praxis als zweiter Weg der Verkauf von Baby-beef an interessierte Metzger eingeführt. Dort werden die Tiere geschlachtet, zerlegt und an spezielle Kunden verkauft. Meist wird auch die Werbung von den Handwerksbetrieben übernommen.

Einkaufen auf dem Bauernhof

Zur erfolgreichen Vermarktung gehört ein Markenzeichen, das auf allen Werbeträgern, z.B. Hinweistafeln oder Handzetteln, angebracht werden sollte. (Für das abgebildete Logo müssen über den jeweiligen Bauernverband Lizenzgebühren entrichtet werden.)

Direktvermarktung – Chancen und Grenzen

Direktvermarktung in Verbindung mit der Mutterkuhhaltung bedeutet Verkauf von Rindfleisch unmittelbar an Endverbraucher ohne Zwischenschaltung von Handels- und Verarbeitungsbetrieben. Diese Vermarktungsform bietet die Möglichkeit, mithilfe einer hofeigenen „Marke" in Vergleich zu den üblichen Absatzwegen höhere Erlöse zu erzielen bzw. für den Betrieb einen größeren Anteil an der Wertschöpfungskette zu erreichen.

Absatzchancen für Baby-beef, aber auch für ausgemästete Rinder, ergeben sich nicht nur hinsichtlich der Fleischqualität. Fleisch aus der Mutterkuhhaltung kommt auch einer zunehmenden Zahl von Verbrauchern entgegen, die Erzeugnisse aus alternativer Produktion und einen individuellen Einkauf bevorzugen. Es ist ein vermehrtes Informationsbedürfnis derartiger Kunden über den Produktionsablauf bei „ihrem" Fleisch und der Wunsch, direkten Kontakt zu „ihrem" Lieferanten zu knüpfen, zu beobachten.

Die Direktvermarktung wird diesem Bedürfnis gerecht, durchbricht die übliche Anonymität zwischen Erzeuger und Konsumenten und vermag ein entsprechendes Vertrauensverhältnis zu begründen.

Die Möglichkeiten realistisch sehen

Steuer- und Gewerberecht sowie die Handwerksordnung bieten der Landwirtschaft auf diesem Sektor gewisse Freiräume. Dies geschieht unter dem Aspekt, dass es sich um selbsterzeugte Produkte handelt und die Vermarktungstätigkeit im Vergleich zum Gesamtumsatz des Betriebes in kleinem Umfang erfolgt.

Die Direktvermarktung von Fleisch wird von einer größeren Zahl gesetzlicher Vorschriften berührt. Interessenten sollten sich dadurch nicht entmutigen lassen; diese Auflagen sind erfüllbar. Entscheidend ist, dass der Standort geeignet ist und die familiären sowie betrieblichen Voraussetzungen für den Ab-Hof-Verkauf von Schlachtrindern bzw. Rindfleisch gegeben sind.

Falsch ist andererseits die Annahme, die Direktvermarktung könne im Verborgenen betrieben werden. Sowohl das zuständige Veterinäramt als auch Finanzamt und Gewerbeaufsicht werden früher oder später Kenntnis von der Direktvermarktertätigkeit erhalten. Keinesfalls darf daraus eine unlautere Konkurrenz zu Metzgereibetrieben entstehen. Für Fleisch als leicht verderbliches Lebensmittel gelten vom Grundsatz her die gleichen Hygienevorschriften wie für Metzgereibetriebe! Dies ist kein Nachteil für den Direktvermarkter, sondern bietet letztlich den Kunden die gleiche Sicherheit. Dieser hohe „Hygienestandard“ mag gleichzeitig als Werbeargument dienen. Die exakte Einhaltung der Hygienevorschriften ist nicht nur für den Einzelbetrieb, sondern für die gesamte „Zunft“ der Fleisch-Direktvermarkter von entscheidender Bedeutung!

Persönliche und betriebsbezogene Voraussetzungen

Bei den persönlichen Voraussetzungen stehen Kontaktfähigkeit, Freude am Umgang mit Menschen sowie Organisations- und Verkaufstalent an erster Stelle. Ideenreichtum, Aufgeschlossenheit, Freundlichkeit und ein adrettes Auftreten sind weitere wünschenswerte Eigenschaften. Wichtig ist die Bereitschaft der Familie, bei der Direktvermarktung mitzuhelfen.

Der Betrieb muss so organisiert sein, dass freie Arbeitskapazitäten vorhanden sind und saisonal auftretende Arbeitsspitzen möglichst innerhalb der Familie bewältigt werden können. Entscheidend ist ein sauberer, vertrauenserweckender Gesamteindruck des Hofes, insbesondere im Einfahrt- und Eingangsbereich. Zu den Voraussetzungen gehören ferner eine problemlose Zufahrt mit entsprechenden Hinweisschildern und ausreichende Parkmöglichkeiten.

Der Erfolg der Direktvermarktung hängt u. a. davon ab, wie attraktiv das Einkaufen auf dem Bauernhof gestaltet werden kann. Die Palette reicht hier von Spielmöglichkeiten und Umgang mit Streicheltieren für Kinder bis hin zur Probierstube mit Bewirtungsmöglichkeit.

Günstig im Sinne „vertrauensbildender Maßnahmen“ kann es sich auswirken, wenn der Betrieb einem freiwilligen Produktionsüberwachungsverfahren, z. B. dem Programm „Offene Stalltür“ oder einem der Dachverbände des ökologischen Landbaus angeschlossen ist.

Einrichtungen für Schlachtung, Fleischreifung und Zerlegung

In diesem Zusammenhang ist zu klären, wie Schlachtung, Fleischreifung und Zer-

Die Be- und Verarbeitung von Fleisch stellt stets eine gewerbliche Tätigkeit dar.

legung durchgeführt bzw. organisiert werden sollen und welche technischen Einrichtungen hierfür geschaffen werden müssen.

Die Schlachtung kann entweder im nächstgelegenen Schlachthof bzw. einem kommunalen Schlachthaus, in einer Metzgerei oder unter bestimmten Voraussetzungen auch im eigenen Betrieb erfolgen. Die Einrichtung eines hofeigenen Schlachthauses, so sehr dieses auch im Hinblick auf eine möglichst geringe Stressbelastung der Tiere wünschenswert wäre, erfolgt heute wegen der hohen Investitionskosten und umfangreichen Auflagen nur noch in Ausnahmefällen.

Sofern die Schlachtung im eigenen landwirtschaftlichen Betrieb erwogen wird, ist Folgendes zu beachten:

- Eine Schlachtung über den eigenen Bedarf hinaus gilt als gewerbliche Schlachtung im Sinne des Fleischhygienegesetzes. Auskünfte über entsprechende Auflagen erteilt das zuständige Veterinäramt.
- Aufgrund der Gemeindesatzung kann Schlachthofzwang bei vorhandenen kommunalen Einrichtungen bestehen.
- Voraussetzungen für den Betrieb eines Schlachthauses bzw. Schlachtraumes für Großvieh ist nach dem Wasserhaushaltsgesetz in der Regel eine zentrale Abwasserbeseitigung. Auskünfte über evtl. Ausnahmen sind beim Wasserwirtschaftsamt erhältlich.

Gelegentlich ergibt sich die Möglichkeit einer überbetrieblichen Nutzung von Schlacht-, Kühl- und Zerlegeräumen.

Vor allem für kleine Mutterkuhhalter ist es günstig, wenn ein Metzger gefunden werden kann, in dessen Betrieb Schlachtung, Fleischreifung, Zerlegung und/oder auch Abholung des Fleisches erfolgen. In diesem Fall beschränkt sich die Direktvermarktung auf Werbung, Kundenbetreuung und Abrechnung.

Ansonsten gehört ein Zerlegeraum und ein speziell für den Fleischtransport geeigneter Pkw-Anhänger zur Standardausrüstung eines Direktvermarktungsbetriebes. Im Hinblick auf die Bedeutung des „Abhängens“ ist die Einrichtung eines eigenen Kühlraumes bzw. einer Kühlzelle erwägenswert. Eine optimale Fleischreifung setzt eine gleichbleibende Temperatur, Umluftrate und Luftfeuchtigkeit voraus. Kühlräume in öffentlichen Schlachthäusern, denen laufend Schlachtkörper zugeführt werden und Ware entnommen wird, erfüllen diese Bedingungen nicht.

Für die Zerlegung der Rinderhälften bzw. Viertel im Auftrag der Kunden steht in der Regel ein Metzger stundenweise zur Verfügung. Die Einrichtung eines eigenen Verkaufsraumes oder Ladengeschäfts kommt dann in Betracht, wenn zusätzlich zu selbsterzeugten Schlachtrindern noch andere landwirtschaftliche Produkte angeboten werden sollen oder von vornherein ein handwerklicher Nebenbetrieb geplant ist (s. Seite 174 f.).

Die Anforderungen bezüglich Ausstattung und Betrieb der einzelnen Räume sind auf Seite 177 f. zusammengestellt.

Kundenpotential und Werbemöglichkeiten

Hälften- und viertelweiser Verkauf von Schlachtrindern ist in erster Linie an Großverbraucher möglich. Eine interessante Zielgruppe bilden neben Gastronomiebetrieben Seniorenheime, Sanatorien und Spezialkliniken, die meist frei Haus beliefert werden. Derartige in erreichbarer Entfernung liegende Absatzmöglichkeiten sollten in jedem Fall ausgelotet werden.

Die Schwierigkeit, in der Gastronomie Fuß zu fassen, besteht vielfach darin, dass z.B. Spezialitätenrestaurants genau sortierte, kalibrierte und bereits küchenfertig aufbereitete Edelteile zukaufen. Trotz hoher Qualitätsansprüche wird gleichzeitig großer Wert auf preisgünstigen Einkauf – oft ausländischer Ware – gelegt.

Einzelkunden bevorzugen aufgrund durchschnittlicher Familiengröße und begrenzter Gefrierschrankkapazität Gebinde von 10 bis 15 kg Rindfleisch. Akzeptiert werden meist auch noch Partien von 20 bis 25 kg, wenn es darum geht, z. B. ein Viertel Rind mit einem anderen Interessenten zu teilen.*

Für die Direktvermarktung eines Absetzers als Baby-beef mit einem Schlachtkörpergewicht von z. B. 160 kg werden somit bereits acht bis 16 Kunden benötigt!

Genau wie im gewerblichen Bereich muss der Direktvermarkter sein Markt- bzw. Kundenpotential realistisch ein- und abschätzten. Entscheidend ist der Standort des Betriebes im Hinblick auf die Einwohnerzahl in einem bestimmten Umkreis. Bei hochwertigem Rindfleisch und je nachdem, wie bekannt der Betrieb ist und wie attraktiv der Einkauf auf dem Bauernhof gestaltet werden kann, sind Kunden bereit, 20 bis 40 km weit zu fahren. In Einzelfällen oder z. B. bei Lieferung frei Haus sind u. U. auch größere Entfernungen zu überbrücken. Vor allem muss überlegt werden, welche Zielgruppen im Hinblick auf Einkommenssituation, Familiengröße, Altersstruktur, Verzehrsgewohnheiten und letztlich Abnahmemenge erreicht werden sollen.

Zu berücksichtigen ist dabei auch Zahl und Produktionsumfang der Mitbewerber.

Nur durch rechtzeitige Werbung – begonnen werden sollte damit z. B. bereits nach Ankunft der ersten Mutterkühe auf dem Betrieb – lässt sich ein Kundenkreis erschließen.

Der Einstieg kann z. B. durch Werbung im Bekanntenkreis, ein Testessen oder ein Hoffest bzw. einen Tag der offenen Tür auf dem Betrieb mit Weidebegehung erfolgen. Dabei sollten die Besonderheiten der Mutterkuhhaltung und des erzeugten Fleisches herausgestellt, evtl. ein Informationsblatt verteilt und Kostproben angeboten werden. Der Direktvermarkter muss jedoch laufend auf sich aufmerksam machen. Ohne gezielte Werbung „läuft" wenig! Je nach Produktionsumfang bieten sich folgende Möglichkeiten

- Aufstellen eines Hofschilds und weiterer Hinweistafeln**;
- Aufnahme in Direktvermarktungsverzeichnisse, z. B. von Bauernverbänden, Interessengemeinschaften etc.;
- Entwicklung eines Hofprospekts mit einem speziellen Marken- oder Firmenzeichen (Hoflogo). Erwägenswert ist es, dabei zusätzlich das Zeichen der Fördergemeinschaft „Einkaufen auf dem Bauernhof"*** zu verwenden;
- Zeitungsanzeigen: Günstig sind ideenreich gestaltete Kleinanzeigen, um Beachtung zu finden und das spezielle Produkt aus der Mutterkuhhaltung aus der Masse und Anonymität des übrigen Rindfleischangebots herauszuheben;
- Direktwerbung z. B. durch persönliche Anschreiben oder telefonische Ansprache bestimmter Zielgruppen. Als weitere Möglichkeiten kommen Handzettel und Wurfsendungen in Betracht;
- Mund-zu-Mund-Propaganda bzw. Weiterempfehlungen durch zufriedene Kunden.

Einer aufmerksamen **Kundenbetreuung** kommt daher entscheidende Bedeutung zu. Hierzu zählen z. B. Hilfestellung bei der haushaltsgerechten Zerlegung, Aufteilung und Verpackung des Fleisches sowie Hinweise zu Verwendung und Zubereitung der einzelnen Teilstücke bis hin zum Bereithalten geeigneter Broschüren und Rezeptsammlungen. Broschüren über die Eignung der einzelnen Teilstücke als Koch-, Schmor-, Brat- und Kurzbratfleisch für spezielle Gerichte sowie Rindfleischrezepte sind über die Centrale Marketinggesellschaft der Deutschen Agrarwirtschaft (CMA), den Allgemeinen Informations- und Auswertungsdienst (AID), die Hausfrauenverbände und vielfach auch über die Geschäftsstellen der Fleischrinderzuchtverbände erhältlich. Bei letzteren liegen z. T. auch Faltblätter über Babybeef bzw. Premiumrindfleisch der Spezialmastrassen auf.

Zufriedene Kunden werben neue Abnehmer u. a. durch Weitergabe von Hofprospekten und Handzetteln im Bekanntenkreis. Zweckmäßig ist das Anlegen einer **Kundenkartei** mit Erfassung spezieller Wünsche und Abnahmemengen. Vor

* In der Praxis wird so verfahren, dass die Zerlegung einer Rinderhälfte im Kundenauftrag erfolgt und die einzelnen Teilstücke einschl. Knochenzuwaage wertgleich auf vier bis acht Partien aufgeteilt werden.

** Für Schilder an öffentlichen Verkehrswegen ist die Genehmigung der Straßenbaubehörde, für sonstige Schilder ab einer bestimmten Größe die Genehmigung des Bauamts erforderlich. Lt. Bayer, Bauordnung z. B. ab 0,6 m² beschrifteter Fläche.

*** Der Erwerb der Lizenz ist gebührenpflichtig.

einem geplanten Schlachttermin können einzelne Kunden angerufen, Vorbestellungen entgegengenommen und Abholzeiten vereinbart werden. Bei der Direktvermarktung sollte ein Rind bereits verkauft sein, ehe es geschlachtet wird!

Bei **Werbeaussagen** im Sinne einer Produktinformation „Premiumrindfleisch aus der Mutterkuhhaltung" sollte die spezielle Rasse, die sorgfältige Fleischreifung und der besondere Genusswert herausgestellt werden. Hingewiesen werden sollte ferner auf das umweltschonende Produktionsverfahren, die naturnahe und artgerechte Fütterung und Haltung sowie den direkten Weg vom Erzeuger zum Verbraucher. Weitere Argumente bilden der ausschließliche Einsatz betriebseigener Futtermittel oder Beteiligung an einem freiwilligen Produktionsüberwachungsverfahren.*

Preise für Baby-Beef- und ausgemästete Rinder

Je nach Standort und den von den Kunden gewünschten Serviceleistungen (grobe Zerlegung der Schlachthälfte oder des Rinderviertels, Fleischpaket, Portionierung entsprechend den Kundenwünschen oder Vakuumverpackung mit Teilstücksbezeichnung und Verwendungshinweis) sind Preise zwischen 7,– und 10,– € je kg Schlachtgewicht einschließlich Knochenanteil für Baby-Beef und von 6,50 bis etwa 8,– € für ausgemästete Rinder üblich. Bei Fleisch von wenig verbreiteten Rassen, u. a. von Robustrindern oder Abgabe von „Mischpaketen" ohne Knochenanteil werden Preise bis ca. 13,– € pro kg Fleisch erzielt. Eine gesonderte Kalkulation ist bei Frei-Haus-Lieferung erforderlich. Bei der Produktion von Mastochsen fallen im Vergleich zu Bullen höhere Kosten an, die mit größenordnungsmäßig 30 bis 50 Cent je kg Schlachtgewicht zu Buche schlagen.

Steuerliche und gewerberechtliche Aspekte

Eine entscheidende Frage bei der Direktvermarktung betrifft die Abgrenzung zwischen landwirtschaftlicher Produktion und anzeigepflichtiger gewerblicher Tätigkeit. Grundsätzlich gilt: Werden Waren be- und verarbeitet und bzw. oder Handel damit betrieben, liegt laut Gewerbeordnung ein anzeigepflichtiges Gewerbe vor. Ausgenommen von dieser Verpflichtung

* Z. B. Programm „Offene Stalltür" oder Maßnahmen bei Verbänden des ökologischen Landbaus.

Etwa zehn Monate alte Jungbullen zur Babybeef-Produktion kurz vor dem Absetzen im Herbst.

sind die Urproduktion und sog. Bagatellgewerbe. Dieser Sachverhalt ist u. a. für die Direktvermarktung im landwirtschaftlichen Betrieb von Bedeutung.

Zur landwirtschaftlichen Urproduktion zählt das Schlachten und Zerlegen selbsterzeugter Mastrinder* bis hin zum Viertel, wenn die Rinderhaltung im ortsüblichen Umfang und überwiegend mit betriebseigenem Futter** erfolgt.

Anzeigepflichtig ist dagegen das Zerlegen von Schlachtkörpern in bratfertige Stücke, die Herstellung von Fleisch- und Wurstwaren sowie der Verkauf von Teilstücken.

Daher sollte an Privatkunden mindestens ein Viertel Rind verkauft werden, die dieses aber mit anderen teilen können und in deren Auftrag dann eine weitere Zerlegung erfolgt. Andernfalls ist die nachfolgend aufgeführte Möglichkeit des handwerklichen Nebenbetriebs zu wählen.

Im Hinblick auf das **Steuerrecht** betrachtet auch die Finanzverwaltung die Direktvermarktung von Schlachtrindern, soweit keine weitere Zerlegung der Rinderviertel erfolgt, als Tätigkeit im Rahmen der landwirtschaftlichen (Ur-)Produktion. Dies gilt auch dann, wenn die als Hälfte oder Viertel verkaufte Ware auf Wunsch des Abnehmers weiter zerlegt wird. Dies wird von der Finanzverwaltung noch als marktgerechtes Herrichten landwirtschaftlicher Erzeugnisse betrachtet. Bei einem vorhandenen eigenen Schlachthaus wird der Fiskus jedoch prüfen, ob ein Gewerbebetrieb im steuerrechtlichen Sinn vorliegt. Hier wird in der Regel der Einsatz eines gelernten Metzgers angenommen, der auch eine weitere Verarbeitung zu Fleisch- und Wurstwaren betreibt. Werden diese Voraussetzungen vom Betriebsleiter nicht erfüllt, muss ein Metzgermeister beschäftigt werden. Rechtsverbindliche Auskünfte aufgrund aktueller Grundsatzurteile können über die Berufvertretung eingeholt werden.

Die Zukaufsgrenze für im Rahmen der Direktvermarktung abgesetzte Produkte liegt bei 30% des gesamten Betriebsumsatzes. Steuerrechtlich liegt ein Gewerbe vor, wenn diese Grenze nachhaltig, d.h. mehr als drei Jahre oder kurzfristig, aber erheblich überschritten wurde.

In jedem Fall gilt: Übersteigt die Direktvermarktertätigkeit einen bestimmten Anteil am Umsatz des Gesamtbetriebs, liegt steuerrechtlich ein Gewerbe vor, was entsprechende Konsequenzen nach sich zieht (s. Seite 175). Ist die Direktvermarktung steuerrechtlich als gewerbliche Tätigkeit einzustufen, gibt es diesbezüglich keine Bagatellgrenze. Die Finanzverwaltung rechnet derartige Umsätze nur dann den Umsätzen der Land- und Forstwirtschaft zu, wenn sie von „völlig untergeordneter Bedeutung" sind.

Bei der Gewerbesteuer bestehen jedoch erhebliche Freibeträge.***

Etwas großzügiger sieht dies das Gewerberecht. Zwar ist auch hier keine konkrete Grenze festgelegt, in der Regel kann jedoch bis zu einem Anteil von 10% am Hauptbetriebsumsatz von einem Bagatellgewerbe ausgegangen werden.

Bestimmungen der Handwerksordnung

In der Handwerksordnung ist festgelegt:

Wer gewerblich und selbstständig ein Handwerk – in diesem Fall das des Metzgers – ausübt, muss grundsätzlich in die Handwerksrolle eingetragen sein. Voraussetzung ist hierfür in der Regel die Ablegung der Meisterprüfung als Metzger. Dies gilt auch, wenn neben der Landwirtschaft ein **handwerklicher Nebenbetrieb** mit erheblichem Umfang geführt wird.

Wird die handwerkliche Tätigkeit im Nebenbetrieb nur in **unerheblichem Umfang** ausgeübt, muss als Ausnahmeregelung keine entsprechende Eintragung erfolgen.

Die Unerheblichkeitsgrenze wird nach den Bestimmungen der Handwerksordnung dann überschritten, wenn während eines Jahres der durchschnittliche Umsatz und die durchschnittliche Arbeitszeit über der eines ohne Hilfskräfte arbeitenden Metzgereibetriebs liegt. Die Unerheblich-

* Die Grenze für den Zukauf liegt bei 30 % des Gesamtumsatzes des Betriebes.

** Bestätigung des zuständigen Landwirtschaftsamtes einholen.

*** 2004: bis 24.500 € Gewerbeertrag: gewerbesteuerfrei, 24.500 bis 75.500 € Gewerbeertrag: Gewerbesteuermäßigung durch Staffeltarif, über 75.500 € Gewerbeertrag: volle Gewerbesteuer.

keitsgrenzen für den nicht selbstständigen, nicht eintragungspflichtigen handwerklichen Nebenbetrieb werden vom Zentralverband des Deutschen Handwerks in Zusammenarbeit mit dem Statistischen Bundesamt festgelegt. Wird dieser Umsatz überschritten, kann entweder eine Ausnahmebewilligung zur Eintragung in die Handwerksrolle bei Nachweis der notwendigen Kenntnisse und Fertigkeiten beantragt werden oder es ist mit einem Metzgermeister zusammenzuarbeiten. Details müssen bei den Handwerkskammern oder evtl. beim Berufsverband erfragt werden.

Landwirtschaftlicher oder gewerblicher Nebenbetrieb?

Die Mehrzahl der Mutterkuhhalter wird vom Produktionsumfang her unter der Bagatell- bzw. Unerheblichkeitsgrenze im Hinblick auf die o.a. gesetzlichen Regelungen bleiben. Die Direktvermarktung erfolgt dann im Rahmen eines nicht gewerbsmäßigen landwirtschaftlichen Nebenbetriebs. Dies ist in der Regel der Fall, wenn

- der Schwerpunkt der Tätigkeit im landwirtschaftlichen Hauptbetrieb liegt,
- die Tätigkeit im Nebenbetrieb im „üblichen Rahmen" bleibt,
- Haupt- und Nebenbetrieb von der gleichen Person geführt werden.

Für einzelne Fleischrinderhalter dürfte jedoch der Schritt in den gewerblichen Bereich notwendig werden, um sich z.B. unter günstigen Standortbedingungen voll entfalten zu können.

Eine Gestaltungsmöglichkeit, die vielfach für die Verhältnisse der Direktvermarktung von Schlachtrindern geeignet ist, besteht in der Gründung eines **gewerblichen Nebenbetriebes**. Da dieser Nebenbetrieb in der Regel nur ein geringes Betriebsvermögen und niedrige Umsätze aufweist, fällt in Anbetracht der bestehenden Freibeträge vergleichsweise wenig Gewerbe- und Umsatzsteuer an. Die steuerlichen Vorteile des gesamten landwirtschaftlichen Unternehmens bleiben dann erhalten. Diese oder andere geeignete steuerliche Organisationsformen sind rechtzeitig zu prüfen, um unerwartete Steuernachzahlungen zu vermeiden.

Bei einer Einstufung des Gesamtbetriebes als gewerbliches Unternehmen fällt z.B. der Freibetrag für Land- und Forstwirte (§ 13, Abs. 3 EStG) weg, die Gewinnermittlung nach Durchschnittssätzen (§ 13a EStG) ist nicht mehr möglich und der Steuerabzugsbetrag gemäß § 34e EStG darf nicht mehr in Ansatz gebracht werden. Außerdem kann eine Pauschalierung der Umsatzsteuer (§ 24 UStG) nicht mehr vorgenommen werden. Ferner wird Mehrwertsteuer erhoben. Als weitere Konsequenzen sind Beiträge zur Metzgerberufsgenossenschaft, zur Industrie- und Handelskammer, gesonderte Stromtarife und evtl. Änderung des Einheitswertes von Gebäuden und Grundstücken zu nennen. Diese Gefahr besteht, wenn

- Schlachtrinder oder andere Produkte in größerem Umfang für die Direktvermarktung zugekauft und ein Laden- oder Handelsgeschäft betrieben wird. Ein Verkaufsraum auf dem Hof gilt in diesem Zusammenhang nicht als Ladengeschäft;
- in größerem Umfang „dauerhaft und nachhaltig" Schlachtrinder be- und verarbeitet werden.

Um die Steuervorteile der Landwirtschaft zu erhalten, ist es ggf. zweckmäßig, den Gewerbebetrieb getrennt zu führen, z. B. durch den Ehepartner oder eines der Kinder.

Fazit: Die Abgrenzung zwischen Landwirtschaft und Gewerbe ist bei der Direktvermarktung vielschichtig und bedarf einer differenzierten Betrachtung.

Bei der Auslegung des Steuer- und Gewerberechts sowie der Handwerksordnung gibt es Ermessensspielräume und regionale Unterschiede. Interessenten sollten sich daher rechtzeitig vor Ort bei den zuständigen Stellen (s. Seite 178) erkundigen. Auch über die Rechtsabteilung des Berufsstandes sind Informationen zu erhalten, in welcher Form die Direktvermarktung aufgrund konkreter Pläne am zweckmäßigsten betrieben werden sollte. Analog gilt dies auch für die übrigen gesetzlichen Bestimmungen (s. Seite 176 f.).

Je nach Produktionsumfang bieten sich für die Direktvermarktung von Schlachtrindern folgende Möglichkeiten an:

1. Kooperation mit einer Metzgerei.
2. Nichtgewerblicher landwirtschaftlicher Nebenbetrieb. Verkauf von Rindervierteln oder -hälften. Weitere Zerlegung auf Wunsch und im Auftrag der Kunden.
3. Gewerblicher (handwerklicher) Nebenbetrieb des landwirtschaftlichen Unternehmens mit Portionierung und evtl. Weiterverarbeitung des Rindfleisches, wobei 40 bis 45 % des Gesamtbetriebsumsatzes nicht überschritten werden sollten.
4. Selbstständiger, vom landwirtschaftlichen Unternehmen getrennt geführter Gewerbebetrieb.

Verbraucherschutz hat höchste Priorität

Lebensmittel-Hygieneverordnung, **Fleischhygienegesetz** sowie **Infektionsschutzgesetz** sind bei der Direktvermarktung von Fleisch und Fleischprodukten von fundamentaler Bedeutung.

Wer Nahrungsmittel befördert, lagert, be- oder verarbeitet und letztlich verkauft, muss sich grundsätzlich kundig machen, welche Rechtsvorschriften für seine Ware gelten.

Er hat im Rahmen seiner Möglichkeiten dafür zu sorgen, dass die Vorschriften eingehalten und Eigenkontrollen nach dem HACCP*-Grundsatz, einer Analyse der kritischen Gefahrenpunkte im Produktionsablauf durchgeführt werden. Über Änderungen der jeweiligen Rechtsvorschriften muss er sich unterrichten. Im Zweifelsfall ist sachkundiger Rat z. B. bei den zuständigen Fachabteilungen der Landratsämter einzuholen.

* **H**azard = Gefahr, **A**nalysis = Untersuchung, **C**ritical = kritisch, **C**ontrol = Überprüfung, **P**oints = Punkte

Der Direktvermarkterbetrieb unterliegt der Produkthaftung. Er ist für Gesundheitsschäden seiner Kunden infolge unzureichender Hygiene voll verantwortlich. Betriebliche Aufzeichnungen über durchgeführte Kontrollmaßnahmen (HACCP-Konzept) können im Verdachtsfall als Beweise für eine einwandfreie Qualität und das Funktionieren der betrieblichen Eigenkontrolle dienen.

In leicht verderblichen Lebensmitteln wie Fleisch können sich schädliche Keime sowie bestimmte Krankheitserreger besonders leicht vermehren. Entscheidend ist es daher, die Anfangskeimbelastung, hier z. B. bei den Schlachthälften, gering zu halten sowie durch Reinigung und Desinfektion von Arbeitsflächen und Geräten die Zahl der schädlichen Mikroorganismen, die die hygienische Beschaffenheit des Fleisches beeinträchtigen können, zu reduzieren. Risiken bei der Lagerung von Fleisch betreffen in erster Linie die Kühltemperatur, da die Geschwindigkeit der Keimvermehrung stark temperaturabhängig ist. Im Bereich zwischen 25 und 40 °C erhöht sich die Zahl der Mikroorganismen besonders rasch, sodass dieser beim Kühlen möglichst rasch durchlaufen werden sollte. Die Vakuumverpackung ist kein Ersatz für das Kühlen oder Eingefrieren. Hierbei kann lediglich das Wachstum bestimmter Keime gehemmt, generell jedoch nicht verhindert werden.

Des Weiteren müssen Personen, die mit leicht verderblichen Lebensmitteln Kontakt haben, ein hohes Maß an persönlicher Sauberkeit einhalten. Nach § 43 Abs. 1 Infektionsschutzgesetz darf bei Vorliegen übertragbarer Krankheiten, infizierter Wunden etc. nicht mit Lebensmitteln umgegangen werden, wenn die Gefahr einer Kontamination mit pathogenen Keimen besteht.

Das Gesetz fordert eine Erstbelehrung über Maßnahmen im Rahmen der Personalhygiene durch einen vom Gesundheitsamt beauftragten Arzt. Die erfolgte Belehrung ist mit einer entsprechenden Bescheinigung nachzuweisen. Von dieser Regelung ausgenommen sind Personen, die bereits über ein Zeugnis nach § 18 des Bundes-Seuchengesetzes*, das durch das Infektionsschutzgesetz abgelöst wurde, verfügen. Bei Beschäftigung von Mitarbeitern muss ausnahmslos eine jährliche Wiederbelehrung durch den Arbeitgeber erfolgen. Regelmäßige Gesundheitsuntersuchungen des eingesetzten Personals werden laut Gesetz empfohlen.

Wertvolle Hinweise und detaillierte Informationen über Aufbau und Durchführung betrieblicher Eigenkontrollen nach dem HACCP-Konzept erhalten Betriebe in den nationalen Leitlinien für eine gute Hygienepraxis**.

Weitere gesetzliche Bestimmungen und wer hierbei Auskünfte erteilt

Seit Januar 2007 ist die **EU-Verordnung 1/2007 über den Schutz von Tieren beim Transport** in Kraft mit Auflagen, die über die bisherige nationale Tierschutztransportverordnung hinaus gehen. Die Neuregelungen betreffen vor allem den Ferntransport von Zucht-, Nutz und Schlachtrindern z. B. über Entfernungen von mehr als 65 km. Dagegen dürfen auch nach der neuen EU-Verordnung eigene Tiere mit betriebseigenem Fahrzeug ohne weitere Auflagen bis 50 km weit transportiert werden. Voraussetzung ist, dass die Tiere transportfähig sind, das Personal eine entsprechende Qualifizierung hat, z. B. eine landwirtschaftliche Ausbildung, die Fahrzeuge ausreichend Platz bieten und sich in einem guten Zustand befinden. Wesentliche Änderungen der EU-Verordnung gibt es bei Transporten über 65 km. Auch Landwirte benötigen jetzt eine Zulassung durch das Veterinäramt. Diese wird erteilt aufgrund eines im Rahmen der fachlichen Ausbildung erworbenen Befähigungsnachweises oder durch Besuch eines Ergänzungslehrgangs mit Prüfung durch die Veterinärbehörde. Ferner sind die üblichen Transportpapiere mitzuführen und die besonderen Anforderungen bei Transporten von mehr als 8 Stunden Dauer zu beachten.

Die o. a. Verordnung enthält des weiteren detaillierte Regelungen bezüglich

- Transportfähigkeit: Nicht transportfähig sind z. B. Mutterkühe im letzten Zehntel der Trächtigkeit und bis zum 7. Tag nach der Geburt sowie sehr junge Kälber.
- Ausstattung der Transportfahrzeuge im Hinblick auf Schutz auf Verletzungen und Witterungsunbilden: Ausreichende Frischluftzufuhr, geeignete Ver- und Entladeeinrichtungen, zusätzliche Beschilderung „Lebende Tiere“. Besondere Anforderungen gelten bei Neufahrzeugen für Ferntransporte.
- Durchführung des Ver- und Entladens.
- Umgang mit Tieren: Im Hinblick auf eine tierschutzgerechte Behandlung gelten strengere Bestimmungen.
- Getrennte Transporte: Z. B. Tiere unterschiedlicher Arten, Rinder unterschiedlichen Geschlechts, Größe, Alter, behornte und unbehornte sowie rivalisierende Tiere.
- Ausreichendes Platzangebot, Z. B. Festlegung der Mindestbodenfläche in Relation zum Lebendgewicht der Tiere.

Die **Fleischhygieneverordnung***** enthält u. a. detaillierte Vorschriften über

- Beschaffenheit und Ausstattung von Räumen, in denen Fleisch gewonnen, gelagert, befördert, zerlegt, be- und verarbeitet und verpackt wird sowie für
- Personal, Einrichtungsgegenstände und Arbeitsgeräte in diesen Räumen.

Im Einzelnen geht es dabei um Anforderungen an Raumhöhe, Fußböden, Wände, Decken, Türen, Fenster, Beleuchtung, Belüftung, Reinigung und Desinfektion, Ungezieferschutz, Aufbewahrung der Konfiskate, Kühleinrichtungen, Kühltemperaturen, Arbeitskleidung.

Ferner gelten bei der Direktvermarktung von Schlachtrindern

- besondere Hygienevorschriften für Schlachtbetriebe und das Schlachten,
- das Zerlegen,

* Sogenanntes Gesundheitszeugnis

** Hygiene-Leitlinie für Direktvermarkter. (Deutscher Agrarverlag Bonn, 2001)
Leitlinien für die Durchführung betrieblicher Eigenkontrollen zur Hygienesicherung in landwirtschaftlichen Betrieben mit Direktvermarktung (Deutschen Bauernverband e. V.) und DIN 10514 „Lebensmittel – Hygieneschulung“ (Deutsches Institut für Normung e. V.)

*** Fleischhygieneverordnung vom 29. 6. 2001, zuletzt geändert am 16. 7. 2004.

- das Zubereiten von Fleisch,
- besondere Vorschriften für Umhüllen und Verpacken,
- Hygienevorschriften für das Kühlen, Lagern und Befördern von Fleisch,
- hygienische Anforderungen an die Gewinnung und Behandlung von Blut etc.

Erfolgt die Schlachtung auf dem Betrieb, sind die Vorschriften der **Verordnung über das Schlachten von Tieren** zu beachten. Dabei gilt:

- Die Tiere sind in geschlossenen Räumen zu schlachten. Schlachten darf nur, wer sachkundig ist bzw. unter Aufsicht eines solchen steht. Die Tiere sind vor der Schlachtung vollständig zu betäuben, wobei unnötige Aufregungen und Schmerzen zu vermeiden sind.

Gesetzliche Vorschriften legen auch die Betäubungsmethoden fest. Rinder werden fast immer mit einem Bolzenschuss-Apparat betäubt. Aufgrund der BSE-Problematik gewinnen auch andere Betäubungsmethoden wie die Elektrobetäubung zunehmend an Bedeutung. Der Rückenmarkzerstörer kommt nicht mehr zum Einsatz. Die Tötung erfolgt durch einen Hals- oder Brustschnitt mit anschließendem Ausbluten.

Nach dem **Fleischhygienegesetz*** besteht im Regelfall eine **doppelte Untersuchungspflicht**:

* Vom 30. 6. 2003, zuletzt geändert durch Gesetz vom 13. 5. 2004.

Informationsmöglichkeiten über spezielle Fragen der Direktvermarktung u. a. von Schlachtrindern

Fragenbereich	Zuständigkeit und Auskünfte
Produktion, Verkauf, Werbung, Förderungsmöglichkeiten, Neuorganisation des Betriebes, Vermittlung von Adressen bei Spezialfragen	Kreis- und Außenstellen der Landwirtschaftskammern oder der Landwirtschaftsämter, Beratungsringe, private Beratungsträger
Hygiene, Fleischbeschau, Tierkörperbeseitigung	Veterinärämter[1]
Infektionsschutzgesetz („Gesundheitszeugnis“), Bundesseuchengesetz	Gesundheitsämter[1]
Rechtliche und steuerliche Fragen	Landwirtschaftliche Buchstellen, Finanzämter, Steuerberater, Rechtsanwälte
Gewerbeanmeldungen, Anmeldung von Veranstaltungen, Ladenschlusszeiten	Ordnungsämter
Auszeichnung der Ware, Ausstattung von Verkaufsräumen	Gewerbeaufsichtsämter
Recht, Steuer und Ausbildung im gewerblichen Bereich	Industrie- und Handelskammer (IHK)
Handwerksordnung, Ausbildung	Handwerkskammern
Baurechtliche Fragen, Aufstellen von Werbeschildern	Bauämter, Straßenbaubehörden
Kontrolle von Waagen, Dosen und Fertigpackungen	Eichämter
Lebensmittelrechtliche und warenkundliche Fragen	Chemische Untersuchungsämter und -anstalten

[1] oder entsprechende Fachabteilungen der Landratsämter bzw. Stadtverwaltungen

- vor der Schlachtung – Schlachttierbeschau, die mit der grundsätzlich nur 48 Stunden gültigen Schlachterlaubnis abgeschlossen wird;
  Zur Schlachtung werden nur Rinder mit Rinderpass und Ohrmarken angenommen.
- nach der Schlachtung – Fleischbeschau.

BSE-Test

Seit Juni 2006 werden in Deutschland alle geschlachteten Rinder, die älter als 30 Monate sind, auf BSE getestet. In anderen EU-Staaten erfolgt der Test bei allen Schlachtrindern ab einem Alter von 36 Monaten.

Jungrinder werden durch die Tests nicht erfasst. Die Wahrscheinlichkeit, dass jüngere Tiere an BSE erkranken, ist schon wegen der langen Inkubationsdauer äußerst gering.

Die Schlachtkörper sowie Eingeweide, Blut und Haut dürfen erst in den Handel gelangen, wenn ein negatives Untersuchungsergebnis vorliegt. Das freigegebene Fleisch muss gekennzeichnet werden.

Gehirn, Rückenmark, Mandeln und Schädel von Rindern, die älter als 12 Monate sind, gelten generell als Risikomaterialien und werden bei der Schlachtung entfernt und vernichtet. BSE-Tests können bis heute nur am toten Tier durchgeführt werden. Für den Test werden Proben aus dem Gehirn entnommen, da hier die Zahl der evtl. vorhandenen Erreger am höchsten ist. In der EU sind bisher drei BSE-Schnelltests zugelassen. Tests am lebendem Tier befinden sich noch in der Entwicklung.

Wird BSE bei einem Schlachttier festgestellt, müssen sämtliche Tiere, die zusammen mit dem „BSE-Rind" geschlachtet wurden, vernichtet werden. Dann erfolgt eine Zwischenreinigung und Desinfektion der Schlachtgeräte. Zum Schluss muss der gesamte Betrieb umfangreich gereinigt und desinfiziert werden.

Rückstandskontrollen

Damit der Verbraucher Lebensmittel ohne gesundheitsbeeinträchtigende Rückstände erhält, werden Tiere und tierische Erzeugnisse bereits von Beginn des Produktionsprozesses an überwacht. Staatliche Kontrollen sollen in den verschiedenen Produktionsstufen die illegale Anwendung von nicht zugelassenen Stoffen aufdecken bzw. den vorschriftgemäßen Einsatz von zugelassenen Tierarzneimitteln überwachen.

Bei der Vermarktung von Schlachtrindern bzw. Rindfleisch kommt die **Verordnung über den Verkehr mit Lebensmitteln tierischer Herkunft** zur Anwendung. Sie regelt u. a.

- Verwendung von hygienisch einwandfreiem, unbenutztem und farbfestem Verpackungsmaterial,
- Verbot, Schilder oder ähnliche Gegenstände in Lebensmittel einzustecken,
- Verpflichtung zur Reinigung von Maschinen und Arbeitsgeräten,
- Anbringen von Schutzvorrichtungen, die ein Berühren, Anhusten etc. durch den Kunden verhindern, soweit die Lebensmittel unbedeckt oder unverpackt ausgestellt werden,
- Verpflichtung, Fleisch so aufzuhängen, dass es den Fußboden nicht berührt; Verpflichtung, Fleischhaken und Hakenrahmen 20 cm von der Wand abstehen zu lassen (um die Wandberührung zu vermeiden) und Verpflichtung, diese nicht in dem Teil des Verkaufsraumes anzubringen, der den Kunden zugänglich ist.

Im **Tierkörperbeseitigungsgesetz** ist die Aufbewahrung und Beseitigung von Schlachtabfällen bzw. von nicht für den menschlichen Genuss freigegebenen Tierkörperteilen geregelt.

Vor **Bau- oder Umbaumaßnahmen** sowie einer geplanten Nutzungsänderung von Räumen als Schlacht-, Zerlege- oder Verkaufsraum ist beim zuständigen Bauamt zu klären, inwieweit aufgrund des **Bundesbaugesetztes** und der **Bauordnungen der Länder** eine entsprechende Genehmigung bzw. Baunutzungsänderung zu beantragen ist.

Ähnliches gilt für das Aufstellen von **Hinweisschildern** und **Werbetafeln**. Von einer bestimmten Größe an ist eine Genehmigung durch das Bauamt bzw. das Straßenbauamt erforderlich, wenn dies an öffentlichen Verkehrswegen geschieht.

Aufgrund des **Eichgesetzes** müssen u. a. die im Rahmen des Ab-Hof-Verkaufs benutzten Waagen geeicht sein.

Für ortsfeste Verkaufseinrichtungen, wie Verkaufsraum, Laden und Verkaufswagen gilt das **Ladenschlussgesetz**.

Als Öffnungszeiten sind für Montag bis Samstag jeweils 6.00 bis 20.00 festgelegt.

Diese Rahmenzeiten gelten nicht für den Verkauf ab Zerlegeraum oder für das Abholen vorbestellter Ware.

Letztlich sind zu nennen das **Lebensmittel- und Bedarfsständegesetz** sowie das **Gesetz gegen unlauteren Wettbewerb**. Beide enthalten allgemeine Bestimmungen zum Schutz des Verbrauchers vor Gesundheitsschäden und Täuschungen bzw. zur Sicherung einer fairen Konkurrenz sowie über den Schutz vor Beeinträchtigungen auf Verbraucher- und Produzentenseite.

Auf Seite 178 sind die für die o. a. gesetzlichen Regelungen zuständigen Stellen zusammengefasst. Interessenten an der Direktvermarktung können dort Informationen und evtl. Ratschläge erhalten. Falls es notwendig werden sollte, sich auf bestimmte Auskünfte berufen zu müssen, ist es zweckmäßig, um einen **schriftlichen Bescheid** zu bitten bzw. die Anfrage schriftlich einzureichen.

Einzelne Vorschriften sind nicht in allen Bundesländern einheitlich, sodass entsprechende Auskünfte in jedem Fall zweckmäßig sind.

Rindfleischqualität – ein vielschichtiger Begriff

Je nach Handelsstufe und Verwendungszweck ist der Begriff Rindfleischqualität vielschichtig und wird leicht mit anderen Kriterien des Schlachtwertes vermengt. Für die Mehrzahl der Kunden, die Babybeef bzw. Fleisch der Spezialmastrassen im Rahmen der Direktvermarktung kaufen, ist in erster Linie der Genusswert des Fleisches entscheidend. Hierzu zählen Eigenschaften wie Zartheit, Saftigkeit, Geruch, Geschmack, ferner Farbe, Safthaltevermögen sowie Koch- bzw. Bratverluste bei der Zubereitung.

Tab. 82. Einflüsse auf den Genusswert von Rindfleisch

Faktor	Bedeutung
Rasse	+
Kategorie/Geschlecht	+ +
Ausmästungsgrad	+ +
Transport	+ + +
Schlachtung	+ +
Kühlung (inkl. Auskühlen)	+ + +
Reifung (Abhängen)	+ + +
Teilstückauswahl	+ +
Zubereitung	+ + +

+ + + = stark + + = mäßig + = gering

Die sensorischen Eigenschaften stehen z. T. in enger Beziehung zueinander. Dies ist auf die Gewebezusammensetzung und entsprechende Veränderungen im Verlauf des Wachstums zurückzuführen.

Der Genusswert von zubereitetem Rindfleisch wird durch verschiedene Faktoren beeinflusst, die entsprechend ihrer Bedeutung gewichtet sind (s. Tabelle 82).

Aufbau des Muskelgewebes

Jeder Muskel besteht aus einer Vielzahl von Muskelbündeln, die sich wiederum aus Hunderten von Muskelfasern bzw. Muskelzellen zusammensetzen. Bindegewebshüllen umgeben jeweils den gesamten Muskelstrang, die Faserbündel und die einzelnen Muskelzellen. Auch zwischen den Faserbündeln verlaufen unterschiedlich starke Bindegewebsstränge und -lamellen.

Die Muskelzellen sind oft mehrere Zentimeter lang aber nur $^1/_{10}$ bis $^1/_{100}$ mm dick. Sie sind innen mit Hunderten von Myofibrillen ausgefüllt, die längs zur Faserrichtung angeordnet sind. In ihnen

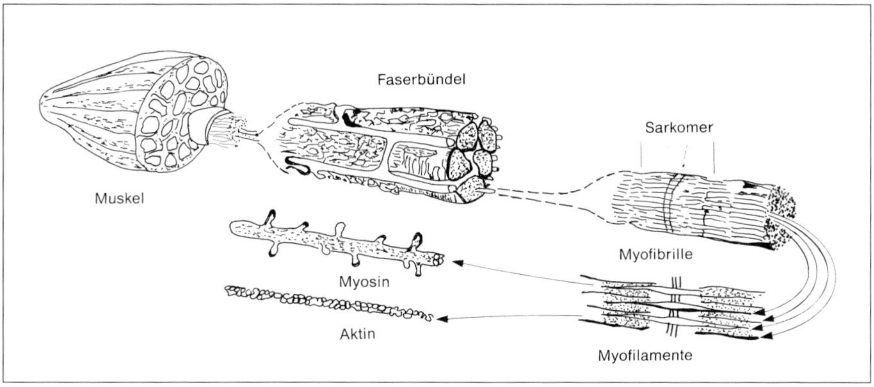

Strukturelle Gliederung des Muskels (nach Singer u. Hilgard 1978).
Muskelfasern = Muskelzellen; diese enthalten jeweils Hunderte von Myofibrillen. Sarkomere = sich wiederholende helle und dunkle Abschnitte der Myofibrillen. Die sogenannte Querstreifung der Muskeln kommt durch unterschiedlich starke und sich überlappende Proteinfäden = Myofilamente zustande. Unterschieden werden dicke (Myosin) und dünne Filamente (Aktin). Die Muskelkontraktion erfolgt durch Ineinandergreifen von dicken und dünnen Myofilamenten.

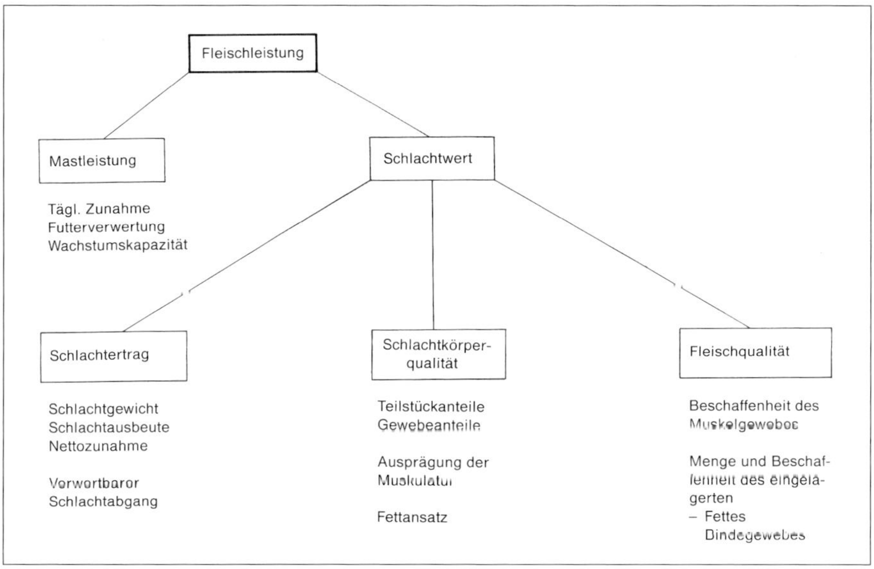

Gliederung des Begriffes Fleischleistung (nach Augustini u. A. 1987, Kögel 1991).

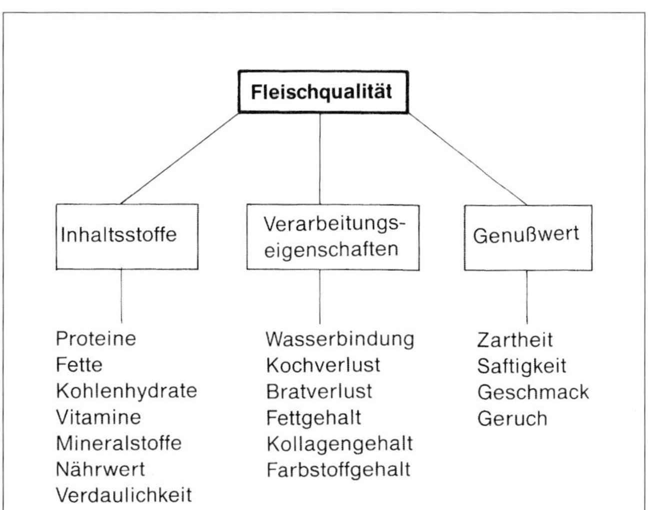

Die Vielschichtigkeit des Begriffes „Fleischqualität“.

Tab. 83. Einteilung der Fleischqualitätsfaktoren (Kögel, BLT-Grub)

1. **„Fettabhängige" Merkmale**
Marmorierung, analytischer Fettgehalt
Aroma, Saftigkeit (Zartheit)
2. **Zartheitsfaktoren:**
(alters- und geschlechtsabhängige Kriterien)
Zartheit, Scherkraft
Gehalt, Löslichkeit und Verteilung des Bindegewebes
3. **Wasserbindungsvermögen und Fleischfarbe**
Safthaltevermögen, Kochverlust
pH1, pH24, (pH48)
Göfo, Minolta L- und b-Wert

vollzieht sich die Muskelkontraktion und -entspannung.

Mit zunehmendem Alter der Tiere wird in die Bindegewebsstrukturen Fett eingelegt. Dieses intramuskuläre Fett wird in Form weißer Pünktchen und Äderchen als sog. Marmorierung sichtbar. Durch die **intramuskuläre Fetteinlagerung** wird das Fleisch aromatischer und saftiger. Außerdem kommt es zu einer Auflockerung des Bindegewebes, was sich günstig auf die Zartheit des Fleisches auswirkt. **Menge und Beschaffenheit des Bindegewebes** haben entscheidenden Einfluss auf die Fleischqualität. Sind die Faserbündel und die einzelnen Muskelfasern mit festen Bindegewebshüllen umgeben und ziehen sich zwischen den Faserbündeln dicke, kompakte Bindegewebsstränge hindurch, dann fühlt sich die Fleischanschnittsfläche rau an, und es entsteht der Eindruck einer groben Faserung. Die Festigkeit des Bindegewebes, das vor allem aus dem Protein Kollagen besteht, ist vom Alter der Tiere abhängig. Mit zunehmendem Alter kommt es zu einer stärkeren Vernetzung der Kollagenfasern; das Bindegewebe wird fester und schwerer löslich.

„Fleisch" setzt sich somit aus einzelnen **Muskelsträngen** zusammen, die von z. T. derbem **Bindegewebe** umgeben und zusammengehalten werden. Dazwischen ist in unterschiedlich starkem Maß Fett eingelagert, das **intermuskuläre Fett.**

* Scherkraft: maximal notwenige Kraft zum Durchtrennen eines definierten Fleischstücks.

Einflüsse auf den Genusswert von Rindfleisch

Rasse

Der **Marmorierung** kommt im Hinblick auf den Genusswert von Rindfleisch eine herausragende Bedeutung zu.

Diesbezüglich bestehen deutliche Unterschiede zwischen den einzelnen Rassen bzw. Rasseblöcken. Es zeigt sich eine enge negative Beziehung zur Muskelfülle. Die großrahmigen, spätreifen, stark bemuskelten Fleischrassen, wie Charolais und Blonde d'Aquitaine, setzen relativ wenig Fett an. Dadurch ist auch das Fleisch weniger marmoriert. Mit rückläufiger Muskelfülle und steigendem Gesamtfettanteil nimmt dagegen die intramuskuläre Fetteinlagerung zu: das Fleisch wird als aromatischer, saftiger und zarter empfunden. Aberdeen Angus- und Hereford-Tiere des alten Typs nehmen hier eine Spitzenstellung ein.

Eine Rangierung nach fettabhängigen Merkmalen der Fleischqualität führt zu folgendem Ergebnis (Kögel 1991):

- Aberdeen Angus
- Hereford
- Milchrassen
- Zweinutzungsrassen
- Limousin
- großrahmige Fleischrassen und Piemonteser

Hinsichtlich der **Zartheit** sind die Unterschiede zwischen den einzelnen Rassen aufgrund der bisherigen Versuchsergebnisse sehr gering. Sie werden im Hinblick auf andere Einflussgrößen vielfach überschätzt. In der Tendenz lässt sich aufgrund von Scherkraftmessungen* und sensorischer Bewertung nachstehende Rangfolge festlegen (Kögel 1991):

- Piemonteser
- großrahmige Fleischrassen
- Limousin
- Aberdeen Angus, Hereford
- Zweinutzungsrassen
- Holstein Friesian

Das günstigere Abschneiden der fleischbetonten Rassen ist möglicherweise darauf zurückzuführen, dass bei bauchigen Muskeln die festeren Randzonen einen geringeren Anteil ausmachen.

Bezüglich **Wasserbindungsvermögen** und **Fleischfarbe** zeigt sich eine ähnliche negative Beziehung zur Muskelfülle wie bei der Marmorierung.

Bei einer **Gesamtbewertung der sensorischen Merkmale** der Fleischqualität ergibt sich die gleiche Reihenfolge der einzelnen Rassen, wie bei den fettabhängigen Kriterien.

Kategorie bzw. Geschlecht

Das Fleisch von Ochsen und Färsen weist im Vergleich zu Bullen günstigere Scherkraftwerte auf. Charakteristisch ist ein geringerer Bindegewebsgehalt und eine feinere Struktur, u. a. bedingt durch die stärkere Marmorierung. Die Vernetzung des Bindegewebes schreitet bei weiblichen Tieren und Kastraten langsamer voran, sodass sich ein geringerer Einfluss des Schlachtalters ergibt. Dadurch ist das Fleisch zarter und wird als feinfaseriger empfunden. Bei Bullen kommt es dagegen nach Eintritt der Geschlechtsreife zu einer rasch fortschreitenden Verfestigung des Bindegewebes mit entsprechend negativen Auswirkungen auf die Zartheit des Fleisches.

Ausmästungsgrad

Im Hinblick auf die erwünschte Marmorierung des Fleisches ist ein ausreichender Ausmästungsgrad erforderlich. Insofern hat die sog. physiologische Schlachtreife im Gegensatz zu einem standardisierten Mastendgewicht entscheidende Bedeutung für die sensorischen Qualitätsmerkmale. Dabei besteht ein enger Zusammenhang zur Mastintensität, der Höhe der täglichen Zunahmen.

Ein hoher Ausmästungsgrad kann z. B. bei einer konstanten mittleren Mastintensität durch ein Hinausschieben des Schlachtalters erreicht werden. Bei Bullen geht dies jedoch zu Lasten der Zartheit des Fleisches, sodass der Effekt einer günstigen Marmorierung ganz oder teilweise aufgehoben wird. In diesem Fall setzt eine Verbesserung des Genusswertes durch einen optimalen Ausmästungsgrad gleichzeitig eine hohe Mastintensität voraus. Steigende Mastintensität führt zu einer Vorverlegung des maximalen Muskelansatzes sowie zu einer früheren Verfettung. Beim wachsenden Tier wird das Fettgewebe in folgender Reihenfolge gebildet:

Nieren- und Beckenhöhlenfett, intermuskuläres Fett, Unterhaut- bzw. Auflagenfett, intramuskuläres Fett bzw. Marmorierung. Eine optimale Marmorierung bedingt somit stets einen relativ hohen Gesamtfettgehalt des Schlachtkörpers!

Intensiv ernährte Tiere erreichen die optimale Schlachtreife bei einem niedrigeren Mastendgewicht. Ein im Hinblick auf die Fleischqualität optimaler Ausmästungsgrad setzt eine bestimmte Mastintensität voraus, die abhängig ist von Rasse, Geschlecht und Typ des einzelnen Tieres. Aufgrund von „Qualitätsrückmeldungen“ bei der Direktvermarktung lassen sich diesbezüglich rasch Erfahrungen sammeln.

Eine gelegentlich zu beobachtende **Gelbfärbung des Fettgewebes** ist auf Carotineinlagerungen zurückzuführen. Es gibt Hinweise auf rassebedingte Einflüsse. In erster Linie ist hierfür jedoch die Verabreichung stark carotinhaltiger Futtermittel (vgl. „Sommerbutter“) verantwortlich. Relativ hohe Gehalte dieser Vitamin A-Vorstufen finden sich im Grünfutter sowie in schwach angewelkter Grassilage, geringe Konzentrationen dagegen in Maissilage und Getreide. Dies gilt es bei der Rationszusammenstellung in der Endmast zu berücksichtigen.

Transport und Schlachtung

Ein möglichst geringer Transport- und Schlachtstress ist u. a. für die Zartheit des Fleisches von entscheidender Bedeutung. Bei der Direktvermarktung kann im Hinblick auf eine schonende Behandlung der Schlachttiere vom Erzeuger noch am ehesten Einfluss genommen werden.

Infolge länger anhaltender Angst- und Erregungszustände werden unter dem Einfluss von Stresshormonen die Energie-

Erhaltung einer guten Fleischbeschaffenheit durch sachgemäßen Tiertransport
Tiere rechtzeitig zum Transport anmelden.
Tiere letztmals 12–18 Std. vor dem Transport füttern.
Tiere ohne Zeitdruck und Hektik verladen und transportieren.
Männliche und weibliche Tiere getrennt transportieren.
Stall- und Weidetiere sowie Tiere aus verschiedenen Mastbuchten beim Transport durch Absperrungen voneinander trennen.
Beim Transport Boxentiere frei laufen lassen, Tiere aus der Anbindehaltung anhängen.
Für rutschsichere Gänge und Rampen sorgen.
Tiere beim Treiben nicht schlagen und keine elektrischen Treibstöcke verwenden.
In Kurven und Gefällstrecken ausgeglichen fahren, Pausen in praller Sonne vermeiden.
Nach dem Transport Tiere ohne Verzögerung schlachten.

(Quelle: Kögel 1992)

reserven der Schlachtrinder weitgehend aufgebraucht mit entsprechend negativen Auswirkungen auf die Milchsäurebildung und Reifung des Fleisches.

Ferner sind Qualitätsmängel wie DFD-Fleisch* im Sinne von dunklem, leimigem, weniger haltbarem Fleisch möglich. Unter dem Einfluss der Geschlechtshormone sind Bullen „temperamentvoller" und in diesem Zusammenhang stärker erregbar als Ochsen und Färsen.

* DFD-Fleisch = dark (dunkel), firm (fest), und dry (trocken).

Über geeignete Präventivmaßnahmen informiert die obenstehende Übersicht:

Kühlung

Voraussetzung für eine optimale Fleischreifung ist eine sorgfältige Steuerung der Kühlung nach dem Schlachten.

Kommt es vor Eintritt der Totenstarre, die beim Rind erst nach 36 bis 40 Stunden abgeschlossen ist, zu einer Muskelverkürzung, kann diese durch den Fleischreifungsprozess nicht mehr rückgängig gemacht werden: das Fleisch bleibt zäh. Neben der Zartheit leidet auch das Safthalte- und Wasserbindungsvermögen. Entscheidende Bedeutung kommt dabei einer Muskelverkürzung infolge eines Kälteschocks zu. Dieser tritt ein, wenn innerhalb von ca. zehn Stunden nach der Schlachtung Fleischtemperaturen von 12 °C unterschritten werden. Aufgrund der Größe der Rinderschlachtkörper sind unter üblichen Kühlbedingungen vor allem die äußeren Muskelpartien, u. a. wertvolle Teilstücke in Rücken und Keule, betroffen. Mit Muskelkontraktionen ist ferner zu rechnen, wenn z. B. bei Schlachtungen auf dem Hof das Fleisch in den ersten 1 ½ Tagen ungekühlt gelagert wird. Auch beim Eingefrieren von frischem Rindfleisch innerhalb von zwei Tagen nach dem Schlachten kann es in Verbindung mit raschem Auftauen zu Muskelverkürzungen und damit zähem Fleisch kommen.

Fleischreifung und -lagerung

Durch längeres Abhängen vor dem Verbrauch kann der Genusswert von Rindfleisch entscheident verbessert werden. Neben der Zartheit werden auch Aroma und Safthaltevermögen günstig beeinflusst. Die Reifung erfolgt durch fleischei-

Tab. 84. Empfehlungen für die Kühlung von Rindfleisch (nach Kögel 1991)

Zeit nach Schlachtung	Kühltemperatur (°C)	Kerntemperatur (°C)	Oberflächen temperatur (°C)
bis 10 Std.	10	15–20	> 10
10–24 Std.	6	> 8	> 6
über 24 Std.	3	3	3

gene Enzyme, die einige Zeit nach dem Schlachten unter dem Einfluss der in den Muskelzellen freigesetzten Milchsäure gebildet werden. Im Wesentlichen laufen dabei folgende Prozesse ab:

- Durch die Lösung der Totenstarre quellen die Muskelfasern wieder. Das Fleisch wird locker. Das gequollene Muskelgewebe kann nun wieder Wasser einlagern und binden.
- Unter dem Einfluss der Fleischmilchsäure und der eiweißspaltenden Enzyme (Kathepsin) auf das Bindegewebe wird dieses weich und aromatisch wohlschmeckend. Das Bindegewebseiweiß ist quellfähig und in angesäuertem Milieu löslich.
- Durch fleischeigene Enzyme wird Muskeleiweiß denaturiert und teilweise abgebaut, sodass es leichter verdaulich ist.

Die biochemischen Vorgänge beginnen bei den Myofibrillen innerhalb der Muskelzellen und greifen im weiteren Verlauf das umgebende Bindegewebe an. Dabei entstehen Aromastoffe.

Voraussetzung für eine optimale Fleischreifung ist, dass zum Zeitpunkt der Schlachtung beim betreffenden Tier genügend Glykogenreserven für die Milchsäurebildung vorhanden sind und Muskelverkürzungen verhindert werden können.

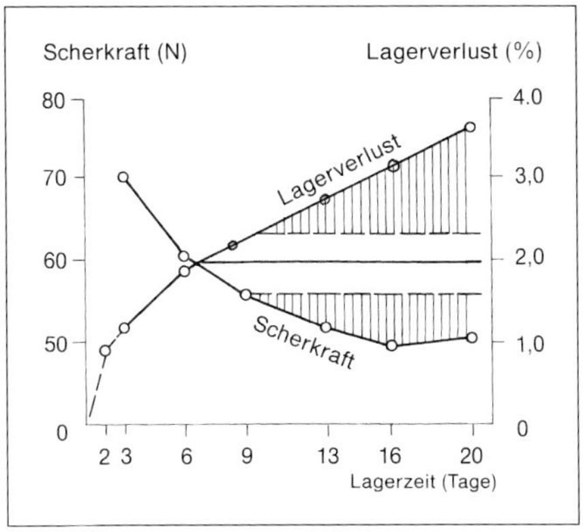

Veränderung der Scherkraft und der Lagerverluste mit zunehmender Lagerzeit (nach Lee und Schön 1986).

Die Durchsäuerung ist u. a. entscheidend für die Haltbarkeit des Fleisches.

Die im Vergleich zu anderen Tierarten lange Reifezeit ist auf eine geringere Enzymkonzentration und den höheren Bindegewebsanteil bei Rindfleisch zurückzuführen.

Gut gereiftes Rindfleisch ist nach sachgerechter Zubereitung angenehm weich, mürbe und locker.

Wie obenstehende Abbildung zeigt, wird unter praxisüblichen Lagerungsbedingungen nach ca. 14 bis 16 Tagen ein Optimum bei der Fleischreifung erreicht.

Tab. 85. Optimale Lagerbedingungen für frisches Rindfleisch

Art der Lagerung	Raumtemperatur (°C)	relative Luftfeuchtigkeit (%)	Luftbewegung (m/s)	Maximale Lagerdauer (Wochen)
Kühllagerung, unverpackt	– 1 bis + 2	85–95 %	0,1–0,3	2–4
Kühllagerung, vakuumverpackt	– 1 bis + 2		0,1–0,3	3–10

(nach Bischoff et al. 1993)

Tab. 86. Optimale Lagerbedingungen für gefrorenes Rindfleisch

Gefriergut	Temperatur mindestens (°C)	rel. Luftfeuchtigkeit (%)	Maximale Lagerdauer (Monate)
Rindfleisch, I. Qualität, gut marmoriert	– 18	95–98	8–9
Rindfleisch, magere Teilstücke	– 18	95–98	10–12

(nach Bischoff et al. 1993)

Der zum Durchtrennen eines definierten Fleischstücks erforderliche Kraftaufwand geht in dieser Zeit auf etwa ein Drittel des Ausgangswertes zurück. Die Scherkraft bleibt dann auch bei noch längerer Reifezeit nahezu konstant, während die Lagerungsverluste durch Abtropfen und Verdunstung weiter ansteigen.

In einzelnen Untersuchungen konnte insbesondere bei Jungbullenfleisch durch längere Reifezeit noch eine Verbesserung der Zartheit erreicht werden. Allerdings leidet darunter u. U. die Saftigkeit des Fleisches.

Durch höhere Lagertemperaturen ließe sich die Reifezeit infolge vermehrter Enzymaktivität verkürzen. Dies hätte jedoch einen schnelleren mikrobiellen Verderb zur Folge. Insofern stellt die empfohlene Kühltemperatur von −1 bis +2 °C einen Kompromiss dar. Unter den in Tabelle 84 zusammengefassten Bedingungen beträgt die **optimale Reifezeit** bei

Färsen und Ochsen	10 bis 14 Tage
Bullen	14 bis 21 Tage
Hinterviertel, Steaks	14 bis 21 Tage
Vorderviertel	8 bis 12 Tage
Fleisch zum Kochen	3 bis 4 Tage

Der Kühlraum soll dunkel sein und bei Bedarf so schwach wie möglich beleuchtet werden (keine wärmeabgebenden Lampen), da die Fleischfarbe und das Fett (Oxidation) lichtempfindlich sind. Besonders nachteilig auf die Haltbarkeitsdauer wirkt sich ein häufiger Temperaturwechsel durch öfteres Betreten des Kühlraumes oder durch Beschickung mit warmen Fleischteilen aus. Beim Betreten führt warme Luft zusätzliche Feuchtigkeit in den Kühlraum. Dieses Wasser kondensiert an den bereits durchgekühlten Fleischstücken und kann so zu einer schmierigen Oberfläche führen.

Kondenswasserbildung im Kühlraum und seine Folgen kann man weitgehend verhindern durch

- Vermeiden von übermäßigem Warmlufteinfall in den Kühlraum,
- Regulierung der relativen Luftfeuchtigkeit durch Be- und Entfeuchter (bei Unterbeschickung Befeuchtung!),
- regelmäßige Wartung der Kältemaschine,
- regelmäßige Enteisung der Verdampferrohre.

Vakuumreifung

Eine Möglichkeit, optimale Fleischreifung, günstige Hygienebedingungen und geringe Lagerungsverluste miteinander in Einklang zu bringen, bietet die Vakuumverpackung.

Bei diesem Verfahren ist das Fleischstück von einer undurchlässigen Verbundfolie umgeben, die vor dem Verschluss luftleer gesaugt wird. Die Verpackung erfolgt 36 bis 48 Stunden nach der Schlachtung. Als Hauptvorteil ist die dadurch ausgeschaltete Wasserverdunstung zu nennen. Dennoch tritt ein Saftverlust ein. Dieser Fleischsaft wird beim Aufschneiden der Folie frei. Als Nebeneffekt schützt die Folie vor Verunreinigungen und Befall durch Mikroorganismen. Bei der Vakuumreifung sind neben geringeren Gewichtsverlusten ein besseres Fleischaroma und ein insgesamt höherer Genusswert festzustellen.

Die Anschaffungskosten einer solchen Verpackungsmaschine sind allerdings hoch.

Tiefgefrierlagerung

Bei hochwertigem Rindfleisch ist u. a. auf sachgerechtes Tiefgefrieren und Auftauen sowie die Einhaltung der maximalen Lagerungsdauer zu achten.

Die Höhe des **Saftverlustes** hängt nicht allein von den Auftaubedingungen, sondern entscheidend von der Einfriergeschwindigkeit ab. Bei zu langsamem Einfrieren werden die Muskelzellen durch Bildung großer Eiskristalle geschädigt. Ferner kann ausfrierendes Wasser und eine dadurch erhöhte Zellsaftkonzentration zu einer teilweisen Eiweißdenaturierung führen. Daher sollte bereits gekühltes Fleisch möglichst rasch tiefgefroren* werden.

* Höchste Leistungsstufe beim Gefrierschrank, Vorlaufzeit beachten, möglichst flache Portionen eingefrieren.

Langsames Auftauen bei Kühltemperaturen gilt als besonders schonend und bietet u. a. hygienische Vorteile.

Durch zu lange Gefrierlagerung wird der Geschmack des Fleisches negativ beeinflusst. Fett reagiert auch bei tiefen Temperaturen mit dem vorhandenen Restsauerstoff: es wird ranzig.

Neben der Tiefkühltemperatur hängt die maximale Lagerungsdauer vom Fettgehalt des Fleisches ab. Bei Qualitätsrindfleisch sollte eine Lagerdauer von 9 Monaten möglichst nicht überschritten werden, während sich magere Teilstücke tiefgekühlt bis zu einem Jahr aufbewahren lassen (s. Tab. 86 auf Seite 185).

Teilstückauswahl

Der Genusswert von Rindfleisch hängt auch entscheidend davon ab, inwieweit die für den jeweiligen Verwendungszweck geeigneten Teilstücke ausgewählt werden.

Für Steaks eignen sich z. B. neben dem Filet nur die „mittleren Rückenstücke", Hochrippe, Fehlrippe sowie die Blume, ein auch als Hüfte oder Dicke Lende bezeichnetes Teil der Keule.

Aus der Abb. auf Seite 188 gehen Lage und Bezeichnung der einzelnen Teilstücke und deren Verwendung hervor. In der Tabelle 87 sind regional abweichend Bezeichnungen bestimmter Fleischpartien zusammengefasst.

Wichtig ist es zu wissen, dass bei der hierzulande üblichen Schnittführung eine Rinderschlachthälfte ca. 12 bis 15 % Grill- und Kurzbratfleisch, 34 bis 40 % Bratenfleisch sowie 30 bis 55 % Koch- und Kleinfleisch liefert, eine Relation, die bei einer wertgleichen Aufteilung erhalten bleiben muss. Zerlegetechniken, die eine höhere Ausbeute an Kurzbratfleisch liefern, werden nur vereinzelt angewandt.

Die Tabelle auf Seite 188 dient dazu, über den Zuschnitt spezieller Steaks zu informieren. Mitunter veranstalten die regionalen Fleischrinderzuchtverbände Direktvermarkterseminare, bei denen neben der Zerlegung, Lagerung, Reifung sowie Erkennen und Verwendung einzelner Teilstücke auch unterschiedliche Schnittführungen vorgestellt werden.

Zubereitung

Bei der küchenmäßigen Zubereitung geht es darum, den Genusswert von qualitativ hochwertigem Rindfleisch durch geeignete Maßnahmen zu erhalten und zu vervollkommnen. Andererseits kann ein noch so sorgfältig gereiftes und ausgewähltes Teilstück durch falsches Garen oder Unachtsamkeit unnötig hart und zäh werden. Eine Weiterführung der Fleischreifung stellt z. B. auch das **Einlegen** eines Sauerbratens oder das **Mariieren** von Steaks dar.

Die Zubereitung muss auf die Art der Teilstücke abgestimmt sein. Fleischpartien mit gröberer Muskeltextur und höherem Bindegewebsanteil befinden sich beim Rind an Beinen, Brust, Fleisch- und Knochendünnung sowie im Nacken. Bei diesen Teilstücken ist ein langes Garen bei feuchter Hitze mit niedriger Temperatur erforderlich, damit das Bindegewebe weich wird und das Fleisch nicht austrocknet. Kochen, Dünsten und Schmoren sind hierfür die geeigneten Garmethoden.

Die zartesten Muskelpartien befinden sich im Rücken und in der Hüfte. Als optimale Garmethode kommt hierfür Kurzbraten und Grillen in Betracht. Die übrigen Teilstücke sind in erster Linie als Bratenfleisch geeignet.

Entscheidend bei Steaks und Bratenstücken ist u. a. der richtige Zuschnitt quer zur Faser und möglichst im rechten Winkel. Unter Berücksichtigung der Scheibenstärke sind bei der Zubereitung von Steaks auch die Garstufen (englisch: rare = blutig, medium = halb durchgebraten, welldone = durchgegart), die exakte Überwachung sowie das richtige Würzen entscheidend. Günstig auf Saftigkeit, Aroma und Zartheit eines Rinderbratens wirkt es sich aus, wenn Auflagenfett und intermuskuläre Fetteinlagerungen während der Zubereitung am betreffenden Teilstück belassen und erst auf dem Teller entfernt werden.

Bezeichnung und Eignung der verschiedenen Teilstücke beim Rind

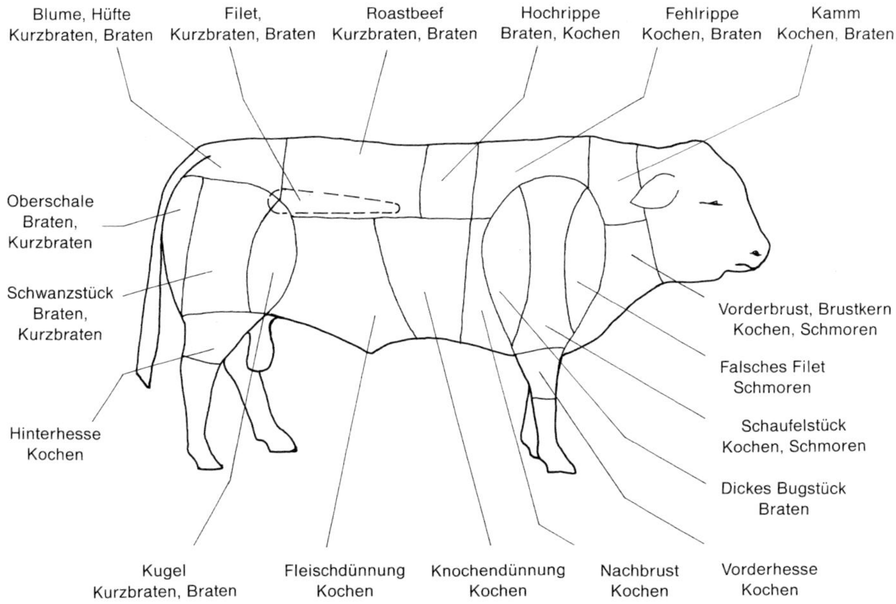

Verschiedene Steaks

Besonders im Bereich der Kurzbratstücke werden folgende Begriffe gern verwendet:

Chateaubriand	=	doppelt dick geschnittenes Filetbeefsteak aus dem Mittelstück
Entrecôte	=	ca. 2 cm dicke Roastbeefscheibe
Entrecôte double	=	besonders dicke Roastbeefscheibe, die sich gerade noch kurzbraten lässt
Filetsteak	=	Steak aus dem Filet
Filet Medaillon	=	kleine, runde Steaks aus der Filetspitze
Grillsteak	=	Steak aus der Hohen Rippe bzw. aus dem hinteren Teil der Fehlrippe
Rindersteak	=	Grillsteak
Hochrippensteak	=	Grillsteak
Porterhouse-Steak	=	großes Roastbeefsteak mit Knochen und großem Filetanteil
Rumpsteak	=	fingerdicke Scheibe aus Roastbeef oder Blume
T-bone-Steak	=	dicke Roastbeefscheibe mit Knochen und kleinem Filetanteil
Tenderloin-Steak	=	Filetsteak vom Ochsen

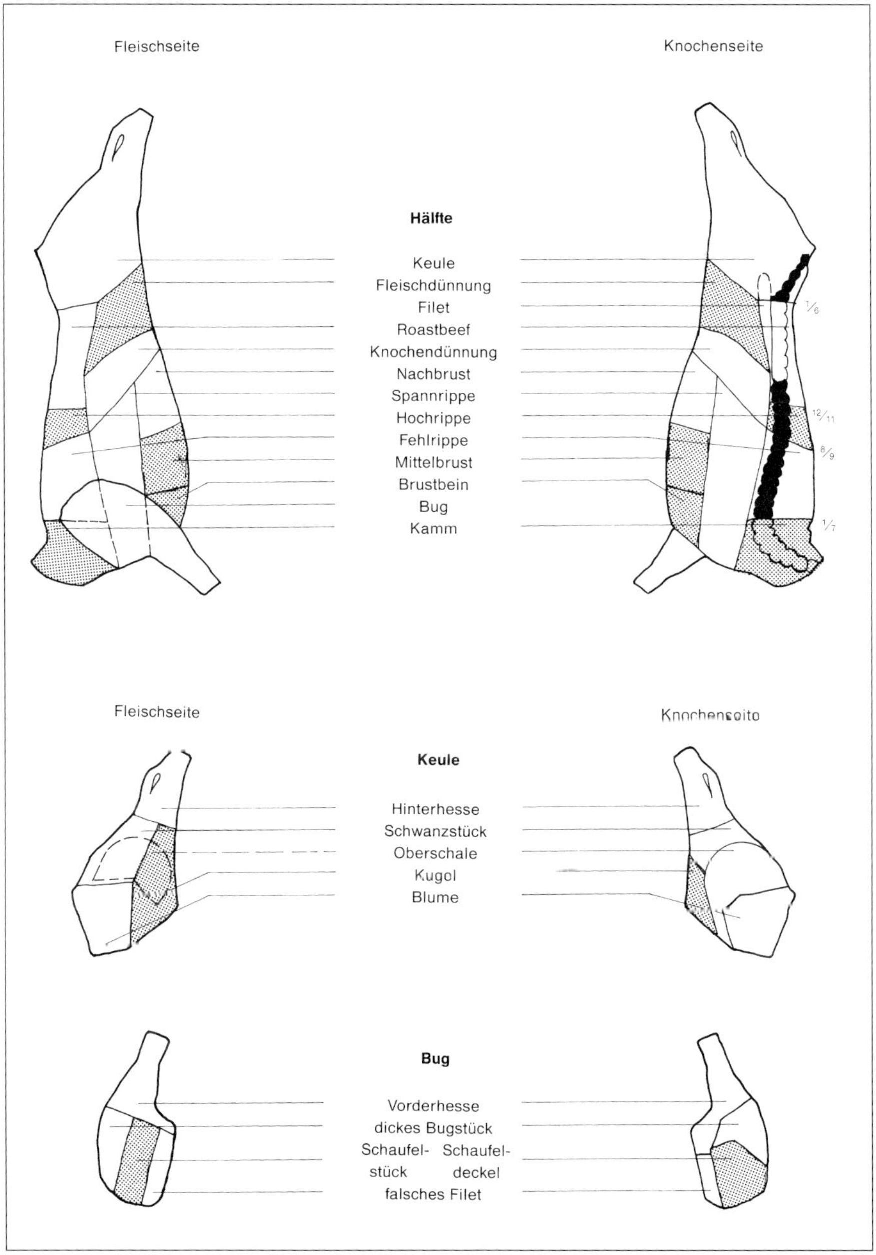

Bezeichnung der einzelnen Teilstücke am Rinderschlachtkörper.

Tab. 87. Die Benennung der Fleischteile des Rindes

nach DLG	in Deutschland örtlich	in Österreich	in der Schweiz deutsch	französisch
Spannrippe	Querrippe, Überzwerch, Überzwerche Rippe	Zwerchrippe	Federstück	côte plate
Fehlrippe	Hochrippe, Kammstück, Rippenstück	Kruspelspitz, Niederer Grat	Hohrücken, Abgedeckter Rücken	côte couverte basse côte
Kamm	Nacken, Hals	Hals, Tristel	Hals	cou
Brustbein	Brustspitze, Spitzbrust, Brustkern	Brustkern, Dickes Kügerl	Brustspitz und Stich	pointe de grummeau et saignéee
Mittelbrust	Brustkern	Dickes Kügerl	Brustkern	grumeau
Nachbrust	Lochstück, Henkel, Dicker und Dünner Nabel	Dickes Kügerl	Nachbrust	os blanc
Bug	Blatt, Schulter, Knieschrot	Schulter	Schulter	épaule
Vorderhesse	Wade, Vorderer Wadschenkel Beinfleisch	Vorderer Wadschinken	Schenkel	jarret
Schaufeldeckel	Wadel. Bugdeckel, Schabelappen	Kavaliersspitz	Schulterdeckel	couvert d'épaule
Schaufelstück	Schaufelbraten, Mittelbug, Breite Schulter	Schulterspitz, Schulterscherzl	Schulterspitz	palette
Dickes Bugstück	Dicker Bug, Dicke Schulter	Dicke Schulter	Dicke Schulter	épais d'épaule
Falsches Filet	Buglummel, Judenfilet, Hessenfilet, Judenlende	Meisel	Schulterfilet	filet d'épaule
Roastbeef	Schoß, Rinderbraten, Dickelang	Beiried (bis 4. Rippe)	Roastbeef	faux filet
Filet	Lummer, Lummel, Lende, Schlachtbraten	Lungenbraten, Filet	Filet	Filet
Fleischdünnung	Bauchlappen, Lempe, Flanke	Riedhüfel, Bauch	Dicker und Dünner Lempen	épais du prin flanchet du prin

Tab. 87. Die Benennung der Fleischteile des Rindes (Fortsetzung)

nach DLG	**in Deutschland örtlich**	**in Österreich**	**in der Schweiz deutsch**	**französisch**
Knochen-dünnung	Zwerchriemen, Bauchstück, Flanke	Zwerchried, Rippe, Kügerl		
Hochrippe	Hohe Rippe, Vorderrippe, Schorrippe	Rostbraten	Roastbeef	faux filet
Keule	Stotzen, Stummel, Trempel, Trümmel	Knöpfel	Stotzen	cuisse
Oberschale	Oberschlag, Binnerspalt, Kluft, Eckle, Eckstück	Schale	Eckstück	coin entier
Kugel	Nuss, Vorschlag, Sternrose, Maus, Knopfstück	Zapfen, Rose, Nuss	Vorschlag	fausse tranche
Schwanzstück	Unterschale, Eckschwanzstück, Oberschenkel	Unterschale	Unterspälte	tranche carrée entière
Blume	Huft, Hüfte, Mürbschoß, Rosenspitz, Dicke Lende	Hüferscherzl	Huft	Rumpsteak
Hinterhesse	Hinterbein, Hinterwade, Beinfleisch	Hinterer Wadel	Hinterer Schenkel	jarret
Schild	Schild, Schilt, Wand	Gab	Schilt	quartier de devant sans épaule
Vorderviertel	Vorderviertel	Vorderviertel	Vorderviertel	quartier de devant
Hinterviertel	Hinterviertel	Hinterviertel	Hinterviertel	quartier de derrière

Quelle: Bischoff u.a. 1985

Kalkulationsdaten zum Schlachtkörperwert

Der Schlachtkörperwert verändert sich im Verlauf des Wachstums. Zwischen einem als Baby-beef vermarkteten Absetzer und einem voll ausgemästeten Rind bestehen diesbezüglich folgende Unterschiede:

Wie nebenstehende Abbildung zeigt, verlagert sich der Fleischzuwachs mit zunehmendem Alter verstärkt von der Nachhand zur Vorhand, von der Rückenpartie vermehrt in die Bauchregion und von den körperfernen Teilen überwiegend in die körpernahen Bereiche.

Dies hat zur Folge, dass der Anteil wertvoller Teilstücke, z. B. in der Pistole (Keule einschließlich Rückenpartie), im weiteren Wachstums- bzw. Mastverlauf prozentual abnimmt (s. Abb. unten). Dies spiegelt sich auch in der grobgeweblichen Zusammensetzung der Schlachthälften (Tab. 88) wider:

Der Anteil an reinem Muskelfleisch geht mit zunehmendem Alter und Gewicht zurück! Dadurch ist u. a. der höhere kg-Preis für Baby-beef gegenüber dem Fleisch voll ausgemästeter Rinder begründet. Die Schlachtausbeute wird unter vergleichbaren Bedingungen stärker vom sinkenden Knochenanteil als von der zunehmenden Fetteinlagerung im Schlachtkörper beeinflusst. Sie steigt mit höherem Mastendgewicht an. Je nach Nüchterungsdauer und Geschlecht ist bei Baby-beef mit einer prozentualen Ausschlachtung von ca. 52 bis 57 % und bei ausgemästeten Rindern zwischen 55 und 60 %* zu rechnen. Zu berücksichtigen sind ferner Verluste während der Reifezeit in Höhe von ca. 4 bis 5 %, sodass sich als Faustzahlen für den „Fleischertrag" bei Baby-beef Werte von etwa 50 % und bei ausgemästeten Tieren von ca. 55 % ergeben.

Bei der Wertermittlung einer Schlachthälfte kann vom Anteil der einzelnen Teilstücke und den im Fleischhandel üblichen Kilogrammpreisen unter Berücksichtigung von Zuschnitt und Knochenzuwaage ausgegangen werden. Eine andere Möglichkeit der Preiskalkulation besteht darin, eine Mindestspanne von etwa 35 % bei der Direktvermarktung gegenüber anderen Absatzwegen zugrunde zu legen. Werden bei Baby-beef die Spitzennotierungen für geschlachtete Kälber und bei ausgemästeten Rindern die Notierungen für Bullen und Ochsen der Handelsklasse E3 bzw. U3 herangezogen (jeweils zuzüglich Mehrwertsteuer), ergeben sich in etwa die in Tabelle 89 (auf S. 194) zusammengestellten Kilogrammpreise.

* Zweihälftengewicht, kalt, im Vergleich zum Lebendgewicht des genüchterten Tieres.

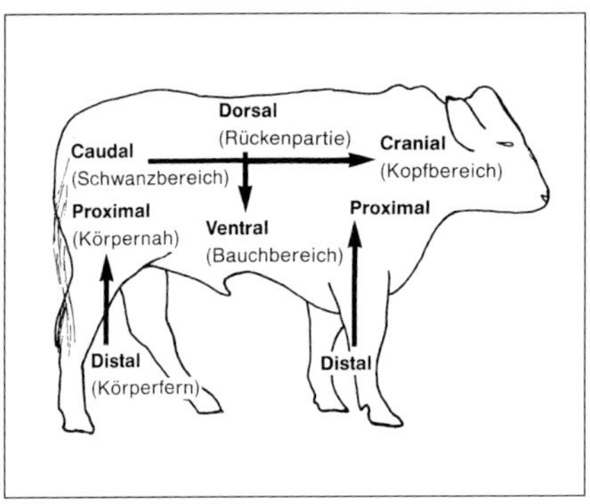

Prioritäten im Wachstumsverlauf beim Rind (nach Temisan und Augustini 1985).

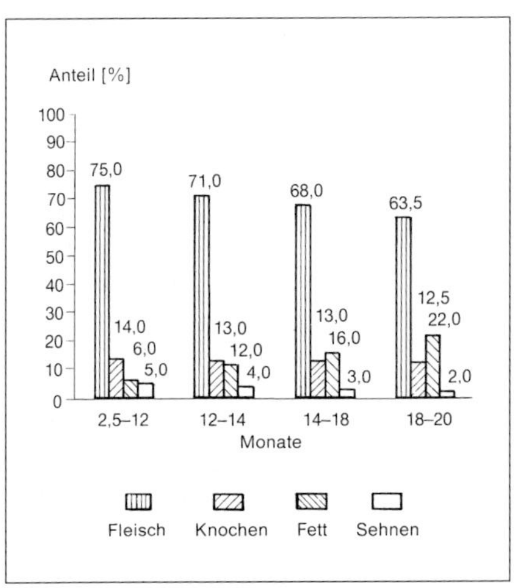

Gewebeanteile am täglichen Zuwachs von Bullenschlachtkörpern in % (Nettozuwachs, Rasse Fleckvieh) (nach Temisan und Augustini 1985).

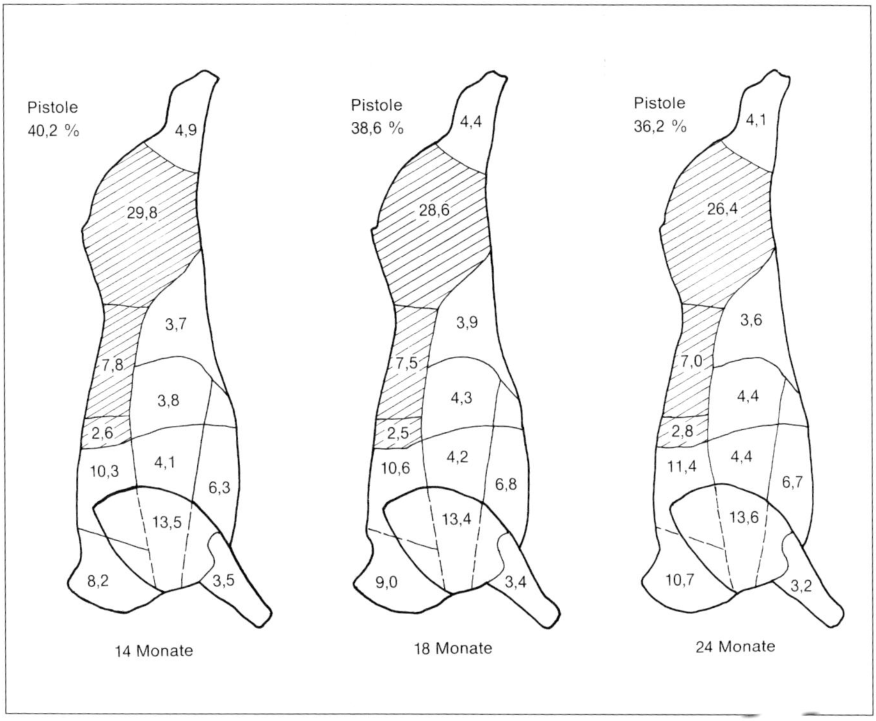

Veränderung der Teilstückanteile (%) am Schlachtkörper, insbesondere der wertvollen Teilstücke in Keule und Rücken (Pistole) mit zunehmendem Alter der Tiere (nach Temisan und Augustini 1985).

Tab. 88. Grobgewebliche Zusammensetzung von Schlachtkörperhälften (%)

MEG	Fleisch	Knochen	Fett	Sehnen
Bullen (Intensivmast)				
350 kg	67,7 ± 1,8	17,2 ± 0,6	10,1 ± 1,8	5,0 ± 0,2
500 kg	66,4 ± 1,9	15,7 ± 0,4	12,3 ± 1,6	5,7 ± 0,1
575 kg	66,5 ± 2,4	13,9 ± 0,5	14,8 ± 3,3	4,8 ± 0,8
650 kg	64,2 ± 3,3	14,4 ± 0,9	16,3 ± 3,7	5,1 ± 1,2
Färsen ad libitum (Intensivmast)				
350 kg	63,6 ± 1,7	15,3 ± 0,4	16,7 ± 1,2	4,4 ± 0,3
425 kg	64,7 ± 1,1	15,2 ± 0,9	18,7 ± 1,1	4,4 ± 0,5
500 kg	65,5 ± 3,7	14,5 ± 0,8	19,1 ± 4,8	3,9 ± 0,6
Ochsen (verhaltene Fütterung)				
350 kg	65,9 ± 0,8	17,4 ± 0,8	11,6 ± 1,7	5,1 ± 0,7
500 kg	62,1 ± 4,2	15,4 ± 1,0	17,1 ± 4,5	5,3 ± 0,4
575 kg	61,6 ± 2,0	15,2 ± 0,6	17,5 ± 1,6	5,7 ± 0,1
650 kg	62,2 ± 2,4	14,5 ± 0,8	18,4 ± 1,2	4,9 ± 0,9

(Quelle: Kirchgessner und Mitarbeiter 1992)

Tab. 89. Kalkulationsbeispiel für eine Rinderhälfte (168 kg Schlachtgewicht)

	Anteil (%)	Menge (kg)	Wertanteil (%)	Verkaufspreis (€/kg)
Roastbeef	3,8	6,4	9,0	16,–
Filet	1,6	2,7	7,0	20,–
Hüfte	2,0	3,4	4,0	12,–
Schwanzstück	4,8	8,1	9,0	12,–
Oberschale	4,0	6,8	8,0	13,–
Nuss	2,5	4,2	5,0	12,–
Bugstück	2,0	3,4	4,0	12,–
falsches Filet	1,0	1,7	2,0	12,–
Schild	1,7	2,9	2,0	8,–
Zungenstück mit Hals	6,1	10,2	9,0	9,–
Hohe Rippe	3,5	5,9	4,0	8,–
Brust o. K.	3,0	5,0	2,0	7,–
Querrippe	4,5	7,6	3,0	6,50
Vorder-/Hinterbein	3,2	5,4	3,0	6,50
Schabfleisch/Gulasch	3,5	5,9	6,0	8,50
Gesamt f. Verkauf	47,2	79,6	77,0	828
Verarbeitungsfleisch	26,8	45,0	23,0	264
Knochen und Abfall	26,0	43,4	–	–

(Quelle: Pottebaum 1989, aktualisiert)

Landwirtschaftlicher Unternehmer oder Hobbybetrieb?

Aus der Zuordnung der Mutterkuhhaltung zum einen oder anderen Bereich ergeben sich Konsequenzen im Hinblick auf

- Inanspruchnahme von Förderungsmitteln,
- Möglichkeit von Landpacht und Landkauf,
- Bauen im Außenbereich (Privilegierung),
- steuerliche Bewertung,
- Mitgliedschaft in der landwirtschaftlichen Alterskasse, Krankenkasse und Unfallversicherung.

Entscheidend bei Förderungsmaßnahmen

Voraussetzung für die Inanspruchnahme der meisten landwirtschaftlichen Förderungsprogramme ist, dass es sich beim Antragsteller um einen landwirtschaftlichen Unternehmer oder Betriebsinhaber als natürliche* oder juristische Person** handelt.

Bei der Definition des Begriffs „landwirtschaftlicher Unternehmer" wird in der Regel auf § 1, Abs. 3 des „Gesetzes über die Alterssicherung für Landwirte" (ALG-Landwirt s. Seite 196) verwiesen. Kennzeichen eines landwirtschaftlichen Betriebes sind „Grundstücke und zu deren Bewirtschaftung dienende Wohn- und Wirtschaftsgebäude".

Landkauf und Landpacht: Bauernland in Bauernhand!

Maßgebend ist diesbezüglich das Grundstücksverkehrsgesetz von 1961, das „Gesetz zur Neuregelung des landwirtschaftlichen Pachtrechts" sowie das „Gesetz über die Anzeige und Beanstandung von Landpachtverträgen" von 1985.

Das Grundstücksverkehrsgesetz schränkt den Grundsatz der freien Verfügbarkeit über das Eigentum zum Schutz der Landwirtschaft bis zu einem gewissen Grad ein. Dieses Gesetz soll der Zersplittung land- und forstwirtschaftlicher Betriebe entgegenwirken und so zur Verbesserung der Agrarstruktur und deren Sicherung beitragen. Der Verkauf eines land- und forstwirtschaftlichen Grundstücks bedarf von einer bestimmten Mindestgröße an der Genehmigung durch die Kreisverwaltungsbehörde bzw. Stadtverwaltung. Diese Genehmigung wird u. a. versagt, wenn durch den Verkauf

- ein selbstständiger Betrieb seine Lebensfähigkeit verlieren würde,
- ein landwirtschaftliches Grundstück kleiner als ein Hektar würde,
- ein Grundstück, das durch öffentliche Mittel im Rahmen der Flurbereinigung, Aussiedlung und Aufstockung erworben wurde, nunmehr in einer Weise geteilt werden soll, die den agrarpolitischen Zielen widerspricht.

Beim Verkauf landwirtschaftlicher Nutzflächen wird der Bauernverband bzw. die Landwirtschaftskammer zu einer Stellungnahme gegenüber der Kreisverwaltungsbehörde aufgefordert. Dabei galt bisher der Grundsatz: „Bauernland in Bauernhand".

Nach dem o. a. Landpachtrecht hat der Verpächter den Abschluss eines Landpachtvertrages oder eine Vertragsänderung bei der zuständigen Kreisverwaltungsbehörde anzuzeigen. Beanstandungsgründe können eine ungesunde Verteilung der Bodennutzung oder unwirtschaftliche Aufteilung sein. Dies ist in der Regel dann der Fall, wenn die Verpachtung Maßnahmen zur Verbesserung der Agrarstruktur zuwiderläuft. Dazu werden Stellungnahmen anderer

* Besitzer oder Pächter

** Gesellschaft des bürgerlichen Rechts (GdbR) oder Gesellschaft mit beschränkter Haftung (GmbH).

Behörden eingeholt. Geprüft wird u. a., ob die Pacht in einem angemessenen Verhältnis zum nachhaltig zu erzielenden Ertrag steht und eine sachgerechte Bewirtschaftung der Flächen gesichert erscheint. Bei der Beurteilung der Frage, ob eine gesunde Verteilung der Bodennutzung vorliegt, sind Haupt- und Nebenerwerbslandwirte gleichgestellt. Sind mehrere Interessenten für Kauf oder Pachtung vorhanden, ist davon auszugehen, dass ein Vollerwerbslandwirt einem „Hobbybauern" vorgezogen wird, was Sinn macht, da ersterer von der Landwirtschaft leben muss.

Landwirtschaft betreiben im Sinne des Landpachtgesetzes bedeutet, dass die Bodenbewirtschaftung und die mit der Bodennutzung verbundene Tierhaltung zur Gewinnung pflanzlicher und tierischer Produkte dient.

Bauen im Außenbereich: Nur Landwirte sind privilegiert

In § 35 des Bundesbaugesetzes ist festgelegt, dass ein Bauvorhaben im Außenbereich nur dann privilegiert ist, wenn es einem landwirtschaftlichen oder forstwirtschaftlichen Betrieb dient bzw. dabei eine bestimmte Funktion erfüllt und dazu beiträgt, einen spürbaren wirtschaftlichen Nutzen im Sinne einer nachhaltigen Existenzsicherung zu erzielen.

Voraussetzung ist weiterhin, dass es öffentlichen Belangen nicht entgegenstehen darf und eine ausreichende Erschließung gesichert sein muss. Wenn dies gewährleistet ist, können im Einzelfall auch nicht privilegierte Bauvorhaben genehmigt werden.

Die Entscheidung über die Privilegierung eines Bauvorhabens trifft die zuständige Baugenehmigungsbehörde. Sie stützt sich dabei auf die Beurteilung durch das Landwirtschaftsamt bzw. vergleichbarer Stellen. Ein entscheidender Gesichtspunkt ist dabei, dass die beabsichtigte Bodennutzung nach der Größe der Fläche, dem Umfang des Arbeitsanfalls sowie im Hinblick auf die Sachkunde des Betriebsleiters und seine wirtschaftlichen Verhältnisse die Grundlage für eine **ernsthafte, nachhaltige**, **auf Dauer angelegte** und **einkommensmäßig bedeutsame Bewirtschaftung** bietet. Eine landwirtschaftliche Tätigkeit im Rahmen der Freizeitgestaltung, einer Liebhaberei usw. genügt somit nicht diesen Anforderungen.

Als Landwirtschaft im Zusammenhang mit der Mutterkuhhaltung gilt die Wiesen- und Weidewirtschaft, wenn das benötigte Grundfutter überwiegend von eigenen Flächen gewonnen werden kann.

Pachtland wird dabei berücksichtigt, vor allem dann, wenn die Verträge langfristig, d.h. für mehr als 12 Jahre geschlossen wurden.

Genehmigungsfrei auch im Außenbereich sind aufgrund der Bauordnungen der Länder kleinere landwirtschaftliche Betriebsgebäude, z.B. Viehschutzhütten bis zu einer bestimmten Grundfläche.*

* Lt. Bayer. Bauordnung, Art. 69, z. B. max 100 m² Grundfläche und höchstens 140 m² überdachte Fläche, nur eingeschossig, nicht unterkellert und ohne Feuerstätten.

Steuerfreibeträge für Landwirte

Der Begriff des landwirtschaftlichen Betriebes sowie eines Nebenbetriebes ist im Einkommensteuergesetz nicht näher erläutert. Die Finanzverwaltung unterstellt in der Regel eine landwirtschaftliche Tätigkeit ab einer Nutzfläche von einem Hektar.

Aus der Einstufung als Landwirt ergeben sich Steuervorteile im Hinblick auf Freibeträge und evtl. aufgrund der Gewinnermittlung nach Durchschnittssätzen (s. Seite 175).

Einkünfte aus Tierzucht und Tierhaltung gelten steuerrechtlich als „Einkünfte aus Land- und Forstwirtschaft" sofern folgender Viehbesatz in Vieheinheiten (VE)** im jeweiligen Wirtschaftsjahr eingehalten wird:

- Für die ersten 20 ha nicht mehr als 10 VE/ha,
- für die nächsten 10 ha nicht mehr als 7 VE/ha,

** 1 VE = 500 kg Lebendgewicht.

- für die nächsten 20 ha nicht mehr als 6 VE/ha,
- für die nächsten 50 ha nicht mehr als 3 VE/ha und
- für die weitere Fläche nicht mehr als 1,5 VE/ha

der vom Landwirt regelmäßig landwirtschaftlich genutzten Flächen. Zu der maßgeblichen Fläche gehören sowohl zugepachtete als auch vorübergehend stillgelegte Flächen. Verpachtete Flächen sind abzuziehen.

Übersteigt die Zahl der VE nachhaltig die zulässige Höchstzahl, ist ein darüber hinausgehender Tierbestand als gewerblich einzustufen.

Dabei ist zu beachten, dass ein Produktionszweig der Tierhaltung jeweils nur im Ganzen zur landwirtschaftlichen oder zur gewerblichen Tierhaltung gehören kann!

Sozialversicherungspflicht – von der Betriebsgröße abhängig

Nach dem „Gesetz über die Alterssicherung für Landwirte" (ALG) von 1994 gehört ein landwirtschaftlicher Unternehmer dann der **Alterskasse** an, wenn das landwirtschaftliche Unternehmen bei objektiver Beurteilung aufgrund der Größe, Bodengüte (Bonität) und Kulturart geeignet ist, die Existenzgrundlage für eine bäuerliche Familie zu bilden. Die Existenzgrundlage ist in jedem Fall gegeben, wenn die Fläche oder der Flächenwert des Betriebes die von der Alterskasse festgelegte Mindesthöhe oder Mindestgröße erreicht oder überschreitet. Die Mindestgröße für die landwirtschaftliche Nutzfläche liegt im Bundesdurchschnitt bei ca. 4 bis 5 ha, für Forstflächen bei 40 ha.

Gleichzeitig gehören alle hauptamtlichen landwirtschaftlichen Unternehmer, deren Betrieb eine Existenzgrundlage im Sinne des o. a. Altershilfegesetzes bildet, der **Krankenversicherung für Landwirte** als Pflichtmitglieder an, einschließlich mitarbeitender Familienmitglieder. Auch Landwirte, die wegen zu geringer Betriebsgröße nicht der Alterskasse angehören, können unter bestimmten Voraussetzungen Mitglied der Landwirtschaftlichen Krankenkasse werden.

Nebenerwerbslandwirte gehören in der Regel nicht der landwirtschaftlichen Krankenkasse an. Sie sind wegen ihres Hauptberufs meist anderweitig versichert.

Mitglied der landwirtschaftlichen Berufsgenossenschaft und damit der **landwirtschaftlichen Unfallversicherung** ist jeder Unternehmer, der Eigenland oder gepachtete Grundstücke ab einer Größe von 0,25 ha bewirtschaftet. Ausgenommen sind nur Haus-, Zier- und andere Kleingärten, die im Allgemeinen nicht größer als 25 Ar sein und nicht gewerblich genutzt werden dürfen.

Der Unternehmer ist verpflichtet, die Übernahme oder Aufgabe eines landwirtschaftlichen Unternehmens innerhalb eines Monats der Landwirtschaftlichen Berufsgenossenschaft anzuzeigen.

So fördert der Staat die Mutterkuhhaltung

Die landwirtschaftlichen Produktionskosten in den Ländern der EU liegen meist deutlich über denen in Osteuropa und Übersee. Dies gilt u. a. für die Rindfleischerzeugung. Ohne Direktzahlungen können hierzulande die Mutterkuhhalter meist nicht kostendeckend produzieren.

Um die Wettbewerbsfähigkeit der Mutterkuhhaltung zu stärken und die Ertragslage der Rindermast zu verbessern, werden seit der EU-Agrarreform von 1992 tier- und flächenbezogene Prämien gewährt. Infolge der sog. BSE-Krise 2000/2001 gerieten die Verkaufserlöse von Zucht-, Nutz- und Schlachtrindern stark unter Druck. Eine Erholung der Preise ist nur teilweise eingetreten. Der Rindfleischverzehr in der Bundesrepublik liegt nach wie vor auf niedrigem Niveau. Besonders gelitten hat der Absatz von Premium-Rindfleisch. Daher bestimmen die Höhe der Prämien und Ausgleichszahlungen heute in sehr hohem Maße die Wirtschaftlichkeit der Mutterkuhhaltung. Ab 2005 werden bei bestehenden Mutterkuhbetrieben die nachfolgend aufgeführten Prämien zu einer individuellen Betriebsprämie zusammengefasst.

Bei Neugründung eines Betriebes mit Mutterkuhhaltung oder Umstellung auf diese extensive Viehhaltung ist beim zuständigen Amt für Landwirtschaft, soweit noch nicht erfolgt, eine Betriebsnummer sowie eine Betriebsprämie und die Ausgleichszulage zu beantragen.

Zahlungsansprüche, möglichst von aufgebenden Mutterkuhbetrieben mit einem entsprechend hohen „top up" (vgl. S. 201), können auf dem freien Markt erworben und müssen dann an die Betriebsdatenbank gemeldet werden. Bei der Vermittlung von Zahlungsansprüchen sind u. a. der Bauernverband und die Maschinenringe behilflich.

Mutterkuhprämie

Die Prämie diente der Einkommenssicherung in den fleischrinderhaltenden Betrieben. Gefördert werden können landwirtschaftliche Betriebsinhaber, die Mutterkühe zur Erzeugung von Kälbern zum Zwecke der Fleischproduktion halten.

Für die Gewährung der Mutterkuhprämie war jeweils ein Prämienrecht notwendig. Dieses Anrecht konnten die Mutterkuhhalter in der Vergangenheit unentgeltlich vom Staat auf Antrag hin erhalten. Seit 1993 sind die Prämienrechte auf den Einzelbetrieb festgeschrieben.

Insgesamt verfügt Deutschland über eine Quote von 639.535 Mutterkühen bzw. Prämienrechten. Die Quote ist inzwischen fast vollständig ausgenützt.

Für aufstockungswillige Mutterkuhhalter besteht nur noch die Möglichkeit, über den käuflichen Erwerb oder die Pacht nicht genutzter Prämienrechte anderer Betriebe, die eigene Mutterkuhquote zu erhöhen. Bei der Quotenübertragung werden jedoch 15 % der Prämienrechte zugunsten der Nationalen Reserve eingezogen. Dieser Abzug entfällt nur dann, wenn der gesamte Betrieb des abgebenden Mutterkuhhalters übernommen wird.

Der Antragsteller musste sich jeweils verpflichten, die Prämien für die Dauer von 3 Jahren zu nutzen.

Sonderprämie für männliche Rinder

Durch die Gewährung dieser Prämie sollte im Vollzug der einschlägigen EU-Vorschriften ein Ausgleich des Einkommensausfalls, bedingt durch die rückläufigen Erzeugerpreise für Mastrinder infolge der abgesenkten Interventionspreise sowie durch die BSE-Krise geschaffen werden.

Unter diese Prämienregelung fallen neben Ochsen und Bullen auch männliche Absetzer im Rahmen der Baby-Beef-Produktion.

Im Gegensatz zu der Mutterkuhprämie handelt es sich hierbei um eine einmalige Zahlung, die in der Regel nach der Schlachtung des jeweiligen männlichen Tieres beantragt werden konnte. Eine Ausnahme gab es jedoch bei der Sonderprämie für Ochsen. Im Hinblick auf die geringe Rentabilität wurden zwei Altersklassen eingeführt, einmal von 9 bis 22 Monate und zum anderen für Tiere, die bei der Schlachtung älter als 22 Monate sind, so dass gegebenenfalls zweimal die Prämie von 150,– € beantragt werden kann.

Schlachtprämien für Rinder und Kälber

Die Schlachtprämie kann für alle Großrinder, die mit einem Alter von mindestens 8 Monaten in der EU geschlachtet oder in ein Drittland ausgeführt wurden, beantragt werden.

Auch für Kälber, die bei der Schlachtung mehr als 1 Monat und weniger als 7 Monate alt waren und ein Schlachtgewicht (Warmgewicht) von weniger als 155,5 kg (ersatzweise maximal 290 kg Lebendgewicht) aufwiesen, kann ebenfalls eine Schlachtprämie in diesem Fall von 50,– € pro Tier beantragt werden.

Ergänzungsbeträge

Zusätzlich zur Schlachtprämie für Großvieh wird in Deutschland ein Ergänzungsbetrag für Bullen, Ochsen, Kühe und Färsen in Höhe von rund 20,– € pro Tier ohne zusätzlichen Antrag gewährt. Für Schlachtkälber gibt es diesen Ergänzungsbetrag jedoch nicht.

Extensivierungsprämie

Sofern in einem Betrieb im Laufe des jeweiligen Kalenderjahres ein bestimmter Besatzdichtefaktor, z. B. von 1,4 GVE* pro Hektar Futterfläche nicht überschritten wurde, konnte je Mutterkuhprämie und Sonderprämie für männliche Rinder eine Extensivierungsprämie von zusätzlich jeweils 100,– € beantragt werden.

Die für die Extensivierungsprämie anerkannte Futterfläche musste zu 50 % aus Weideland bestehen und zumindest zeitweise während der Vegetationsperiode von Rindern (und/oder Schafen) beweidet werden.

Ausgleichszulage

In einzelnen Bundesländern wird weiterhin eine von der EU und der Bundesrepublik kofinanzierte Förderung in benachteiligten Gebieten gewährt, um eine standortgerechte Landbewirtschaftung zu sichern. Die flächenbezogene Förderung wird in Abhängigkeit von der maßgeblichen Landwirtschaftlichen Vergleichszahl (LVZ) gewährt, die den Grad der natürlichen und wirtschaftlichen Benachteiligung widerspiegelt.

Für Grünland- und Ackerfutterflächen können in Abhängigkeit von der LVZ 50,– bis 180,– € pro Hektar LF, für sonstige Ackerflächen 25,– bis 90,– € pro Hektar gewährt werden. Sonderkonditionen gelten für das Berggebiet sowie für die Bewirtschaftung anerkannter Almen bzw. von Grünlandflächen über 1000 m NN.

Nähere Auskünfte sind über die einschlägigen landwirtschaftlichen Beratungsstellen zu erhalten.

Sonstige Förderungsmaßnahmen

In einzelnen Bundesländern können Mutterkuhhalter zusätzliche Fördermittel im Rahmen von Agrarumweltprogrammen erhalten. Hier sind zu nennen z. B. das Bayerische Kulturlandschaftsprogramm (KULAP, Teil A) oder das Marktentlastungs- und Kulturlandschaftsausgleichsprogramm (MEKA) in Baden-Württemberg.

* GVE = Großvieheinheit

Im Rahmen des Bayerischen Kulturlandschaftsprogramms Teil A wird z. B. bei Bewirtschaftung des gesamten Betriebes nach den den Kriterien des ökologischen Landbaus Acker- bzw. Grünland mit 255,– € pro Hektar und Jahr gefördert. Ferner können hier Prämien für die extensive Acker- und Dauergrünlandnutzung, sowohl betriebszweigbezogen als auch einzelflächenbezogen, beantragt werden. Bei Verzicht auf flächendeckenden chemischen Pflanzenschutz und zusätzlichen Verzicht auf Mineraldünger können je nach Viehbesatzdichte (bis 2,0 GV/ha LF bzw. über 2,0 bis 2,5 GV/ha LF) 95,– bis 205,– € pro Hektar LN gewährt werden. Im Rahmen des Bayerischen Vertragsnaturschutzprogramms wird z. B. die extensive Weidenutzung naturschutzfachlich wertvoller Lebensräume durch Rinder mit 270.– €/ha sowie die Beweidung von Almen bzw. Alpen mit 120.– €/ha gefördert.

Die bisher im Rahmen des Kulturlandschaftsprogramms Teil B für Zäunung und sonstige Weideeinrichtung gewährten Zuschüsse sind derzeit auf das Alpengebiet beschränkt. Diesbezügliche Auskünfte sind bei den zuständigen Landwirtschaftsämtern erhältlich.

Die EU-Agrarreform: Zahlungsansprüche und Betriebsprämie

Für die Umsetzung der Reform der gemeinsamen Agrarpolitik wurde für die Bundesrepublik Deutschland das so genannte „Kombi-Gleitflug-Modell“ gewählt.

Ab dem Jahr 2005 werden nahezu alle Direktzahlungen entkoppelt, d. h. unabhängig von der tatsächlichen Produktion gewährt und den Bewirtschaftern landwirtschaftlicher Nutzflächen in Form von **Zahlungsansprüchen**, vergleichbar mit „Hektar-Gutscheinen“, zugewiesen. Die einem Bewirtschafter landwirtschaftlicher Nutzflächen zugeteilten oder im Handel erworbenen Zahlungsansprüche müssen jährlich aktiviert werden. Um die entsprechenden Prämien zu erhalten ist nachzuweisen, dass diesbezüglich die gleiche Anzahl an Hektar landwirtschaftlicher Nutzfläche ohne Sonderkulturen für mindestens 10 Monae im betreffenden Antragsjahr zur Verfügung steht.

Diese Zahlungsansprüche setzen sich aus einer Flächenprämie, und zwar jeweils einer länderspezifischen Acker- und Grünlandprämie (z. B. 290,– € pro Hektar Ackerfläche und 90,- € pro Hektar Dauergrünland) sowie einem betriebsindividuellen Betrag (BIB) zusammen (siehe Abb. unten).

Der Anteil der betriebsindividuellen Zahlungsansprüche, der auf den Bewirtschaftungsverhältnissen in den Jahren 2000 bis 2002 basiert, setzt sich aus den im Referenzzeitraum erhaltenen Mutterkuhprämien, der Sonderprämien für männliche Rinder, der Kälberschlachtprämie sowie 50 % der Extensivierungsprämie zusammen.

Der betriebsindividuelle Betrag (BIB) wird durch die Anzahl der Acker- und Grünland-Zahlungsansprüche ohne Stilllegungszahlungsansprüche dividiert. Daraus ergibt sich ein bestimmter Aufschlag („top up“) pro Hektar landwirtschaftlicher Nutzfläche. Mit der Erhöhung der Grundprämie bei den Acker- und Grünlandzahlungsansprüchen um den „top up“ ergibt

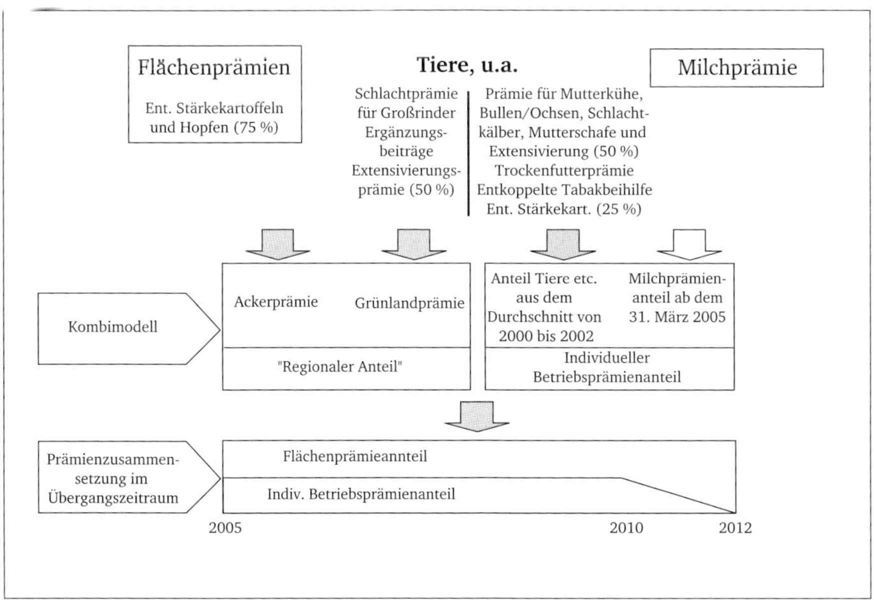

Modell zur Prämienverteilung in Deutschland (Stand 9.7.2004).

sich der Wert des Zahlungsanspruchs des Einzelbetriebs je Flächeneinheit. Der Wert des Stilllegungszahlungsanspruchs entspricht der Grundprämie des Ackerzahlungsanspruchs (z. B. 290,– € pro ha). Stilllegungszahlungsansprüche erhalten somit kein „top up"! Die Summe aller Zahlungsansprüche wird als **Betriebsprämie** bezeichnet.

Die Höhe der Zahlungsansprüche wurde 2005 um 1 % zugunsten einer nationalen Reserve gekürzt, um daraus Härtefälle bedienen zu können.

Modulation

Die Einführung der so genannten **Modulation** bedeutet, dass ab einem Freibetrag von 5.000,– € die Direktzahlungen für den einzelnen Betrieb in 2004 um 2 %, dann 3 % im Jahr 2005, 4 % im Jahr 2006 und jeweils 5 % ab dem Jahr 2007 gekürzt werden.

Die im Rahmen der Modulation einbehaltenen Gelder werden zur Finanzierung der so genannten 2. Säule der gemeinsamen EU-Agrarpolitik eingesetzt. Hierzu zählen Agrarumweltprogramme sowie Maßnahmen zur Erhaltung, Stärkung und Entwicklung des ländlichen Raumes. Ein Teil dieser Mittel wird voraussichtlich wieder in landwirtschaftliche Betriebe zurückfließen.

Fördermittel im Rahmen bisheriger länderspezifischer Agrarumweltprogramme, z. B. das Kulturlandschaftsprogramm in Bayern oder das MEKA in Baden-Württemberg, können zusätzlich zu den Direktzahlungen im Rahmen des „Kombi-Gleitflug-Modells" gewährt werden. Gefahr droht den bisherigen Programmen nur dann, wenn bisher erbrachte freiwillige Leistungen zu vorgeschriebenen Pflichtmaßnahmen werden.

Betriebsindividuelle Prämien werden bis 2009 weitergezahlt; ab dem Jahr 2010 beginnt der Abschmelzprozess. Der Termin 2010 wurde gewählt, um den Betrieben die Anpassung an die neuen Rahmenbedingungen und eine evtl. Neuausrichtung der Produktion zu erleichtern. Im Jahr 2009 erfolgt eine Halbzeitbewertung der Agrarreform durch die EU-Kommission, so dass vor Beginn des „Gleitfluges" die Möglichkeit besteht, das Gesetz nochmals abzuändern.

Von 2010 an werden die Zahlungsansprüche eines Bewirtschafters landwirtschaftlicher Nutzflächen schrittweise bis zum Jahr 2013 in eine regional einheitliche Flächenprämie übergeführt. Die Differenz zwischen den unterschiedlich hohen Zahlungsansprüchen und den regional einheitlichen Hektarprämienrechten eines Betriebes wird im Jahr 2010 um 10 %, im folgenden Jahr um 20 %, dann 2012 um 30 % und im Zieljahr 2013 um die verbleibenden 40 % verringert. In Bayern beträgt die einheitliche Hektarprämie im Jahr 2013 voraussichtlich rd. 340,– €/ha.

Auftretende Härtefälle werden im Rahmen der Betriebsprämien-Durchführungsverordnung geregelt.

Für die volle Gewährung von Direktzahlungen an den einzelnen Bewirtschafter ist nach EU-Recht die Einhaltung der entsprechenden Vorschriften im Hinblick auf den Verbraucher-, Umwelt- und Tierschutz verpflichtend. Des Weiteren müssen die Flächen in einem guten landwirtschaftlichen und ökologischen Zustand gehalten werden. Der Begriff „**Cross Compliance**" umfasst die Verknüpfung von Fachrecht und Direktzahlungen.

Wenn Zahlungsansprüche innerhalb von drei aufeinander folgenden Jahren nicht aktiviert wurden, gehen diese dem jeweiligen Betrieb verloren und werden zugunsten der nationalen Reserve eingezogen.

Wie sich die Mutterkuhhaltung rechnet

Das Spektrum in der Fleischrinderhaltung ist groß. Es reicht von Hobbyzüchtern mit vorwiegend ideeller Zielsetzung bis hin zu Profis, die die Mutterkuhhaltung zur tragenden Säule ihres landwirtschaftlichen Haupterwerbbetriebes ausgebaut haben. Dementsprechend groß sind auch die Unterschiede im Hinblick auf den Einkommensbeitrag.

Einflüsse auf Aufwand und Ertrag

Um die Wirtschaftlichkeit eines Betriebszweiges beurteilen und verschiedene Produktionsverfahren miteinander vergleichen zu können, dient der sog. „Deckungsbeitrag" als Maßstab. Er ergibt sich aus der Differenz der jeweiligen Verkaufserlöse und allen dem betreffenden Betriebszweig zuteilbaren Kosten. „Abgedeckt" werden sollen dadurch die Festkosten des Betriebes, der Lohnanspruch sowie der Unternehmergewinn. Aus der Differenzsumme der Deckungsbeiträge abzüglich Festkosten errechnet sich das Roheinkommen. In der Praxis entspricht dieser Einkommensbeitrag weitgehend dem Betriebsgewinn.

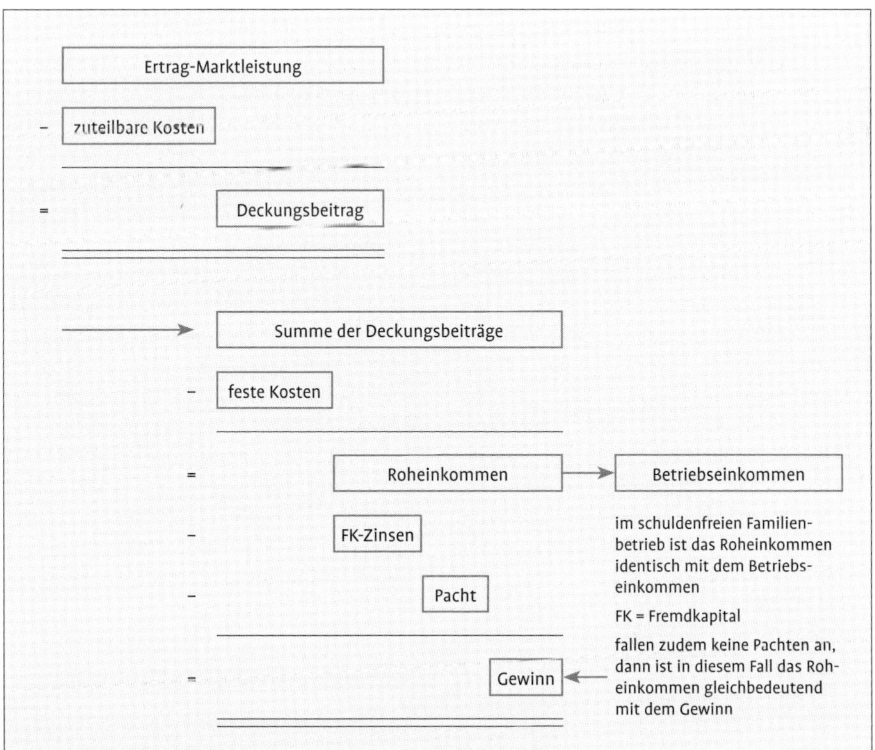

Tab. 90. Tierbezogene Prämien und Ausgleichszahlungen 2003/2004:

Sonderprämie Mutterkuh (Mutterkuhprämie)	210,– €
Sonderprämie Bullen	210,– €
Sonderprämie Ochsen	
9–22 Monate	150,– €
2. Prämie ab einem Mindestalter von 22 Mon.	150,– €
Schlachtprämie für Bullen, Färsen, Kühe	80,– €
Zusatzbetrag für Schlachtrinder	20,– €
Schlachtprämie für Kälber	50,– €
Prämie auch für mind. 8 Mon. alte Absetzer / Baby Beef	
Extensivierungszuschlag für Mutterkuh/Bulle/Ochse/Absetzer: bei einem Viehbesatz von unter 1,4 GVE/ha und mind. 50 % Weidefläche der Gesamt LF	100,– €

Festkosten niedrig halten

In den letzten Jahren sind die Preise für Schlachtrinder und Absetzer durch Absenkung der Rindfleischintervention, vor allem aber infolge der BSE-Krise zeitweilig spürbar zurückgegangen. Gleichzeitig stiegen die Kosten für die meisten Betriebsmittel weiter an, sodass die Verdienstspanne – wie überall in der Landwirtschaft – besonders in der Mutterkuhhaltung eng geworden ist. Am stärksten betroffen waren die Absetzerproduzenten und Rindermäster, weniger die Zuchtbetriebe und am wenigsten die Direktvermarkter.

Mit staatlichen Prämien und Förderungsmitteln wurde und wird versucht, einen finanziellen Ausgleich zu schaffen und die Wettbewerbsfähigkeit der Rindfleischproduktion in der EU zu erhalten (s. Tab. 90).

Grundvoraussetzung für eine nach betriebswirtschaftlichen Gesichtspunkten ausgerichtete Mutterkuhhaltung sind neben optimaler Produktionstechnik vor allem **niedrige Festkosten** für Gebäude, Stalleinrichtung und Maschinen. Zu den Fixkosten zählen Zinsanspruch, Abschreibungen, Unterhalt und Versicherungen. Nur wenn es gelingt, in diesem Bereich mit niedrigen Investitionen auszukommen, kann mit der Mutterkuhhaltung ein entsprechender Einkommensbeitrag erwirtschaftet werden.

Vorzugsweise sollten vorhandene Gebäude, die sich mit geringem Aufwand zu einem Winterstall umbauen lassen, genutzt werden.

Stallneubauten sind eher die Ausnahme, wobei in erster Linie kostengünstige Lösungen mit Außenklimaställen in Betracht kommen.

Unter bestimmten Voraussetzungen ist auch eine ganzjährige Freilandhaltung in Erwägung zu ziehen.

Entscheidend ist weiterhin, die Maschinenkosten so niedrig wie möglich zu halten, und vor allem in klein- und mittelbäuerlichen Betrieben mit möglichst wenig Eigenmechanisierung auszukommen. Es sollte daher genau geprüft werden, ob vorhandene, weitgehend abgeschriebene Maschinen noch ersetzt werden sollen. Eine Reihe von Außenarbeiten lassen sich kostengünstiger durch überbetrieblichen Maschineneinsatz, z. B. über die Maschinen- und Betriebshilfsringe erledigen. Die Schwankungsbreite bei den Festkosten je Mutterkuh für Grundfutterbergung, Gebäude und bauliche Anlagen zwischen einzelnen Betrieben ist erheblich und reicht von rd. 200,– € bis 600,– €. Angestrebt werden Festkosten von deutlich unter 500,– €.

Verkaufserlöse entscheidend

Unterschiede im Deckungsbeitrag bei den einzelnen Produktionsverfahren sind in

Tab. 91. Berechnung der Festkosten

	€	Summe €
1 **Löhne und Sozialversicherungen**		
2		
3		
4 **Wirtschaftsgebäude** (vom Formblatt 006)		
5 Abschreibung		
6 Unterhalt		
7 Sonderkulturen		
8 **Maschinen** (vom Formblatt 008)		
9 Abschreibung		
10 Betriebskosten für allgemeine Arbeite: Sh × €/Sh		
11		
12 Maschinenmiete (soweit nicht zugeteilt)		
13 PKW für Betrieb km × €/km		
14 **Betriebssteuern und -versicherungen**		
15 Grundsteuer		
16 Berufsgenossenschaft		
17 Betriebshaftpflichtversicherung		
18 Haftpflichtversicherung für:		
19		
20		
21 Gebäudebrandversicherung		
22 Inventarversicherung		
23		
24 **Allgemeiner Betriebsaufwand**		
25 Betrag: Wasser- und Bodenverband €; Flurbereinigung €		
26 Wasser €, Strom € (soweit nicht zugeteilt)		
27 Telefon (Anteil für Betrieb)		
28 Zeitung €; Fachliteratur €		
29 Fernseher (50 %) €; Porto €		
30 Verbände: BBV €; VLF €		
31 Maschinenring		
32 Buchführung		
33 Meliorationen, Kalkung ha × €/ha		
34 Drainage AfA ha × €/ha		
35		
36		
37 **Festkosten insgesamt**		

Tab. 92. Festkosten und Faktoransprüche verschiedener Verfahren der Mutterkuhhaltung
Orientierungswerte für Bestände von 20–50 Mutterkühen

Verfahren	Absetzer Auktion	Baby beef Direkt-vermarktung	Ausmast konvent. Absatz	Zuchtvieh u. Ausmast Galloway
Festkosten Gebäude u. bauliche Anlagen (€)	180 (140–250)	230 (140–310)	200 (120–250)	130 (50–270)
Festkosten Grundfutterbergung (€)	110 (80–140)	160 (120–210)	120 (80–160)	220 (140–300)
Flächenbedarf (ha)	0,8 (0,7–0,9)	0,9 (0,8–0,9)	1,1 (1,0–1,2)	1,2 (1,1–1,3)
Arbeitszeitbedarf Viehhaltung (Akh)	31 (25–36)	36 (30–40)	41 (37–46)	33 (28–38)
Futterfläche (Akh)	10	11	11	11

erster Linie durch die Höhe der Marktleistung bedingt.

Je besser das Verkaufsgeschick des Betriebsleiters ausgeprägt ist, desto höher sind die Erlöse und damit in der Regel die Einkommensbeiträge. Unzureichende Verkaufserlöse lassen sich allein durch Kosteneinsparungen nicht wettmachen!

Günstig schneiden diesbezüglich die Betriebe mit Direktvermarktung und Zuchtviehverkauf ab. Mittlere bis bescheidene Einkommensbeiträge werden je nach gegebenen Absatzmöglichkeiten bei der Ausmast der Absetzer im eigenen Betrieb erzielt. Im Hinblick auf die Wirtschaftlichkeit liegt die Fresserproduktion bzw. der Verkauf der Absetzer über Händler oder Auktionen am Ende der Rangfolge. Allerdings werden in der Praxis meist verschiedene Produktionsverfahren miteinander kombiniert, z. B. Zuchtviehverkauf und Direktvermarktung oder Baby-beef-Erzeugung und Absetzerverkauf.

Die von Betrieb zu Betrieb unterschiedlichen Anteile der einzelnen Produktionsrichtungen müssen bei der Deckungsbeitragsberechnung berücksichtigt werden. Die folgenden Modellkalkulationen geben hierfür Anhaltspunkte.

Auf der Basis dieser Berechnungen wirken sich **Preis- und Gewichtsänderungen** auf den Deckungsbeitrag folgendermaßen aus (s. Seite 207).

Weitere Einflüsse auf die Marktleistung

Diesbezüglich sind zu nennen die jeweiligen **Absetzgewichte**, die Höhe der **Kälberverluste** sowie der Anteil der jährlich **anfallenden Schlachtkühe**.

Nachdem die Marktleistung u. a. entscheidend von den erzielten **Absetz- bzw. Verkaufsgewichten** abhängt, kommt den täglichen Zunahmen entsprechende Bedeutung zu. Auch beim Zuchtviehverkauf besteht in der Regel ein enger Zusammenhang zwischen Erlös und körperlicher Entwicklung. Eine Gewichtsdifferenz von ± 10 kg sowohl bei männlichen wie bei weiblichen Tieren führt zu den auf Seite 207 dargestellten Veränderungen der Deckungsbeiträge.

Mehr- bzw. Mindererlös €		**Veränderung des Deckungsbeitrags**
± 100,– €	Zuchtviehverkauf	± 22,– €
	Zuchtviehverkauf	± 41,– €
± 1,– €	je kg Baby-beef-Produktion	± 137,– €
± 0,10 €	kg Lebendgewicht jeweils männliche und weibliche Absetzer bei Verkauf über Auktionen	± 25,– €
± 0,10 €	kg Schlachtgewicht bei Ausmast männlicher und weiblicher Absetzer Geschlachtetvermarktung	± 26,– €
Mehr- bzw. Mindergewicht ± 10 kg	Verkauf männlicher und weiblicher Absetzer über Auktionen	± 17,– €
	Ausmast der Absetzer im eigenen Betrieb	± 12,– €
	Baby-beef-Produktion	± 31,– €

Die **Kälberverluste** bis zum Absetzen – einschließlich Totgeburten – liegen im Durchschnitt bei 5 %. Unter ungünstigen Verhältnisse, vor allem in Anfängerbetrieben, können diese 10 % und mehr betragen.

Differenzen von ± 5 % bei den **Kälberverlusten** wirken sich folgendermaßen auf den Deckungsbeitrag aus:

Absetzerproduktion	+ 33,– €
Baby-beef-Erzeugung	± 65,– €
Ausmast ml. und wbl.	± 44,– €
Zuchtviehverkauf	± 64,– €

Im Rahmen der Modellrechnungen wurde unterstellt, dass von 100 tragenden Mutterkühen einschließlich Ersatzfärsen 98 Tiere innerhalb des angestrebten Zeitraums abkalben.

Bei einer Zwillingshäufigkeit von 2 bis 3 % werden etwa 100 Kälber geboren. Ausgehend von 5 % Verlusten fallen jährlich im Mittel 0,475 männliche und 0,475 weibliche Kälber, abzüglich Nachzuchtbedarf, an. Unterstellt wurde ferner eine sechsjährige **Nutzungsdauer** bei den schweren und mittelschweren Rassen sowie von neun Jahren bei den Robustrindern. Die Kühe können durchaus älter werden, ehe es infolge nachlassender Säugeleistung zu geringeren Absetzgewichten der Kälber kommt. Zu berücksichtigen sind dabei entsprechende Selektionsmöglichkeiten. Insofern kann es im Anfängerbetrieb zweckmäßig sein, von einer kürzeren Nutzungsdauer auszugehen.

Im Hinblick auf den Kraftfuttereinsatz, der bei den übrigen variablen Kosten berücksichtigt ist, werden bei den schweren und mittelschweren Rassen pro Kalb ca. 100 Tage lang 0,75 kg und somit 0,75 dt Kälberaufzuchtfutter und bei den Kühen während der gleichen Zeit etwa vier Wochen nach dem Abkalben bis zum Weideaustrieb 0,5 kg Ausgleichskraftfutter pro Tag bzw. insgesamt 0,5 dt unterstellt.

Die **sonstigen variablen Kosten** sind in den Tabellen 98–103 zusammengestellt.

Grundfutter größter Kostenfaktor

Die variablen Kosten für das Grundfutter je Hektar und Nährstoffeinheit unterlie-

Tab. 93. Absetzerverkauf über Auktion mittelschwere Rassen

		Euro
Marktleistung:		
Kalb männl.	0,475 × 330 kg × 2,50	392,–
Kalb weibl.	0,308 ×x 300 kg × 1,70	157,–
Schlachtkuh	0,167 × 310 kg SG × 2,00	104,–
Summe Marktleistung:		653,–
Variable Kosten:		
Bestandsergänzung	0,167 × 900	150,–
Kraftfutter/Mutterkuh		25,–
sonst. variable Kosten		136,–
Vermarktungskosten	0,785 x 35	24,–
Grundfutterkosten[1]		231,–
Summe variable Kosten:		566,–
Deckungsbeitrag ohne Förderungsmittel		87,–
zuzügl. Mutterkuhprämie		200,–
zuzügl. anteilg. Schlachtprämie-Mutterkuh		17,–
(evtl. Extensivierungsprämie 100,– €)		
Deckungsbeitrag einschl. Förderungsmaßnahmen:		304,–
Faktoransprüche:		
Nährstoffbedarf Grundfutter	ca. 25.000 MJ NEL	
Nährstoffbedarf Kraftfutter	ca. 875 MJ NEL	
Futterflächenbedarf	0,7–0,9 ha	
Arbeitszeitbedarf 50/20 MK	25–35 AKh	

[1] ohne Grünland-Flächenprämien (Ausgleichszulage, Agrarumweltprogramme z. B. Kulap)

gen erheblichen Schwankungen. Als Orientierungswerte können bei Weidegang 250,– bis 300,– €, bei Heuwerbung 350,– bis 380,– € und bei Silagegewinnung 380,– bis 410,– € je ha Futterfläche zugrunde gelegt werden. Die Kosten je Nährstoffeinheit betragen in diesem Fall zwischen 6 ct/10 MJ NEL bei der Weide und bis zu 14 ct beim Winterfutter für die Mutterkühe. In der Rinderaufzucht und -mast ist dementsprechend von 4 bis 7 ct/10 MJ NEL auszugehen. Unter Berücksichtigung der Bedarfswerte ergeben sich je nach Rasse bzw. Gewicht Futterkosten in Höhe von 210,– bis 250,– € und somit im Durchschnitt von etwa 230,– € je Mutterkuh.

In der Regel wird von einem Besatz von 1,4 Mutterkühen je ha Futterfläche ausgegangen. Der Futterbedarf für die eigene Nachzucht bzw. für die weitere Verwendung der Absetzer muss dabei gesondert berücksichtigt werden.

Durch zusätzliche Düngung lässt sich die Besatzstärke erhöhen. Unter betriebswirtschaftlichen Gesichtspunkten lohnt sich dies, wenn dadurch im Gesamtbetrieb mehr Tiere gehalten werden können. Andererseits ist eine extensive Produktion unter Verzicht auf mineralische Düngung dann sinnvoll, wenn aufgrund der Arbeits- und Stallkapazität die Herdengröße begrenzt ist, aber genügend Futterflächen zur Verfügung stehen. Auch die Möglichkeit, Fördermittel in Anspruch nehmen zu können, gilt es zu berücksichtigen.

Tab. 94. Milch-Jungmastrinder (Baby beef) mit Direktvermarktung

		Euro
Marktleistung:		
Kalb männl.	0,475 × 330 kg × 0,55 × 7,50	647,–
Kalb weibl.	0,308 × 300 kg × 0,55 × 7,50	381,–
Schlachtkuh	0,167 × 600 kg × 0,52 × 2,00	104,–
Summe Marktleistung:		1132,–
Variable Kosten:		
Bestandsergänzung		150,–
Kraftfutter		25,–
sonst. variable Kosten Mutterkuh		136,–
Vermarktungskosten	0,783 × 150,–	118,–
Grundfutterkosten[1]		231,–
Summe variable Kosten:		660,–
Deckungsbeitrag ohne Förderungsmittel		472,–
zuzügl. Mutterkuhprämie		200,–
zuzügl. anteilg. Schlachtprämie für Rindfleischerzeuger		95,–
(evtl. Extensivierungsprämie)		
Deckungsbeitrag einschl. Förderungsmaßnahmen:		767,–
Faktoransprüche:		
Nährstoffbedarf Grundfutter	ca. 25.000 MJ NEL	
Nährstoffbedarf Kraftfutter	ca.875 MJ NEL	
Futterflächenbedarf	ca. 0,7–0,9 ha	
Arbeitszeitbedarf 50/20 MK	35–45 AKh	

[1] ohne Grünland-Flächenprämien (Ausgleichszulage, Agrarumweltprogramme z.B. Kulap)

Die **Aufwendungen für den Deckbullen** ergeben sich aus der Differenz von Ankaufpreis und Schlachterlös (z. B. 750,– € aufgeteilt auf drei Nutzungsjahre. Hinzu kommen Futterkosten (ca. 270,– €), Zinsanspruch sowie sonstige Unkosten (ca. 90,– €) pro Jahr. Bei einem Durchschnittsbestand von z. B. 25 faselbaren Rindern betragen die Deckkosten etwa 25,– € pro Tier und Jahr.

Ausschlaggebend für die **Kosten der Bestandsergänzung** sind der jeweilige Differenzbetrag zwischen Zuchtkalbin und Schlachtkuh sowie die durchschnittliche Nutzungsdauer. In den Modellkalkulationen werden diesbezüglich sechs bzw. neun Jahre unterstellt.

Eine um ein Jahr längere oder kürzere Nutzungsdauer verändert den Deckungsbeitrag z. B. bei

Charolais, Limousin (6 Jahre) um	± 26,– bis 37,– €
Angus (6 Jahre) um	± 23,– bis 30,– €
Galloway (9 Jahre) um	± 9,– bis 12,– €

Da die Bestandsergänzung in der Regel aus eigener Nachzucht erfolgt, wurden bei den vorliegenden Deckungsbeitragsberechnungen die variablen Kosten und der zusätzliche Futterflächenbedarf anteilig berücksichtigt.

Tab. 95. Ausmast der männl. u. weibl. Absetzer im eigenen Betrieb (mittelschwere Rassen, Endgewicht 630 kg, bzw. 530 kg Lebendgew.)

Absatz über Viehhandel oder Genossenschaft		**Euro**
Marktleistung:		
Mastbulle	0,475 × 630 kg × 0,58 × 2,80	486,–
Mastfärse	0,308 × 530 kg × 0,54 × 2,50	220,–
Schlachtkuh	0,167 × 600 kg × 0,52 × 2,00	100,–
Summe Marktleistung:		806,–
Variable Kosten:		
Bestandsergänzung		150,–
Kraftfutter Mutterkuh		25,–
sonst. variable Kosten Mutterkuh		136,–
anteilige variable Kosten:		
Mastbulle	0,475 × 315,-	150,–
Mastfärse	0,308 × 323,-	100,–
Vermarktungskosten[1]		
Grundfutterkosten[2]		231,–
Summe variable Kosten:		792,–
Deckungsbeitrag ohne Förderungsmittel		14,–
zuzügl. Mutterkuhprämie		200,–
zuzügl. anteilg. Sonderprämie für Rindfleischerzeuger		100,–
Schlachtprämie incl. Zusatzprämie	0,95 × 100	95,–
(evtl. Extensivierungsprämie 100,- Euro)		
Deckungsbeitrag einschl. Förderungsmaßnahmen:		409,–
Faktoransprüche:		
Nährstoffbedarf Grundfutter	ca. 25.000 MJ NEL + 10.500 MJ ME	
Nährstoffbedarf Kraftfutter	ca. 875 MJ NEL + 7800 MJ ME	
Futterflächenbedarf	ca. 1,0–1,2 ha	
Arbeitszeitbedarf 50/20 MK	30–40 Akh	

[1] bei variablen Kosten bereits enthalten
[2] ohne Grünland-Flächenprämien (Ausgleichszulage, Agrarumweltprogramme, z. B. Kulap)

Was gute und weniger gute Mutterkuhhalter verdienen

Entscheidend ist in diesem Zusammenhang das Roheinkommen bzw. der Gewinn des Betriebes.

Bei überdurchschnittlicher Produktionstechnik, gut organisierter Vermarktung und günstigen Festkosten lässt sich im Rahmen der Direktvermarktung und des Zuchtviehverkaufs ein Roheinkommen von etwa 350,– € je Mutterkuh erzielen (s. Tabellen 91 und 104).

An flächenbezogenen Fördermitteln kommen bei einem Viehbesatz bis zu 1,5 GV Futterfläche Beträge von 100,– € und auf ertragsschwachen Standorten durch die zusätzlich gewährte Ausgleichszulage bis zu 280,– € pro ha Futterfläche hinzu.

In einzelnen Bundesländern werden im Rahmen von Agrarumweltprogrammen für bestimmte Formen der extensiven Be-

Tab. 96. Ausmast der männl. und weibl. Absetzer auf 630, bzw. 530 kg und Direktvermarktung

		Euro
Marktleistung		
Mastbulle	0,475 × 630 kg × 0,18 x 7,–	1.215,–
Mastfärse	0,308 × 530 kg × 0,54 x 7,–	617,–
Schachtkuh	0,167 × 600 kg × 0,52 x 2,–	104,–
Summe Marktleistung:		1.936,–
Variable Kosten:		
Bestandsergänzung 0,167 × 900,–		150,–
Kraftfutter		25,–
Sonst. variable Kosten Mutterkuh		136,–
Vermarktungskosten Direktvermarktung		155,–
anteilg. variable Kosten Bulle, Färse		250,–
Grundfutterkosten[1]		236,–
Summe variable Kosten:		952,–
Deckungsbeitrag ohne Förderungsmittel		984,–
zuzügl. Mutterkuhprämie		200,–
zuzügl. anteilg. Sonderprämie für Rindfleischerzeuger 0,475 × 210,–		100,–
Schlachtprämie		95,–
(evtl. Extensivierungsprämie 100,– €)		
Deckungsbeitrag einschl. Förderungsmaßnahmen:		1.379,–
Faktoransprüche:		
Nährstoffbedarf Grundfutter	ca. 25.000 MJ NEL + 10.500 MJ ME	
Nährstoffbedarf Kraftfutter	ca. 875 MJ NEL + 7.800 MJ ME	
Futterflächenbedarf	ca. 1,0–1,2 ha	
Arbeitszeitbedarf 50/20 MK	30–40 Akh	

[1] ohne Grünland-Flächenprämien (Ausgleichszulage, Agrarumweltprogramme z. B. Kulap)

wirtschaftung von Wiesen- und Ackerfutterflächen z. B. bei Verzicht auf Mineraldünger und chemischen Pflanzenschutz weitere 200,– bis 250,– € pro ha gewährt.

Daraus ergeben sich unter günstigen Bedingungen Roheinkommen von 450,– bis über 800,– € je Mutterkuh bzw. von ca. 600,– bis 1.000,– € je ha Futterfläche unter Berücksichtigung aller bisherigen Förderungsmittel.

Bei den in Süddeutschland vorherrschenden Betriebs- und Bestandsgrößen von ca. 15 bis 45 ha und 20 bis 50 Mutterkühen werden Betriebseinkommen von max. 17.000,– bis über 40.000,– € erreicht. Im breiten Mittelfeld dürften die entsprechenden Einkommensbeiträge zwischen 300,– und 350,– € je Mutterkuh bzw. 6.000,– und 17.000–, € pro Betrieb bei Ausmast und/oder Zuchtviehverkauf liegen (vgl. Tab. 106).

In den weniger erfolgreichen Betrieben werden dagegen die Festkosten nicht oder nur teilweise gedeckt. Laufen Herdenführung und Überwachung sowie vor allem die Vermarktung nur „so nebenbei“, werden vielfach die notwendigen Abschreibungen nicht erwirtschaftet. Die Eigenkapitalbildung ist zu gering und der Betrieb lebt von der Substanz.

Tab. 97. Zuchtviehverkauf Charolais mit Direktvermarktung der nicht zur Zucht/Nachzucht benötigten Absetzer

		Euro
Marktleistung:		
Zuchtbulle	0,094 × 1.767,–	166,–
Zuchtfärse	0,123 × 892,–	110,–
Kalb männl.	0,381 × 330 kg × 0,55 × 7,50	519,–
Kalb weibl.	0,185 × 300 kg × 0,55 × 7,50	229,–
Schlachtkuh	0,167 × 650 kg × 0,52 × 2,10	119,–
Summe Marktleistung:		1.143,–
Variable Kosten:		
Bestandsergänzung	0,167 × 892,-	149,–
Kraftfutter		25,–
sonst. variable Kosten:	Mutterkuh	136,–
	Zuchtbulle 0,094 × 218,–	21,–
	Zuchtfärse 0,123 × 161,–	20,–
Vermarktungskosten:	Direktvermarktung 0,566 × 150,–	85,–
	Zuchtvieh: Bulle 5 %	
	Färse 3 % der Marktleistung	11,–
Grundfutterkosten		231,–
Summe variable Kosten:		678,–
Deckungsbeitrag ohne Förderungsmittel		465,–
zuzügl. Mutterkuhprämie		200,–
zuzügl. anteilg. Schlachtprämie		57,–
(evtl. Extensivierungsprämie 100,– €)		17,–
Deckungsbeitrag einschl. Förderungsmaßnahmen:		739,–
Faktoransprüche:		
Nährstoffbedarf Grundfutter	ca. 25.000 MJ NEL + 1.680 MJ ME	
Nährstoffbedarf Kraftfutter	ca. 875 MJ NEL + 670 MJ ME	
Futterflächenbedarf	ca. 0,9–1,1 ha	
Arbeitszeitbedarf 50/20 MK	28–38 AKh	

In der Bundesrepublik gibt es nur eine vergleichsweise geringe Zahl landwirtschaftlicher Haupterwerbsbetriebe, in denen die Mutterkuhhaltung die tragende Säule darstellt. Bei einem angestrebten Gewinn von 30.000,– bis 40.000,– € für einen bäuerlichen Familienbetrieb müssten selbst unter günstigen Bedingungen der Direktvermarktung 70 bis 80 Mutterkühe gehalten werden. Dazu sind an Futterflächen etwa 70 bis 100 ha LF und vor allem kostengünstiger Stallraum erforderlich. Zudem ergeben sich u. U. in dieser Größenordnung erhebliche Vermarktungsprobleme in Verbindung mit einer hohen Arbeitsbelastung.

Die Wirtschaftlichkeit der Produktionsverfahren Fresserverkauf und Ausmast der Absetzer reicht unter den derzeitigen Preisrelationen vielfach nicht aus, um ein zufriedenstellendes Arbeitseinkommen zu gewährleisten. Schwerpunkte der Mutter-

Tab. 98. Zuchtviehverkauf Galloway (10 % der männl. Tiere u. alle nicht zur eigenen Nachzucht benötigten weibl. Tiere[1] zur Zucht) Ausmast der übrigen Bullen, Direktvermarktung

			Euro
Marktleistung:			
Kalb männl. Zucht		0,047 × 1.210,–[2]	57,–
Mastbulle		0,428 × 450 × 0,55 × 7,50	795,–
Kalb weibl. Zucht		0,365 × 810,–[2]	296,–
Schlachtkuh		0,11 × 450 × 0,52 × 2,00	52,–
Summe Marktleistung:			1200,–
Variable Kosten:			
Bestandsergänzung		0,11 × 810,–	89,–
sonst. variable Kosten Mutterkuh			136,–
anteilg. Kosten	männl. zur Zucht	0,047 × 158	7,–
	weibl. zur Zucht	0,365 × 161	59,–
	männl. Mast	0,428 × 276	118,–
Vermarktungskosten		0,428 × 150 + 3 + 9	76,–
Grundfutterkosten			231,–
Summe variable Kosten:			716,–
Deckungsbeitrag ohne Förderungsmittel			484,–
zuzügl. Mutterkuhprämie			200,–
zuzügl. anteil. Sonderprämie für Rindfleischerzeuger		0,47 × 210,–	99,–
zuzügl. anteil. Schlachtprämie		0,585 × 100	59,–
(evtl. Extensivierungsprämie 100,– €)			
Deckungsbeitrag einschl. Förderungsmaßnahmen:			842,–
Faktoransprüche:			
Nahrstoffbedarf Grundfutter		ca. 23.000 MJ NEL + 1.500 MJ ME	
Nährstoffbedarf Kraftfutter		ca. 875 MJ NEL + 600 MJ ME	
Futterflächenbedarf		ca. 1,1–1,3 ha	
Arbeitszeitbedarf 50/20 MK		30 AKh	

[1] Nutzungsdauer 9 Jahre
[2] lt. BDF-Jahresbericht 2003

kuhhaltung sind daher Nebenerwerbs- und Hobbybetriebe. Sie ermöglichen hier einen erheblichen Zusatzverdienst und passen sich unterschiedlichen Standortverhältnissen an.

Wie o. a. Deckungsbeitragsberechnungen zeigen (s. Tab. 93–99), liegt die Verwertung der eingesetzten Arbeitszeit bei 10,– bis 23,– €/Stunde (AKh).* Die Fleischrinderhaltung kann diesbezüglich erfolgreich mit anderen arbeitsextensiven Verfahren der Grünlandnutzung, wie Kalbinnenaufzucht und Weidemast sowie Koppelschaf- und Damtierhaltung konkurrieren.

Nachdem mit der Mutterkuhhaltung wenig schwere körperliche Arbeit verbunden ist, bietet sie ein geeignetes Betätigungsfeld für die übrige Familie, z. B. Ehefrau und Altenteiler, wenn der Betriebsleiter einen außerlandwirtschaftlichen Beruf ausübt.

* Arbeitskraftstunde, AKh.

Tab. 99. Sonstige variable Kosten pro Mutterkuh einschließl. Kalb bis zum Absetzen (10 Mon.)

		Euro
Variable Kosten:		
Mineralfutter	0,37 dt à 60,–	22,–
Deckkosten		20,–
Tierarzt, Medikamente		18,–
Tierseuchenkasse, Zuchtverband		12,–
Einstreu		31,–
Strom, Geräte, Wasser		12,–
variable Maschinenkosten für Stallmist- u. Jaucheausbringg.		14,–
Vermarktungskosten[1]	0,167 × 39,–	7,–
Summe variable Kosten		136,–
bei schweren u. mittelschweren Rassen:		
Kraftfutter Mutterkuh	0,50 dt × 14,–	7,–
Kraftfutter Kalb	0,75 dt × 24,–	18,–
		25,–
Faktoransprüche:		
Nährstoffbedarf Grundfutter	ca. 25.000 MJ NEL	
Nährstoffbedarf Kraftfutter	ca. 875 MJ NEL	
Futterflächenbedarf	ca. 0,7–0,9 ha	
Arbeitszeitbedarf 50/20 MK	40 AKh	

[1] bei 6-jährigem Umtrieb

In der Praxis gehen vielfach Nebenerwerb und Liebhaberei ineinander über. Neben wirtschaftlichen Gesichtspunkten können auch ideelle Motive, wie Erhaltung ererbten oder erworbenen Besitzes im Rahmen einer extensiven, umweltschonenden Bewirtschaftung bis hin zur sinnvollen Freizeitgestaltung ausschlaggebend für die Fleischrinderhaltung sein.

In Hobbybetrieben findet sich mitunter eine sich gegenseitig gut ergänzende Kombination von Mutterkühen und Pferden.

Tab. 100. Variable Kosten Mastbulle (mittelschwere Rasse, 330–630 kg, 1200 g tägl Zunahme; 250 Tage Mastdauer)

			Euro
Variable Kosten:			
Kraftfutter:	1,5 kg Getreide	× 250 Tage × 14,–	53,–
	1,0 kg Sojaschrot	× 250 Tage × 25,–	63,–
Mineralfutter:	0,1 kg × 250 Tage × 60,–		15,–
Tierarzt, Medikamente			15,–
Tierseuchenkasse			7,–
Energie, Wasser, Geräte			16,–
variable Maschinenkosten für Gülleausbringung			8,–
Verlustausgleich 1 % der Marktleistung			10,–
Vermarktungskosten			30,–
Grundfutterkosten[1]			98,–
Summe variable Kosten:			315,–
Faktoransprüche:			
Nährstoffbedarf Grundfutter		ca. 14.200 MJ ME	
Nährstoffbedarf Kraftfutter		ca. 7.300 MJ ME	
Futterflächenbedarf		ca. 0,15 ha	
Arbeitszeitbedarf 30/10 Tiere		5–10 AKh	

[1] ohne Flächenförderung z.B. Maisprämie, Ausgleichszulage, Agrarumweltprogramme

Tab. 101. Variable Kosten Mastfärse (mittelschwere Rasse, 330–530 kg, 950 g tägl. Zunahme; 242 Tage Mastdauer)

		Euro
Variable Kosten:		
Kraftfutter:	1,5 kg × 242 Tage × 18,–	65,
Mineralfutter:	0,1 kg × 242 Tage × 60,–	14,–
Tierarzt, Medikamente		15,–
Tierseuchenkasse		7,–
Energie, Wasser, Geräte		18,–
variable Maschinenkosten für Gülleausbringung		10,–
Verlustausgleich 1 % der Marktleistung		7,–
Vermarktungskosten		39,–
Grundfutterkosten[1]		148,–
Summe variable Kosten:		323,–
Faktoransprüche:		
Nährstoffbedarf Grundfutter	ca. 11.500 MJ ME	
Nährstoffbedarf Kraftfutter	ca. 4.400 MJ ME	
Futterflächenbedarf	ca. 0,31 ha	
Arbeitszeitbedarf 30/10 Tiere	5–10 Akh	

[1] ohne Flächenförderung z.B. Maisprämie, Ausgleichszulage, Agrarumweltprogramme

Tab. 102. Variable Kosten Zuchtbulle für Auktion, 330–500 kg; 150 Futtertage

		Euro
Kraftfutter:	3 kg × 150 Tage × 18,–/dt	81,–
Mineralfutter:	0,1 kg × 150 Tage × 60,–/dt	9,–
Tierarzt, Medikamente		26,–
Tierseuchenkasse		7,–
Energie, Wasser, Geräte		11,–
variable Maschinenkosten für Stallmist- u. Jaucheausbringung		6,–
Verlustausgleich 1 % der Marktleistung		15,–
Grundfutterkosten[1]		52,–
Einstreu		11,–
Summe variable Kosten:		218,–
Faktoransprüche:		
Nährstoffbedarf Grundfutter	ca. 6600 MJ NEL	
Nährstoffbedarf Kraftfutter	ca. 5100 MJ NEL	
Futterflächenbedarf	ca. 0,1 ha	
Arbeitszeitbedarf	ca. 15 Akh	

[1] ohne Grünland-Flächenprämien (Ausgleichszulage, Agrarumweltprogramme z. B. Kulap)

Tab. 103. Variable Kosten weibl. Jungrind zur Zucht 15 Mon. Verkaufsalter, ca. 800 g tägl. Zunahme, 150 Futtertage

		Euro
Variable Kosten:		
Kraftfutter	1,20 dt × 14,–	17,–
Mineralfutter	0,15 dt × 60,–	9,–
Tierarzt, Medikamente		26,–
Tierseuchenkasse		7,–
Energie, Wasser, Geräte		11,–
variable Maschinenkosten für Stallmist- u. Jaucheausbringung		6,–
Verlustausgleich 1 % der Marktleistung		9,–
Grundfutterkosten[1]		65,–
Einstreu		11,–
Summe variable Kosten:		161,–
Faktoransprüche:		
Nährstoffbedarf Grundfutter	ca. 8.600 MJ ME	
Nährstoffbedarf Kraftfutter	ca. 1.550 MJ ME	
Futterflächenbedarf	ca. 0,1 ha	
Arbeitszeitbedarf 20/10 Tiere	ca. 10 AKh	

[1] ohne Grünland-Flächenprämien (Ausgleichszulage, Agrarumweltprogramme z. B. Kulap)

Tab. 104. Variable Kosten tragende Färse (300–560 kg; ca. 11–26 Monate)

		Euro
Variable Kosten:		
Kraftfutter	0,50 kg × 200 Tage × 14,–/dt	14,–
Mineralfutter	0,20 dt × 60,–	12,–
Tierarzt, Medikamente		28,–
Tierseuchenkasse		9,–
Deckkosten		20,–
Energie, Wasser, Geräte		15,–
variable Maschinenkosten für Stallmist- u. Jaucheausbringung		10,–
Einstreu		12,–
Grundfutterkosten[1]		149,–
Summe variable Kosten:		269,–
Faktoransprüche:		
Nährstoffbedarf Grundfutter	ca. 29.800 MJ ME	
Nährstoffbedarf Kraftfutter	ca. 1.550 MJ ME	
Futterflächenbedarf	ca. 0,45 ha	
Arbeitszeitbedarf	ca. 26 AKh	

[1] ohne Grünland-Flächenprämien (Ausgleichszulage, Agrarumweltprogramme z. B. Kulap)

Tab. 105. Deckungsbeiträge bei den einzelnen Produktionsverfahren der Mutterkuhhaltung 2004 in Euro

Produktionsverfahren	**Absetzerverkauf Auktion**	**Ausmast männl. u. weibl. Absetzer**	**Baby beef Direktvermarktung**	**Zuchtvieh verkauf u. Baby beef**
Marktleistung	653	806	1.132	1.143
variable Kosten	335	561	429	447
Deckungsbeitrag I	318	245	703	696
Grundfutterkosten	231	231	231	231
Deckungsbeitrag II	87	14	472	465
Förderungsmaßnahmen	217	395	295	274
Deckungsbeitrag II einschl. tierbezogener Förderungsmaßnahmen pro Mutterkuh	304	409	767	739
pro ha Futterfläche ∅	337–434	341–409	851–1.096	672–821
pro AKh ∅	9–12	10–14	17–22	20–26

Tab. 106.

Mehr- bzw. Mindererlös €		Veränderung des Deckungsbeitrags
± 100,– €	Zuchtviehverkauf	± 22,– €
	Zuchtviehverkauf	± 41,– €
± 1,– €	je kg Baby-beef-Produktion	± 137,– €
± 0,10 €	kg Lebendgewicht jeweils männliche und weibliche Absetzer bei Verkauf über Auktionen	± 25,– €
± 0,10 €	kg Schlachtgewicht bei Ausmast männlicher und weiblicher Absetzer Geschlachtetvermarktung	± 26,– €
Mehr- bzw. Mindergewicht ± 10 kg	Verkauf männlicher und weiblicher Absetzer über Auktionen	± 17,– €
	Ausmast der Absetzer im eigenen Betrieb	± 12,– €
	Baby-beef-Produktion	± 31,– €

Tab. 107. Einkommensbeitrag aus der Mutterkuhhaltung in Euro
z. B. 36 ha LN, Grünlandbetrieb, benachteiligte Agrarzone, 38 Mutterkühe

	Absetzer-verkauf	Baby beef Direktvermarktung
38 Mutterkühe à 304,-/767,-	11.552,–	29.146,–
Ausgleichszulage 120,-/ha	4.320,–	4.320,–
Extensivierungsprämie 100,-/Mutterkuh[1]	3.800,–	3.800,–
		1.700,–[2]
Kulturlandschaftsprogramm K 34; 205,-/ha[3]	7.380,–	7.380,–
Summe Deckungsbeiträge II	27.052,–	46.346,–
Festkosten 400,-/ha (mittl. bis günstige Verhältn.)	14.000,–	14.000,–
Betriebseinkommen	13.052,–	32.346,–
Summe Deckungsbeiträge II	27.052,–	46.346,–
Festkosten 600,-/ha (weniger günstige Verhältn.)	21.000,–	21.000,–
Betriebseinkommen	6.052,–	25.346,–

1 Viehbesatz unter 1,4 GV/ha Futterfläche
2 Extensivierungsprämie für z.B. 17 männl. Absetzer als Baby beef
3 Verzicht auf Mineraldünger u. chem. Pflanzenschutz

Ausblick

Die Mutterkuhhaltung hat in der Bundesrepublik Deutschland in den vergangenen zwei Jahrzehnten eine enorme Aufwärtsentwicklung erfahren sowie auch in anderen europäischen Ländern weiter an Bedeutung gewonnen.

Durch die Einführung nationaler Mutterkuhquoten war der Umfang der Fleischrinderhaltung bisher begrenzt. Dies dürfte sich ändern mit der Umstellung der einzelnen Förderungsmaßnahmen auf die Betriebsprämie, die unabhängig von der bisherigen bzw. tatsächlichen Produktion gewährt wird. Dies erleichtert u. a. einen Umstieg von der Milchvieh- auf die Mutterkuhhaltung. Für diese Form der Rinderhaltung besteht jedoch weiterhin erhebliches Entwicklungspotential. Es zeichnet sich ab, dass die Zahl der Milchkühe und damit der Kälberanfall für die bisher üblichen Verfahren der Rindermast weiter zurückgehen wird. Dadurch kommt es zu einer vermehrten Freisetzung von Kuhfutterflächen, vor allem in Mittelgebirgslagen und in strukturschwachen Gebieten.

Die Ursachen dieser Entwicklung sind im stagnierenden Verbrauch an Milchprodukten, steigenden Leistungen beim Einzeltier und der weiteren Beibehaltung der Milchquotenregelung voraussichtlich bis zum Jahr 2015 zu suchen. Hinzu kommt die fortschreitende Polarisierung in der Rinderzucht im Hinblick auf spezielle Milch- und Fleischrinderrassen. In den Milcherzeugerbetrieben finden stark milchbetonte Rinderrassen Verwendung mit entsprechenden Auswirkungen auf die Mastfähigkeit und die Schlachtkörperqualität von Kälbern, Nutz- und Schlachtrindern. Eine qualifizierte Rindfleischproduktion wird daher künftig in zunehmendem Maße auf der Mutterkuhhaltung basieren. Durch Nutzung künftig verstärkt frei werdender Futterflächen vermag die Mutterkuhhaltung einen entscheidenden Beitrag zur Erhaltung und Pflege der Kulturlandschaft und deren touristischer Attraktivität zu leisten. Aufgrund der Variationsbreite dieses Produktionsverfahrens können auch extensive Grünlandflächen, vor allem Grenzertragsböden und Hanglagen, sinnvoll und umweltschonend bewirtschaftet werden.

Laut Marktanalysen dürfte das Rindfleischangebot auf dem Weltmarkt knapper werden. Die Gründe liegen einerseits in einer global steigenden Nachfrage, vor allem in Asien und Osteuropa sowie in der Umorientierung der klassischen rindfleischproduzierenden Länder wie z. B. USA und Brasilien auf die Herstellung von Bioäthanol. Dadurch stehen weniger Flächen für die Fleischrinderhaltung zur Verfügung. Ähnliche Veränderungen vollziehen sich in der EU sowie in Deutschland. Die Erzeugung nachwachsender Rohstoffe und Bioenergie konkurriert zunehmend um Anbauflächen für Nahrungsmittel und Futter.

Hinzu kommt der laufend geringere Anfall an Kälbern zur Weitermast aus der Milchviehhaltung. Nach Zeiten der Überproduktion ist die EU seit einigen Jahren in Folge zum Nettoimporteur für Rindfleisch geworden und wird es mittelfristig auch bleiben.

Der Rindfleischverbrauch entwickelt sich europaweit erfreulich mit deutlichen Zuwachsraten in Osteuropa. Aber auch in Ländern mit starker Rindfeischproduktion ist der Konsum gestiegen. Gleichzeitig steigen tendenziell die Qualitätsanforderungen bei Rindfleisch hinsichtlich Zartheit ,Saftigkeit und Aroma. Zudem wird Biorindfleisch verstärkt nachgefragt – alles Entwicklungen, die der Mutterkuhhaltung weiteren Auftrieb verschaffen können. Nach Überwindung der BSE-Krise haben sich die Erzeugerpreise für Rindfleisch gut erholt und dürften auch weiterhin auf vergleichsweise hohem Niveau verharren. Insofern bestehen gute Chancen, dass nach Umstellung der Förderung auf die Betriebsprämie und der zu erwarteten Kürzungen das Einkommen aus der Mutterkuhhaltung primär und in zunehmendem Maße aus den Markterlösen erwirtschaftet werden kann.

Insgesamt erfüllt die Mutterkuhhaltung in idealer Weise die politischen und gesellschaftlichen Anforderungen an eine umweltschonende, nachhaltige Landbewirtschaftung sowie tierschutzgerechte Haltung bei gleichzeitiger Erzeugung hochwertiger Qualitätsprodukte!

Auf geeigneten Standorten und bei ausreichender Arbeitskapazität wird die Direktvermarktung von Qualitätsrindfleisch aus konventioneller wie aus ökologischer Erzeugung auch in Zukunft das rentabelste Produktionsverfahren der Mutterkuhhaltung darstellen. Entscheidend bei der Qualitätsrindfleischproduktion ist, dass Genetik und Fütterung aufeinander abgestimmt werden und entsprechende Sorgfalt bei Transport und Fleischreifung ineinander greifen. Des weiteren geht es darum, bei entsprechendem Service ein überdurchschnittliches Einkommen zu erzielen. Ferner müssen die Absetzerproduktion und die Ausmast im eigenen Betrieb stärker in Systeme der Qualitätsrindfleischproduktion bzw. Markenfleischprogramme mit entsprechend höheren Markterlösen eingebunden werden. Entscheidend bei der Produktion und Vermarktung von Absetzern ist es, größere, einheitliche, d.h. nach Rassen und Gewicht sortierte entwöhnte Gruppen anzubieten. Im Rahmen der Zuchtviehproduktion dürften in Zukunft vor allem großrahmige Intensivrassen gefragt sein.

„Umsteiger" aus dem Bereich Milchviehhaltung, Nebenerwerbs- und Hobbybetriebe werden auch künftig das Rückgrat der Mutterkuhhaltung und Fleischrinderzucht in Deutschland sowie einigen Nachbarländern bilden.

Anhang

Wichtige Adressen

Bundesverband Deutscher Fleischrinderzüchter und -halter e. V. (BDF)
Adenauerallee 174, 53113 Bonn,
Tel.: 0228/91447.0,
Fax: 91447.11,
e-mail: info@bdf-web.de

Landesverbände
Verband Schleswig-Holsteiner Fleischrinderzüchter e. V. (FRZ),
Steenbeker Weg 151, 24106 Kiel,
Tel.: 0431/338916,
Fax: 0431/337147,
e-mail: info@fleischrinderzucht.de
Rinderzucht Schleswig-Holstein e.G. (RSH), Abt. Fleischrinder,
Rendsburger Str. 178,
24537 Neumünster,
Tel.: 04321/905305,
Fax: 04321/905395,
e-mail: rsheg@rsheg.de
RBB Rinderproduktion Berlin-Brandenburg GmbH (RBB),
Abt. Fleischrinder,
Lehninger Str. 9, 14550 Groß Kreutz,
Tel.: 033207/5330,
Fax: 033207/533199,
e-mail: info@rinderzucht-bb.de
Rinderzuchtverband Mecklenburg-Vorpommern e.G. (RZMV),
Abt. Fleischrindzucht,
Zarchliner Str. 7, 19395 Karow,
Tel.: 038738/730.0,
Fax: 038738/73050,
e-mail: rmv-karow@rinderzucht-mv.de
Nordrind GmbH,
Abt. Fleischrinder (ZEH),
Lindhooper Str. 110, 27283 Verden/A.,
Tel.: 04231/679114,
Fax: 04231/679216,
e-mail: info@nordrind.de
Rinderzuchtverband Sachsen-Anhalt e.G. (RSA), Abt. Fleischrinder,
Angerstr. 6, 06118 Halle/Saale,
Tel.: 0345/5214963,
Fax: 0345/5214961,
e-mail: fleischrind@rsaeg.de
Fleischrinder-Herdbuch Bonn e. V. (FHB),
Endenicher Allee 60, 53115 Bonn,
Tel.: 0228/633029,
Fax: 0228/631058,
e-mail: info@fhb-bonn.de
Zucht- und Besamungsunion Hessen e.G. (ZBH), Abt. Fleischrinder,
An der Hessenhalle 1, 36304 Alsfeld,
Tel.: 06631/78410,
Fax: 06631/78448,
e-mail: zbh.alsfeld@t-online.de
Landesverband Thüringer Rinderzüchter e.G. (LTR),
Abteilung Fleischrinder,
Stotternheimer Str. 19, 99087 Erfurt,
Tel.: 0361/779740,
Fax: 0361/7797444,
e-mail: info@ltr.de
Sächsischer Rinderzuchtverband (SRV), Abteilung Fleischrinder,
Korbitzer Str. 21 A, 01662 Meißen,
Tel.: 03521/455620,
Fax: 03521/455666,
e-mail: info@srv.de
Rinderunion Baden-Württemberg e. V. (RBW), Abt. Fleischrinder,
Ölkofer Str. 41, 88518 Herbertingen,
Tel.: 07586/92060,
Fax: 07586/5304,
e-mail: info@rind-bw.de
www.rind-bw.de
Fleischrinderverband Bayern e.V. (FVB), Jüdtstr. 1, 91522 Ansbach,
Tel.: 0981/488410,
Fax: 0981/4884111,
email: FVB_AN@t-online.de
Quelle: BDF, Statistischer Jahresbericht 2003

Rasseverbände

Bundesverband Deutscher **Angus**halter e.V., Torweg 41, 36329 Romrod-Oberbreidenbach
Tel.: 06636/9180235
Fax: 06636/9180236

Bundesverband **Aubrac** Züchter
Mahlsteinweg 15, 25364 Westerhorn
Tel.: 04127/97900, Fax: 04127/979015
e-mail: baumer-westerhorn@t-online.de

Bundesverband **Blonde d'Aquitaine**
Peter-Paul-Str. 19, 65606 Villmar
Tel.: 06482/836 o. 4041
Fax: 06482/4041

Verband der Deutschen **Charolais**-Züchter e.V.
Lindhooper Str. 103, 27283 Verden
Tel.: 04231/67914, Fax: 04231/67916

Dexter Verband Deutschland
Steenbeker Weg 151, 24106 Kiel
Tel.: 0431/338916, Fax: 0431/337147
e-mail: info@fleischrinderzucht.de

Arbeitsgemeinschaft Südd. Rinderzucht- und Besamungsorganisationen, Arbeitsgruppe **Fleckvieh** in der Fleischnutzung
Haydnstr. 11, 80336 München
Tel.: 089/2060312-0
Fax: 089/2060312-11
e-mail: rinderzucht@t-online.de

Bundesverband Deutscher **Galloway**-Züchter e.V.
Godesberger Allee 142–148, 53175 Bonn
Tel.: 0228/371755, Fax: 0228/371850
e-mail: info@galloway-deutschland.de

Arbeitsgemeinschaft Südd. Rinderzucht- und Besamungsorganisationen, Arbeitsgruppe **Gelbvieh** als Fleischrind
Von-Luxburg-Str. 4, 97074 Würzburg
Tel.: 0931/7904800, Fax: 0931/7904813

Glanrind-Züchterverband
Weitersbacher Hof, 66903 Ohmbach
Tel. 06386/6496

Bundesverband Deutscher **Hereford**-Züchter e.V.
Gartenstr. 20, 04886 Beilrode
Tel.: 03421/718913, Fax: 03421/718912
e-mail: info@hereford-deutschland.de

Verband Deutscher **Highland-Cattle** Züchter und Halter e.V.
Lünkenstieg 2, 25563 Wrist
Tel.: 04822/5566, Fax: 04822/5566
e-mail: WinfriedKruse@Highland-Cattle.arg

Bundesverband Deutscher **Limousin**-Züchter e.V.
Endenicher Allee 60, 53115 Bonn
Tel.: 0228/633029, Fax: 0228/631058

Verband Deutscher **Piemonteser** Fleischrinderzüchter und -halter e.V.
Buchhof, 56746 Kempenich/OT Engeln
Tel.: 02655/3136, Fax: 02655/961751

Interessengemeinschaft Deutscher **Pinzgauer** Züchter und Halter e.V.
Schönemarker Weg 40, 32760 Detmold
Tel.: 05231/580201, Fax: 05231/580201

Bundesarbeitsgemeinschaft **Rotes Höhenvieh**
Ostlandstr. 12, 35638 Leun/Biskirchen
Tel.: 06473/1670, Fax: 06473/410986
e-mail: bremond@t-online.de

Bundesverband Deutscher **Salers**-Züchter (BVS)
Am Bahndamm 11, 19309 Lenzen
Tel.: 038792/9240, Fax: 038792/92444

Bundesverband der **Shorthorn**züchter und -halter
Welter Str. 24, 25836 Kspl. Garding
Tel.: 04862/8699, Fax: 04862/8699

Bundesverband **Welsh Black**
Im Schätzendorfe 32, 21272 Egestorf
Tel.: 04175/1517, Fax: 04175/1232

Verband Deutscher **Zwergzebu**züchter und -halter e.V., Zebu-Hof
Birkenhöfe 367, 74677 Dörzbach
Tel.: 07937/604, Fax: 07937/802642

Wagyu-Verband Deutschland e.V.
Tel.: 07477/151199, Fax: 07477/151444
e-mail: info@wagyu-verband.com

Gesetzliche Regelungen für Transport, Schlachtung, Gewinnung, Be- und Verarbeitung, Vermarktung von Rindfleisch

Transport

EU-Verordnung 1/2007 über den Schutz von Tieren beim Transport

Schlachtung

Tierschutzgesetz
Tierseuchengesetz
Verordnung über anzeigepflichtige Tierseuchen
Viehverkehrsverordnung
TSE-Überwachungsverordnung
BSE-Verordnung
Verordnung zur fleischhygienerechtlichen Untersuchung von geschlachteten Rindern auf BSE
Tierkörperbeseitigungsgesetz (TierKBG)
Gewährmängel und Viehwährschaft
Tierschutztransportverordnung
Gesetz über das Schlachten von Tieren und Tierschutz-Schlachtverordnung

Zerlegung, Be- und Verarbeitung

EG-Verordnung 178/2002 Lebensmittel-Rahmenverordnung
Lebensmittel- und Bedarfsgegenständegesetz (LMBG)
Fleischhygienegesetz (FLHG)
Fleischhygiene-Verordnung (FIHV)
Handelsklassen für Schlachttierkorper
Rindfleischetikettierung
Zusatzstoff-Zulassungsverordnung (ZzulV)
Zusatzstoff-Verkehrsverordnung (ZverkV)
Fleisch-Verordnung
Aromenverordnung
Lebensmittel-Bestrahlungs-Verordnung (LMBestrVO)
Hackfleisch-Verordnung (HFIV)
EG-Richtlinie 94/65 für die Herstellung und das Inverkehrbringen von Hackfleisch
EG-Richtlinie 2001/101 zur Etikettierung und Aufmachung von Lebensmitteln
Leitsätze für Fleisch- und Fleischerzeugnisse

Vermarktung

Verordnung über Lebensmittelhygiene (LMHV)
Eichgesetz
Fertigpackungsverordnung
Lebensmittel-Kennzeichnungsverordnung(LMKV)
Quid-Leitlinien
EU-Öko-Verordnung
Preisangabenverordnung
Produkthaftungsgesetz
Gesetze zur Regelung des Wettbewerbs und der Werbung
Regionale Vorschriften für den Verkauf
Infektionsschutzgesetz
Verpackungsverordnung (VerpackV)

❍ Fleischhygienegesetz
i.d.F. der Bek. vom 30.6.2003 (BGBl. I S. 1242, ber. S. 1585), zuletzt geändert durch Art. 1G vom 13.5.2004 (BGBl I S. 934)[1)]

❍ Fleischhygiene-VO + Anlagen
i.d.F. der Bek. vom 29.6.2001 (BGBl. I S. 1366), zuletzt geändert durch Art. 1 VO vom 16.7.2004 (BGBl. I S. 1697)

❍ Tierschutzgesetz
i.d.F. der Bek. vom 25.5.1998 (BGBl. I S. 1105, 1818), zuletzt geändert durch Art. 153 des Gesetzes vom 25.11.2003 (BGBl. I S. 2304)

❍ Tierschutz- und Nutztierhaltungs VO
vom 25.10.2001 (BGBl. I S. 2758), geändert durch V vom 28.2.2002 (BGBl. I S 1026)

❍ Lebensmittel- und Bedarfsständegesetz
i.d.F. der Bek. vom 9.9.1997 (BGBl I S. 2296), zuletzt geändert durch Art. 2 § 2 des Gesetzes vom 22.3.2004 (BGBl. I S. 454, 457)

❍ Ladenschlussgesetz
vom 2. Juni 2003, zuletzt nach der Neufassung (BGBl 2003 Teil I Nr. 22 S. 744, ausgegeben zu Bonn am 4. Juni 2003) geändert

❍ Bundesseuchengesetz
jetzt: Gesetz zur Verhütung u. Bekämpfung von Infektionskrankheiten beim Menschen (Infektionsschutzgesetz-IfSG) vom 20.7.2000 zuletzt geändert durch Art. 12 des Gesetzes vom 24.12.2003 (BGBl. I S. 2954)

❍ VO über den Verkehr tier. Lebensmittel

❍ Tierkörperbeseitigungsgesetz
vom 18. August 1978 (GVBl. S. 525, Bay RS 7831-4-1), zuletzt geändert durch G vom 10.7.1998 (GVBl. S. 413)

Erstbesamungen mit Fleischrinderrassen 2003										
	Charolais	**Limousin**	**Blonde**	**Fleckvieh Fleisch**	**Angus**	**Uckermärker**	**W.bl. Belgier**	**Piemonteser**	**Sonstige**	**Total**
Schleswig-Holstein	1.060	2.809	249	210	188	0	164	3	552	5235
Hannover/Bremen	4.801	5.985	147	834	1.036	173	1.063	301	368	14.708
Weser-Ems	3.228	8.386	2.100	3.218	177	0	280	550	63	18.002
NRW, Rheinland-Pfalz, Saarland	6.141	18.678	1.740	22	346	12	10.219	2.442	130	39.730
Hessen	2.008	7.489	337	1.593	741	16	274	76	89	12.623
Baden-Württemberg	1.191	9.068	867	394	3.105	0	11.263	17	399	26.304
Bayern	2.400	6.819	8.868	0	3.492	0	54.165	101	389	76.234
Mecklenburg-Vorpommern	950	205	34	375	30	1.040	223	0	40	2.897
Brandenburg	1.087	283	17	0	107	0	568	32	1.602	3.696
Sachsen-Anhalt	588	280	96	521	47	0	912	18	6	2.468
Thüringen	187	664	587	1.420	146	0	161	1	2	3.168
Sachsen	926	737	170	0	514	0	751	162	1969	5.229
Total 2003	**24.567**	**61.403**	**15.212**	**8.587**	**9.929**	**1.241**	**80.043**	**3.703**	**5.609**	**210.294**
ABL 2003	20.829	59.234	14.308	6.271	9.085	201	77.428	3.490	1.990	192.836
NBL 2003	3.738	2.169	904	2.316	844	1.040	2.615	213	3.619	17.458
Total 2002	**29.464**	**69.869**	**19.145**	**9.903**	**10.826**	**2.861**	**74.908**	**4.320**	**5.169**	**226.465**
ABL 2002	24.445	66.225	17.998	5.704	9.794	55	72.041	4.041	2.036	202.339
NBL 2002	5.019	3.644	1.147	4.199	1.032	2.806	2.867	279	3.133	24.126

Quelle: ADR

Gehaltswerte der Futtermittel in 1000 g Trockenmasse (T)											
Futtermittel	**T** **g**	**Rfas** **g**	**RP** **g**	**nXP** **g**	**NEL** **MJ**	**ME** **MJ**	**Ca** **g**	**P** **g**	**Mg** **g**	**Na** **g**	**K** **g**
Grünfutter											
Weidelgras 1. Schnitt											
Schossen	140	198	198	150	6.66	10.92	5.0	5.0	1.9	0.3	47
Ährenschieben	160	241	175	140	6.20	10.32	5.0	4.5	1.6	0.4	45
Beginn Blüte	180	281	134	128	5.83	9.83	5.5	4.0	1.5	0.3	39
Weidelgras 2. u. folg. Schnitte											
Schossen	140	200	228	146	6.10	10.18	6.1	4.8	2.2	0.4	42
Ährenschieben	160	248	171	134	5.87	9.89	5.8	4.1	2.1	0.5	35
Beginn Blüte	180	288	143	125	5.55	9.44	5.0	4.0	1.9	0.3	31
Wiesengras 1. Schnitt											
Blattstadium	150	165	205	152	7.13	11.60	7.0	4.2	2.6	0.4	32
Schossen	160	200	190	145	6.82	11.19	6.8	4.1	2.3	0.5	32
Rispenschieben	180	240	160	141	6.42	10.66	5.5	3.5	2.2	0.5	28
Beginn Blüte	200	279	130	131	6.04	10.13	4.9	3.2	1.9	0.5	28
Ende Blüte	220	314	110	123	5.76	9.76	4.8	2.8	1.9	0.3	22
Wiesengras 2. u. folg. Schnitte											
Blattstadium	160	165	205	140	6.42	10.61	11.3	4.4	3.7	0.6	27
Schossen	170	202	195	137	6.26	10.43	9.2	3.9	3.3	0.8	29
Rispenschieben	180	240	172	136	6.00	10.07	7.3	4.0	2.8	0.6	38
Beginn Blüte	200	275	153	129	5.73	9.70	6.1	3.7	2.5	0.9	25
Kleegras 1. Schnitt											
vor der Knospe	140	184	216	153	6.70	11.00	8.3	4.5	2.2	0.3	36
Knospe	150	219	195	144	6.32	10.49	7.9	4.2	2.3	0.5	36
Blüte	170	298	148	131	5.59	9.49	7.5	3.4	2.0	0.3	30

Gehaltswerte der Futtermittel in 1000 g Trockenmasse (T)											
Futtermittel	**T** g	**Rfas** g	**RP** g	**nXP** g	**NEL** MJ	**ME** MJ	**Ca** g	**P** g	**Mg** g	**Na** g	**K** g
Gärfutter											
Weidelgrassilage											
im Schossen	350	200	185	145	6.50	10.64	7.5	4.5	2.7	1.0	40
im Ährenschieben	350	250	155	133	6.01	10.03	5.8	4.2	2.0	0.9	38
in der Blüte	350	302	130	123	5.57	9.46	5.6	4.1	2.1	0.6	33
Grassilage angewelkt 1. Schnitt											
Beginn Schossen	400	187	174	146	6.67	10.96	6.9	3.9	2.4	0.8	30
Beginn Rispenschieben	400	222	167	141	6.38	10.56	6.9	3.9	2.4	1.0	29
Rispenspreizen	400	256	154	135	6.12	10.22	6.7	3.7	2.4	0.8	30
Mitte der Blüte	400	293	132	127	5.81	9.80	6.0	3.5	2.1	0.6	29
Grassilage angew. 2. u.f.Schn.											
Beginn Schossen	400	187	186	140	6.15	10.22	9.4	4.0	3.5	1.6	27
Beginn Rispenschieben	400	221	174	135	5.93	9.94	8.8	3.8	3.3	1.2	28
Rispenspreizen	400	254	157	128	5.63	9.54	7.9	3.6	2.8	1.0	28
Maissilage											
Milchreife	220	233	91	128	6.10	10.23	2.8	2.9	1.6	0.1	16
Teigreife, mittl. Körnerant.	280	209	82	129	6.35	10.56	2.4	2.7	1.5	0.1	16
Wachsreife, mittl. Körnerant.	330	199	81	131	6.50	10.78	2.3	2.3	1.4	0.1	16
Teigreife, körnerarm	260	234	86	127	6.09	10.21	2.5	2.7	1.6	0.1	16
Wachsreife, körnerarm	320	219	83	129	6.28	10.48	2.7	2.6	1.6	0.1	18
Teigreife, körnerreich	300	190	81	133	6.64	10.98	2.5	2.5	1.6	0.2	12
Wachsreife, körnerreich	350	179	82	134	6.72	11.08	2.3	2.4	1.6	0.2	18
Zuckerrübenblattsilage	180	145	156	130	5.90	9.72	15.0	2.5	6.9	9.9	36
Futterrübenblattsilage	150	136	156	126	5.66	9.36	20.8	2.4	9.9	1.2	36

Gehaltswerte der Futtermittel in 1000 g Trockenmasse (T)

Futtermittel	T g	Rfas g	RP g	nXP g	NEL MJ	ME MJ	Ca g	P g	Mg g	Na g	K g
Heu											
Wiesenheu 1. Schnitt											
Rispenschieben	860	245	128	133	6.02	10.05	5.6	3.6	2.0	0.5	28
Rispenspreizen	860	284	110	123	5.59	9.48	5.4	2.8	2.0	0.6	22
Blüte	860	317	96	117	5.26	9.04	4.3	2.4	1.7	0.5	22
abgeblüht	860	350	86	108	4.84	8.42	3.5	2.5	1.6	0.3	20
Wiesenheu 2. u. folg. Schnitte											
Schossen	860	227	156	135	5.78	9.72	7.4	4.0	2.9	0.5	26
Rispenspreizen	860	261	141	129	5.54	9.42	6.4	3.5	2.5	0.7	26
Blüte	860	295	127	122	5.28	9.06	5.1	3.2	2.1	0.8	25
Weidelgrasheu	860	319	106	116	5.19	8.90	5.7	2.1	1.3	0.5	21
Kobs											
Graskobs 1. Schnitt											
Blattstadium	890	166	191	179	6.72	10.95	8.2	4.2	2.2	0.6	32
Schossen	890	198	183	173	6.47	10.64	8.4	4.2	2.8	0.5	32
Rispenschieben	890	242	156	158	6.14	10.22	5.8	3.0	1.6	0.5	20
Stroh											
Gerstenstroh	860	438	38	76	3.65	6.63	4.8	0.8	0.9	3.7	17
Haferstroh	860	443	36	76	3.67	6.65	4.1	1.4	1.1	2.3	21
Roggenstroh	860	468	37	71	3.29	6.06	2.9	1.0	1.0	1.5	10
Weizenstroh	860	427	37	72	3.40	6.21	3.1	0.8	1.0	1.3	10
Gerstenstroh NaOH aufgeschl.	860	382	41	90	4.58	7.97	4.8	0.8	0.9	28.0	17
Gerstenstroh NH_3 aufgeschl.	860	446	84	103	4.51	7.96	4.8	0.8	0.9	3.7	17
Weizenstroh NaOH aufgeschl.	860	437	38	88	4.49	7.86	3.1	0.8	1.0	28.0	10
Weizenstroh NH_3 aufgeschl	860	439	86	98	4.19	7.47	3.1	0.8	1.0	1.3	10

Gehaltswerte der Futtermittel: 1. Zeile: in 1000 g Trockenmasse, 2. Zeile: in 1000 g Frischfutter

Futtermittel	T g	Rfas g	RP g	nXP g	NEL MJ	ME MJ	Ca g	P g	Mg g	Na g	K g
Rüben und -Nebenerzeugnisse											
Trockenschnitzel		**206**	**100**	**152**	**7.39**	**11.87**	**9.7**	**1.1**	**2.5**	**2.4**	**9**
	906	187	91	137	6.69	10.75	8.8	1.0	2.3	2.2	8
Melasseschnitzel		**159**	**125**	**158**	**7.61**	**12.10**	**8.1**	**1.0**	**2.5**	**2.6**	**13**
	896	142	112	142	6.82	10.84	7.3	0.9	2.2	2.4	12
Kartoffelschlempe frisch	60	72	307	213	7.50	11.98	2.8	7.3	0.5	0.6	55

Gehaltswerte der Futtermittel: 1. Zeile: in 1000 g Trockenmasse, 2. Zeile: in 1000 g Frischfutter											
Futtermittel	**T** g	**Rfas** g	**RP** g	**nXP** g	**NEL** MJ	**ME** MJ	**Ca** g	**P** g	**Mg** g	**Na** g	**K** g
Körnerfrüchte (Samen)											
Gerste zweizeilig		**53**	**120**	**163**	**8.17**	**12.93**	**0.8**	**3.9**	**1.3**	**0.3**	**5**
	870	46	104	142	7.10	11.25	0.7	3.4	1.1	0.3	4
Gerste zweizeilig		**57**	**125**	**163**	**8.09**	**12.84**	**0.7**	**4.1**	**1.2**	**0.9**	**4**
	870	50	109	142	7.04	11.17	0.6	3.6	1.0	0.7	3
Hafer		**113**	**123**	**144**	**6.97**	**11.48**	**1.2**	**3.5**	**1.4**	**0.4**	**5**
	870	98	107	126	6.07	9.99	1.0	3.0	1.2	0.3	4
Roggen		**28**	**113**	**162**	**8.42**	**13.23**	**0.9**	**3.3**	**1.4**	**0.3**	**6**
	870	24	98	141	7.33	11.51	0.8	2.9	1.2	0.2	5
Triticale		**30**	**128**	**162**	**8.29**	**13.08**	**0.5**	**3.5**	**1.5**	**0.2**	**6**
	870	26	111	141	7.21	11.38	0.4	3.0	1.3	0.2	5
Weizen		**29**	**138**	**170**	**8.53**	**13.41**	**0.7**	**3.8**	**1.3**	**0.2**	**5**
	870	25	120	148	7.42	11.67	0.6	3.3	1.1	0.1	4
Mais		**26**	**106**	**168**	**8.38**	**13.28**	**0.4**	**4.0**	**1.0**	**0.3**	**5**
	870	23	92	146	7.29	11.55	0.3	3.5	0.9	0.2	4
Ackerbohnen		**90**	**299**	**194**	**8.59**	**13.59**	**1.6**	**4.8**	**1.4**	**0.2**	**12**
	870	78	260	169	7.47	11.82	1.3	4.2	1.2	0.2	11
Erbsen		**68**	**259**	**186**	**8.48**	**13.41**	**0.9**	**4.8**	**1.3**	**0.3**	**11**
Brauereierzeugnisse											
Biertreber siliert	260	193	249	187	6.65	11.21	3.3	5.8	2.2	0.4	1
Malzkeime		**145**	**296**	**182**	**6.17**	**10.37**	**2.6**	**8.1**	**1.5**	**0.6**	**21**
	920	133	272	168	5.68	9.54	2.4	7.5	1.4	0.6	19
Müllereierzeugnisse											
Weizenkleie		**134**	**160**	**143**	**5.90**	**9.97**	**1.8**	**13.0**	**5.3**	**0.5**	**12**
	880	118	141	126	5.19	8.78	1.6	11.4	4.7	0.5	11
Roggenkleie		**83**	**163**	**142**	**6.42**	**10.68**	**1.7**	**11.3**	**3.6**	**0.8**	**14**
	881	73	144	125	5.66	9.41	1.5	10.0	3.2	0.7	12

Gehaltswerte der Futtermittel: 1. Zeile: in 1000 g Trockenmasse, 2. Zeile: in 1000 g Frischfutter											
Futtermittel	**T** **g**	**Rfas** **g**	**RP** **g**	**nXP** **g**	**UDP** **NEL** **MJ**	**RNB** **ME** **MJ**	**Ca** **g**	**P** **g**	**Mg** **g**	**Na** **g**	**K** **g**
Ölschrote, Expeller											
Leinextraktionsschrot		**103**	**384**	**237**	**7.32**	**12.00**	**4.5**	**9.5**	**5.7**	**1.1**	**12**
	886	91	340	210	6.48	10.63	4.0	8.4	5.1	1.0	11
Sojaextraktionsschrot		**65**	**513**	**295**	**8.66**	**13.80**	**3.1**	**7.0**	**3.0**	**0.2**	**22**
44 % RP	870	57	446	257	7.54	12.00	2.7	6.1	2.6	0.2	19
Rapsextraktionsschrot		**129**	**406**	**244**	**7.34**	**12.04**	**6.9**	**11.9**	**5.5**	**0.1**	**15**
	886	114	360	217	6.51	10.66	6.1	10.5	4.9	0.1	13
Rapskuchen kaltpress.		**110**	**360**	**213**	**8.83**	**14.35**	**6.9**	**11.9**	**5.5**	**0.1**	**15**
15 % Fett	910	100	328	194	8.04	13.06	6.3	10.8	5.0	0.1	14
Mischfuttermittel Kälber											
Kälberaufzuchtfutter		**102**	**205**	**178**	**7.65**	**12.21**	**9.1**	**5.7**	**2.0**	**2.3**	**10**
18 % RP	880	90	180	156	6.73	10.75	8.0	5.0	1.8	2.0	9
Kälberaufzuchtfutter		**102**	**273**	**198**	**7.81**	**12.49**	**9.1**	**5.7**	**2.0**	**2.3**	**10**
24 % RP	880	90	240	174	6.88	10.99	8.0	5.0	1.8	2.0	9
Milchaustauscher Aufz.		**1**	**234**	**165**	**10.38**	**16.11**	**9.6**	**6.4**	**2.0**	**5.3**	**20**
15 % Fett	940	1	20	155	9.76	15.15	9.0	6.0	1.9	5.0	19
Milchaustauscher Mast		**1**	**234**	**158**	**10.89**	**16.88**	**9.6**	**6.4**	**2.0**	**5.0**	**20**
20 % Fett	940	1	220	148	10.24	15.86	9.0	6.0	1.9	4.7	19

Gehaltswerte der Futtermittel: 1. Zeile: in 1000 g Trockenmasse, 2. Zeile: in 1000 g Frischfutter											
Futtermittel	**T** **g**	**Rfas** **g**	**RP** **g**	**nXP** **g**	**NEL** **MJ**	**ME** **MJ**	**Ca** **g**	**P** **g**	**Mg** **g**	**Na** **g**	**K** **g**
Milchleistungsfutter											
MLF I 12 % RP Est. 4 TMR		**80**	**136**	**161**	**7.99**	**12.62**	**3.4**	**4.5**	**2.3**	**1.4**	**8**
	880	70	120	142	7.03	11.11	3.0	4.0	2.0	1.2	7
MLF I 14 % RP Est. 3		**102**	**159**	**161**	**7.61**	**12.11**	**8.0**	**4.5**	**1.7**	**1.7**	**10**
	880	90	140	142	6.70	10.67	7.0	4.0	1.5	1.5	9
MLF I 16 % RP Est. 3		**102**	**182**	**171**	**7.61**	**12.15**	**8.0**	**4.5**	**1.7**	**1.7**	**10**
	880	90	160	151	6.70	10.69	7.0	4.0	1.5	1.5	9
MLF II 18 % RP Est. 3		**114**	**205**	**177**	**7.61**	**12.18**	**8.0**	**4.5**	**1.7**	**1.7**	**10**
	880	100	180	156	6.70	10.72	7.0	4.0	1.5	1.5	9
MLF II 18 % RP Est. 4		**91**	**205**	**196**	**8.02**	**12.79**	**8.0**	**6.2**	**2.3**	**2.3**	**11**
	880	80	180	172	7.06	11.26	7.0	5.5	2.0	2.0	10
MLF III 25 % RP		**153**	**284**	**185**	**6.59**	**10.90**	**17.0**	**6.8**	**2.0**	**3.4**	**10**
	880	135	250	162	5.80	9.59	15.0	6.0	1.8	3.0	9
MLF IV 35 % RP Est. 4 TMR		**91**	**398**	**266**	**7.96**	**12.83**	**3.4**	**8.0**	**4.0**	**0.8**	**18**
	880	80	350	234	7.00	11.29	3.0	7.0	3.5	0.7	16
Mineralfutter											
8 % Ca, 12 % P								**84.2**	**126.3**	**31.6**	**105.3**
	950							80.0	120.0	30.0	100.0
12 % Ca, 8 % P								**126.3**	**84.2**	**31.6**	**105.3**
	950							120.0	80.0	30.0	100.0
20 % Ca, 5 % P								**210.5**	**52.6**	**21.0**	**94.7**
	950							200.0	50.0	20.0	90.0
22 % Ca, 2 % P								**231.6**	**21.0**	**21.0**	**84.2**
	950							220.0	20.0	20.0	80.0
Kohlensaurer Kalk	997							381.4	0.4	1.6	
Viehsalz	990										365.0

Empfehlungen zur Versorgung mit Mengenelementen (g/Tag) für männliche und weibliche Aufzuchtrinder (in Anlehnung an die GfE)							
Lebend-gewicht (kg)	**Zu-nahmen (g)**	**Calcium (Ca)**	**Phosphor (P)**	**Magne-sium (Mg)**	**Natrium (Na)**	**Kalium (K)**	**Chlor (Cl)**
200	600	26	13	5	4	42	7
	800	32	15	5	5	44	8
	1.000	38	18	6	5	46	8
	1.200	44	22	7	6	58	11
300	700	32	17	6	6	57	10
	900	38	19	7	6	59	11
	1.100	44	21	7	6	61	11
	1.300	51	24	7	7	62	11
400	700	34	18	7	6	67	12
	900	40	21	7	7	69	12
	1.100	46	23	8	7	71	13
	1.300	53	25	8	7	72	13
500	700	36	19	8	7	75	13
	900	42	22	8	7	77	13
	1.100	48	24	9	8	79	14
	1.300	54	26	9	8	80	14
600	700	37	21	9	8	84	14
	900	43	23	9	8	86	15
	1.100	49	26	9	9	88	15
	1.300	55	28	10	9	88	16
700	600	36	20	9	8	86	15
	800	42	23	9	8	88	15
	100	48	25	10	9	90	16
	1.200	54	27	10	9	91	16

Richtwerte zum Bedarf an Spurenelementen und Vitaminen für männliche und weibliche Aufzuchtrinder (in Anlehnung an die GfE)				
Eisen	50	mg/kg T	Vitamin A	4000 I.E./kg T
Kobalt	0,20	mg/kg T	β-Carotin	15 mg/kg T
Kupfer	10	mg/kg T	Vitamin D	500 I.E./kg T
Mangan	45	mg/kg T	Vitamin E	15 mg/kg T
Zink	45	mg/kg T		
Jod	0,25	mg/kg T		
Selen	0,15	mg/kg T		

Richtwerte zum Spurenelementbedarf von Mutterkühen

Element	in der Futterration mg/kg T[1]	Tagesbedarf bei 10–12 kg T-Aufnahme mg	in 100 g Mineralfutter (Frischsubstanz/mg)
Mangan (Mn)	50	500–600	200–400
Eisen (Fe)	50	500–600	–
Kupfer (Cu)	10	100–120	60–120
Zink (Zn)	50	500–600	400–600
Jod (J)	0,5	5–6	5–10
Kobalt (Co)	0,2	2	2–3
Selen (Se)	0,2	2	2–3

[1] Trockenmasse

Quelle: Gesellschaft f. Ernährungsphysiologie der Haustiere (GfE) 2001, ergänzt

Vitaminbedarf von Mutterkühen

Vitamine	Kategorie	Bedarf je kg Futter (T)1	Tagesbedarf bei 10–12 kg T-Aufnahme
Vitamin A (IE)	laktierende Kuh	5000	50.000–60.000
	trockenstehende Kuh	10.000	100.000–120.000
b-Carotin (mg)	laktierende Kuh	15	150–180
	trockenstehende Kuh	15	150–180
Vitamin D (IE)	laktierende Kuh	500	5.000–6.000
	trockenstehende Kuh	500	5.000–6.000
Vitamin E (mg)	laktierende Kuh	25	250–300
	trockenstehende Kuh	50	500–600

[1] Trockenmasse

Vitamingehalte von gebräuchlichen Futtermitteln

Die Gehaltswerte an Vitaminen wurden verschiedenen Literaturstellen entnommen. Die Futtermittel unterliegen einem großen Schwankungsbereich, der sich in den Gehaltsangaben widerspiegelt. Bei mehreren Angaben wurden die Werte gemittelt. < = kleiner als, Vitamin A kommt nur als Vorstufe in pflanzlichen Produkten vor, Vitamin D wird falls aus Vorstufen durch UV-Licht im tierischen Körper gebildet.

Futtermittel	**β-Caro. Mg**	**Vitamin E mg**	**B1 mg**	**B2 mg**	**B6 mg**	**Niaci mg**	**Pantothen mg**	**Folsäure mg**	**Biotin mg**	**Cholin mg**
Grünfutter	100	200								
(Gras, Kleegras usw.)	– 500									
Grünfuttersilagen	20	35								
(Gras, Kleegras usw.)	– 250									
Maissilage wachsreif	20	10								
Heu 1. Schnitt	20	30	2	15		40				
Graskobs	150	75	4	14	9	60	20	4		1000
Gerste	2,0	8	10	2	4	55	8	0,5	0,2	1100
Hafer	1,0	9	6	1,6	2	15	12	0,4	0,2	1050
Triticale	<1	9	5	<1		30			0,1	700
Weizen	<1	12	5	2	4	55	11	0,4	0,1	840
Körnermais	4,0	9	1	1	5	20	6	0,3	0,07	500
Trockenschnitzel	<1	3	<1	0,7	1	20	1			520
Weizenkleie	3,3	17	8	4	10	210	30	2,0	0,28	1200
Erbsen	<1	5	7	2	2	30	24	0,4	0,2	1500
Ackerbohnen	?	5	6	2	3	25	3		0,09	2300
Bierhefe getrocknet	?	2	100	38	45	150	110	15	1,05	3800
Rapsextraktionsschrot	<1	15	3	4	10	150	10	2,4	0,94	6850
Rapskuchen	<1	40		3,3		170	10			7000
Sojaextraktionsschrot	<1	3	4	3	5	30	15	2,5	0,33	2800
Biertreber	?	?		1,5			10	0,2		

Umrechnungsfaktoren für Vitamine

Vitamin	**Masseinheit**	**Umrechnungsfaktoren**	
A	IE	0,3 µg Vitamin A-Alkohol (Retinol)	= 1 IE
		1 mg β-Carotin ermöglicht Bildung von	400 IE
D	IE	0,025 mg Vitamin D3	1 IE
E	mg	1 mg α-Tocopherol	1,49 IE
		1 mg β-Tocopherol	0,33 IE
		1 mg δ-Tocopherol	0,25 IE
		1 mg γ-Tocopherol	0,01 IE
Niacin	mg	1 mg Nicotinsäure	1 mg Niacin
		1 mg Nicotinamid	1 mg Niacin

Raumgewichte verschiedener Futtermittel			
Futtermittel		Gewicht/m³ Frischmasse dt	Trockenmasse dt
Grassilage	25–35 % T	8,5–6,5	2,2
Grassilage	über 35 % T	6,5–5,0	2,2
Maissilage	30 % T	7,5	2,3
Maissilage	35 % T	6,5	2,3
LKS	45 % T	6,7	3,0
Rapssilage		10,0	1,6
Rübenblattsilage		11,0	1,7
Pressschnitzelsilage		9,0	1,8
Biertrebersilage		7,6	1,9
Ganzpflanzensil. (Getreide)		5,5	2,2
Futterrüben		8,0	1,2
Heu		1,0	1,2
Graskobs		4,5	4,0
Gerste		7,0	6,1
Weizen		8,0	7,0
Triticale		8,0	7,0
Hafer		5,5	4,8
Trockenschnitzel – lose		3,2	2,9

Praktische Messhilfen bei der Futterwiegung		
Messhilfen	Futtermittel	durchschnittliches Gewicht
Futtergabel	Heu, fest gedrückt	5 kg
	Heu, locker	3 kg
	Stroh, locker	1,5–2 kg
Hochdruckballen	Heu	15 kg (12–25)
(je nach Pressung)	Stroh	11 kg (6–13)
Quaderballen	Heu	2,0–2,3 dt/m³
	Stroh	1,5–1,7 dt/m³
Rundballen	Heu	1,7–1,9 dt/m³
	Silage (35 % T)	5,2–5,4 dt/m³
Kraftfutter zuteilen:		
1 Handschaufel	hofeigene Mischung	700–1000 g
	pelletiertes Mischfutter	ca. 1000 g
	Getreidfeschrot	700–900 g
Getreideschaufel	Maissilage (je nach T)	4–5 kg
bzw. Alu-Schaufel	Biertreber	5 kg
Futtermischwagen	Total-/Teilmischration	300–400 kg/m³
Silokamm	Gras-/Maissilage	350–450 kg/m³

Literaturverzeichnis

Fleischrinderhaltung allgemein

Fleischrinderjournal – Mitteilungsblatt des Bundesverbandes Deutscher Fleischrinderzüchter und -halter 1999–2004.

Fleischrinderproduktion, top agrar extra, Landwirtschaftsverlag Münster-Hiltrup 1990.

Mutterkuhhaltung, AID Nr. 1160/1994.

Mutterkuhhaltung (versch. Autoren). BLT Grub/Landwirtschaftl. Bildberatungsstelle e.V. 2000.

Burger H. und Burger-Liebrich A. U.: Mutterkuhhaltung – eine Informationsschrift für den Praktiker. Eidgenöss. Drucksachen- und Materialzentrale, Bern 1974.

Jahresberichte Bundesverband Deutscher Fleischrindzüchter und -halter. Bonn 2000–2003.

ZMP Bilanzen, Vieh und Fleisch, Bonn 1998–2004.

Die Rassen

Frahm, K.: Rinderrassen in den Ländern der Europäischen Gemeinschaft. Enke-Verlag, Stuttgart 1990.

Friedhoff, F.: ABC der Fleischrinderhaltung. Selbstverlag Münster 1987.

Kräußlich, H.: Rinderzucht. Ulmer Verlag, Stuttgart 1981.

Sambraus, H. H.: Atlas der Nutztierrassen. Ulmer Verlag, Stuttgart 1986/2001.

2. Bundesschau Fleischrinder. Ausstellungs-Messe-Kongress GmbH (AMK), Berlin/Bundesverband Deutscher Fleischrinderzüchter und -halter (BDF), 1990.

Zucht und Zuchtwertschätzung

Heim, M.: Beratungsunterlagen, 2000.

Herkunftsicherungs- und Informationssystem für Rinder. AID Bonn, 1999.

Ewald, G. u. Fries, R.: Dem IMF auf der Spur. Fleischrinder Journal 2003.

Pfeiffer, J. u. Margan, U.: Abstammungskontrollen mittels DNA-Diagnostik Fleischrinder Journal, 2002.

Robeis, J. u. Rosenberger, E.: Genetische Hornlosigkeit bei Fleckvieh. Fleischrinder Journal 2002.

Schricker, M. und Riedel, M.: Zuchtbuchordnung, Markt- u. Gewährschaftsbestimmungen Fleischrinder Verband Bayern, persönliche Mitteilungen, 2004-09-28.

Zucht auf Hornlosigkeit, Rosenberger, E., Robeis, J., Distl, O. u. Lamminger, A.: Landw. Bildberatungsstelle e.V., München.

Winterstall oder ganzjährige Freilandhaltung

Arbeitsgemeinschaft Landwirtschaftliches in Bayern e.V. (ALB) Arbeitsblätter Tieflaufstall und Landwirtschaftliches Bauwesen 1990–2004.

Jakob, R.: Kleine Laufställe von A bis Z. Verlag Buchholz, Kiel 1990.

Küfner, J.: Analyse und Bewertung unterschiedlicher Stallsysteme in der Mutterkuhhaltung unter besonderer Berücksichtigung der Tiergerechtigkeit und der Arbeitswirtschaft sowie einer bauökonomischen Bewertung geeigneter Stallsysteme. Diss. Gesamthochschule Kassel, 1996.

Priebe, R.: Alternative Freiland, Fleischrinder Journal, 2003.

Söntgerath, B.: Tretmiststall für Rinder. KTBL Nr. 137, Darmstadt 1990.

Taubmann, A.: Persönliche Mitteilungen, 2004.

Waßmuth, R.: Tiergerechte Freilandhaltung von Mutterkühen, Bayer. Landesanstalt Grub, 2001.

Fütterung

Grundlagen zur Futterberechnung für Milchkühe, Zucht- und Mastrinder, Schafe. BLT, Grub 2001.

Kirchgeßner, M.: Tierernährung. DLG-Verlag, Frankfurt 1997, 10. Aufl.

Perreiter, G.: Traunsteiner Silo, Selbstverlag 1990.

Rindermast. AID Nr. 1048/1990.

Rindermast. Sonderheft 2/90, BLT Grub.

Grünlandbewirtschaftung und Weidehaltung

Asen, F. u. Diepolder, M.: Persönliche Mitteilungen, 2004.

Deckungsbeitragssammlung für den Marktfruchtbau. Landwirtschaftsamt Kronach/Kulmbach, 2004.

Kühe-Weidegang oder Stallfütterung. AID Nr. 1215, 1991.

Sichere Weidezäune. AID 1132/1991.

Voigtländer, G. und Jacob, H.: Grünlandwirtschaft und Futterbau. Ulmer Verlag, Stuttgart 1987.

Wenn Rinder die Ohren hängen lassen

Anzeigepflichtige Tierseuchen AID Bonn, 1998.

Die fruchtbare Kuh. AID Nr. 1073/1989.

Fruchtbarkeit im Kuhstall. top agrar extra. Landwirtschaftsverlag Münster-Hiltrup 1989.

Heckert, H. P. und Steinhagen, P.: Die Infektion mit dem Bovinen Respiratorischem Synzytial-Virus. Der praktische Tierarzt, 1989.

Kälberkrankheiten. AID Nr. 1206/1991.

Kampf den Rinderparasiten. AID Nr. 1053/1989.

Klauenpflege beim Rindvieh. Fakultät Tierheilkunde. Reichsuniversität Utrecht, Dairy Centre Oenkerk 1991.

Schrag, L. und Singer, H.: Das Buch vom Kalb. Schober-Verlag, Hengersberg 1987.

Wesselmann, U.: Weidetränken. Agrarübersicht 6/92.

Vermarktung von Baby-beef und ausgemästeten Rindern

Bischoff, G., Bamberger, G. und Bippes, K.: Fleischverkauf. Schrödel Verlag, Hannover 1985.

Direktvermarktung – Voraussetzungen und Möglichkeiten. AID Nr. 1121/1990.

Direktvermarktung. Zusammenstellung der wichtigsten Rechtsvorschriften für die direkte Vermarktung landwirtschaftlicher Erzeugnisse. BStMELF, München 1991.

EG-Öko-Verordnung 2092/91, 2000.

Handelsklassen für Rindfleisch. AID Nr. 1128/1989.

Kögel, J.: Fleischqualität verschiedener Rassen sowie ihre Beeinflussung durch Züchtung und Kreuzung. BLT Grub, Schule und Beratung, 1/91, 1991.

Kögel, L.: Fleischqualität beim Rind. BLT Grub, Schule und Beratung, 2 + 3, 5–7, 1991.

Öko-Landbau in Bayern, Bayer. Staatsministerium f. Landwirtschaft u. Forsten, 2002.

Pottebaum, P.: Handbuch der Direktvermarktung. Verlagsunion Agrar 1989.

Qualitätsmanagement und Qualitätssicherungssysteme in der Land- und Ernährungswirtschaft. Verschiedene Autoren. Bayer. Landesanstalt f. Landwirtschaft München, 2004.

Qualitätsmanagement-System Direktvermarktung von Fleisch und Fleischerzeugnissen. Verschiedene Autoren. Bayer. Landesanstalt f. Ernährung München, 2001.

Schiffer-Weigand, K., persönliche Mitteilungen, 2004.

Temisan, V. und Augustini, C.: Veränderung der Schlachtkörperzusammensetzung durch den Gewebezuwachs beim Rind. Fleischwirtschaft 65, 1985.

Wirthgen, B. und Maurer. O.: Direktvermarktung. Ulmer Verlag, Stuttgart 1992.

Wie sich die Mutterkuhhaltung rechnet

Besteuerung in der Land- und Forstwirtschaft. AID Bonn, 2004.

Datensammlung für die Betriebsplanung in der Landwirtschaft. KTBL, Darmstadt 1997/98.

Deckungsbeiträge, variable Kosten, Akh-Bedarf der wichtigsten landwirtschaftlichen Produktionsverfahren Zusammenstellung der Regierung von Mittelfranken, 2000.

Deckungsbeitragssammlung für den Marktfruchtbau. Landwirtschaftsamt Kronach/Kulmbach, 2004.

Doluschitz, R. und Baur, H.: Mutterkuhhaltung – diversifiziertes Rindfleischangebot von extensiv genutzten Standorten. Unser Land 5/91/LUF, 27/1990.

Schweinberger, K.: Mutterkuhhalter und die Agrarreform. Bayer. Landwirtschaftl., Wochenblatt. 2004.

Stark, G.: Wirtschaftlichkeit der Mutterkuhhaltung. Mitteilungen d. Bayer. Landesanstalt f. Betriebswirtschaft, 2000.

Umsetzung der EU-Agrarreform. Mitteilung des Bayer. Staatsministeriums f. Ernährung, Landwirtschaft u. Forsten, München, 2004.

Bildquellen

Alle Fotos stammen, wenn nicht anders vermerkt, vom Autor.
Die Zeichnungen fertigte Doris Preuninger, Ilsfeld-Schozach sowie Artur Piestricow, Stuttgart, nach Vorlagen des Verfassers.

Stichwortverzeichnis